计算机技术入门丛书

人工智能概论与Python编程基础

信息技术基础 

杨国燕　马晓明　陈宇环 ◎ 编著

清華大學出版社
北京

内容简介

随着人工智能教育通识化、普及化的需求日益强烈，高校既要做好人工智能专业教育，也要在信息技术基础课程中推进人工智能通识教育。本书面向非计算机专业理工科学生，主要包括人工智能通识教育知识和 Python 语言程序设计基础内容。本书以真实任务为导向，逐步讲解各章知识点。全书共 11 章，包括计算机基础知识、人工智能概述、人工智能基础算法与应用、Python 基础入门、Python 编程基础、Python 数据结构、Python 图形处理、Python 与爬虫、Python 人工智能应用案例、国产麒麟（桌面）操作系统、国产办公软件 WPS Office 等内容。通过 Python 程序的演示或示例，将理论学习和实际应用结合，为学习者后期继续学习 Python 程序设计，结合专业需求，解决专业领域信息处理的相关问题打下基础。

本书配套教学 PPT、源代码、课后习题、案例素材等教学资源。本书可作为高等院校非计算机专业信息技术基础公共课教材。作为教材时本书中“*”号部分可作为选讲内容。

图书在版编目（CIP）数据

人工智能概论与 Python 编程基础：信息技术基础：理工科/杨国燕，马晓明，陈宇环编著. —北京：清华大学出版社，2023.8（2025.3 重印）
（计算机技术入门丛书）
ISBN 978-7-302-64125-4

Ⅰ. ①人… Ⅱ. ①杨… ②马… ③陈… Ⅲ. ①人工智能－概论－高等学校－教材 ②软件工具－程序设计－高等学校－教材 Ⅳ. ①TP18②TP311.561

中国国家版本馆 CIP 数据核字（2023）第 129541 号

策划编辑：魏江江
责任编辑：郑寅堃 王冰飞
封面设计：刘 键
责任校对：申晓焕
责任印制：曹婉颖

出版发行：清华大学出版社
网 址：https://www.tup.com.cn，https://www.wqxuetang.com
地 址：北京清华大学学研大厦 A 座 **邮 编**：100084
社 总 机：010-83470000 **邮 购**：010-62786544
投稿与读者服务：010-62776969，c-service@tup.tsinghua.edu.cn
质量反馈：010-62772015，zhiliang@tup.tsinghua.edu.cn
课件下载：https://www.tup.com.cn，010-83470236
印 装 者：三河市龙大印装有限公司
经 销：全国新华书店
开 本：185mm×260mm **印 张**：20.75 **字 数**：508 千字
版 次：2023 年 8 月第 1 版 **印 次**：2025 年 3 月第 3 次印刷
印 数：4201～5700
定 价：59.90 元

产品编号：099348-01

前言

FOREWORD

云计算、大数据、人工智能新兴领域的崛起，推动信息技术全面渗透人们的生产与生活。党的二十大报告强调“推动战略性新兴产业融合集群发展，构建新一代信息技术、人工智能、生物技术、新能源、新材料、高端装备、绿色环保等一批新的增长引擎。”进入新时代，高校既要做好人工智能专业教育，又要推进人工智能通识教育。很多高校顺应人工智能发展潮流，对原有的“大学计算机基础”课程进行改革创新，开设了基于人工智能内容的“信息技术基础”课程。

本书内容顺应在高校中开展人工智能通识教育的需求来编写，主要包括人工智能通识教育知识和 Python 语言编程基础内容，使学习者能够了解人工智能的发展历程、人工智能的研究方法、人工智能的主要应用和挑战及人工智能基础算法的应用。希望书中的 Python 语言程序设计内容有助于学习者提高人工智能编程能力和实践动手能力。

本书共分 11 章。各章具体内容如下。

第 1 章主要介绍计算机基础知识；第 2 章主要介绍人工智能概述；第 3 章主要介绍人工智能基础算法与应用；第 4 章主要介绍 Python 基础入门；第 5 章主要介绍 Python 编程基础；第 6 章主要介绍 Python 数据结构；第 7 章主要介绍 Python 图形处理；第 8 章主要介绍 Python 与爬虫；第 9 章主要介绍 Python 人工智能应用案例；第 10 章主要介绍国产麒麟(桌面)操作系统；第 11 章主要介绍国产办公软件 WPS Office。

在本书的编写过程中，吸取了许多同仁和专家的宝贵经验，非常感谢广州航海学院计算机基础教学团队所有老师的大力支持，尤其感谢陈伟福博士对人工智能部分内容的支持和帮助。

尽管我们尽了最大的努力，但由于编者学识水平有限，书中难免出现不妥之处，欢迎各界专家和读者提出宝贵意见。

编　者

2023 年 6 月

目录

CONTENTS

随书资源

计算机基础知识

电子计算机(Electronic Computer)通常被称为“计算机”，而个人计算机——微型电子计算机又被人们称为“微机”。电子计算机已被广泛应用于各个领域，它已成为现代社会最为重要的信息处理工具。本章以任务讲解的方式将系统介绍计算机的基础知识，主要内容包括：

任务一：计算机概述。

任务二：数制与编码。

任务三：计算机系统的基本组成。

任务四：办公自动化软件简介。

任务五：计算机新技术。

本章教学目标

理解计算机的基础知识，了解计算机的发展历史，认识计算机新技术。

1.1 计算机概述

1.1.1 计算机的发展

1. 计算机的发展过程

计算机是人类社会发展的必然产物，它是数学的发展和延伸。人类从远古时代利用手指、竹筹计数到今天使用计算机进行信息处理，经历了几千年的演变，期间各种新、旧计算工具不断优胜劣汰。我国春秋时代就已经使用了算筹，唐末发明了算盘。到 17 世纪，随着数学、物理学、天文学、机械学等科学技术的发展，西方国家又出现比较先进的计算工具：计算尺、手摇式计算机、电动式计算机等。经历了近 3 个世纪，到 20 世纪中期，随着新兴的电子学、物理学和数学的发展，以及社会发展的需要，世界上第一台电子计算机诞生了，开辟了计算机时代的新纪元。

世界上第一台电子计算机诞生于 1946 年 2 月，其名字的英文 ENIAC(Electronic Numerical Integrator And Computer)，全称为“电子数值积分计算机”。它是美国宾夕法尼亚州立大学莫尔学院的莫奇莱(John W.Mauchly)教授和他的学生埃克特(J.Persper Eckert Jr.)

等研制成功的。这台计算机采用电子管、继电器等电子元件作为基本部件。使用了 18 800 个电子管、1500 个继电器、70 000 个电阻、10 000 个电容，占地 170m²，重达 30t，耗电 150kW，运算速度为每秒 5000 次。与现代的计算机相比，它可谓“庞然大物”，但它的诞生开创了计算机科学之先河，将科学家从奴隶般的烦琐复杂的计算劳动中解放出来。

以电子元件的发展作为划分的依据，可将计算机的发展划分为如下四代。

1）第一代（1946—1958 年）：电子管计算机

1913 年电子管研制成功，ENIAC 的主要器件是 18 800 个电子管。这类计算机的特点如下。

（1）主要器件：电子管。

（2）主存储器：延迟线和磁鼓。

（3）辅助存储器：纸带、卡片和磁鼓。

（4）速度：几千次/秒～几万次/秒。

（5）软件：机器语言和汇编语言。

（6）用途：科学计算、军事研究。

2）第二代（1959—1964 年）：晶体管计算机

1948 年出现了半导体技术，研制成功了晶体管。1956 年晶体管开始用于制作晶体管计算机。这类计算机的特点如下。

（1）主要器件：晶体管。

（2）主存储器：磁芯。

（3）辅助存储器：磁带、磁盘。

（4）速度：几十万次/秒～百万次/秒。

（5）软件：高级语言程序（FORTRAN 语言）、汇编语言程序及操作系统出现。

（6）用途：科学计算、过程控制、数据处理和事务处理。

3）第三代（1965—1970 年）：集成电路计算机

20 世纪 60 年代中期出现了中、小集成电路（IC）技术，就是将原来由数十个或数百个分散的电子元件所实现的功能，集中制作在一个几平方厘米的芯片上。集成电路的体积更小、耗电更少、速度更快、可靠性进一步提高。应用这一技术的计算机特点如下。

（1）主要器件：集成电路。

（2）主存储器：半导体。

（3）辅助存储器：磁带、磁盘。

（4）速度：几百万次/秒～几千万次/秒。

（5）软件和外部设备：高级语言程序及操作系统进一步发展和完善，外部设备增加。

（6）用途：科学计算、数据处理、远程终端联机系统和工业控制等领域。

4）第四代（1971—至今）：大规模和超大规模集成电路计算机

从 20 世纪 70 年代开始出现了大规模集成电路（LIC）和超大规模集成电路（VLIC）技术，集成电路的集成度愈来愈高，一个芯片上集成数百万、数千万个电子元件。超大规模集成电路的出现为研制巨型计算机和微型计算机创造了条件，使巨型机的速度成倍提高，微型计算机迅速普及。这类计算机的特点如下。

（1）主要器件：大规模、超大规模集成电路。

（2）主存储器：半导体。

(3) 辅助存储器：磁盘、光盘。

(4) 速度：几百万次/秒～千亿次/秒。

(5) 软件：高级语言、数据库、语言处理程序、操作系统、各类应用软件。

(6) 用途：科学计算、过程控制、数据处理、计算机网络与分布式处理、软件工程、人工智能等各个领域。

以上四代计算机都基于同一工作原理：以程序存储和计算机硬件(运算器、控制器、存储器、输入和输出设备)为基本结构。这个思想是美籍匈牙利人冯·诺依曼(John von Neumann)教授于1946年最早提出来的，并且一直沿用至今，因此，人们称这类计算机为“冯·诺依曼”式计算机，称冯·诺依曼为“计算机鼻祖”。

2. 微型计算机的发展

第四代计算机的一个重要分支是以大规模、超大规模集成电路为基础发展起来的微处理器和微型计算机。微型计算机随着微处理器的发展而发展，从1971年以来，微处理器每隔2～4年就更新换代一次。微处理器性能的不断发展，形成了微型计算机发展的四个不同阶段，这四个阶段通常被称为微型计算机发展的四代。

1) 第一代：4位或8位微型计算机(始于1971年)

(1) 微处理器：Intel 4004、Intel 8008、Intel 8080、Z80、M6800。

(2) 字长：4位或8位。

(3) 主频：1MHz～5MHz。

(4) 主要产品：1971年英特尔公司研制出MCS4型微型计算机(CPU为Intel 4040,4位机)，后来又推出以Intel 8008为核心的MCS-8型、APPLE-Ⅱ型8位微型计算机。

这个阶段的微处理器结构和性能还不够完善，但它奠定了微型计算机发展的里程碑。

2) 第二代：16位微型计算机(始于1978年)

(1) 微处理器：Intel 8086、Intel 8088、Z8000、MC68000。

(2) 字长：16位。

(3) 主频：4MHz～10MHz。

(4) 主要产品：IBM-PC(CPU为8086)机，Apple公司的Macintosh机，IBM公司的PC/AT286机。

这个阶段的微处理器结构和性能趋于完善。

3) 第三代：32位微型计算机(始于1985年)

(1) 微处理器：Z80000、Intel80386、Intel80486、Pentium。

(2) 字长：32位。

(3) 主频：10MHz～60MHz。

(4) 主要产品：IBM-PC/80386、IBM-PC/80486和IBM-PC/80586机和PC兼容机。

这个阶段的微处理器结构和性能已经成熟，微型计算机开始普及应用。

4) 第四代：32或64位微型计算机(始于1990年)

(1) 微处理器：Pentium(586)、Pentium Ⅱ、Pentium Ⅲ、Pentium 4。

(2) 字长：32位或64位。

(3) 主频：70MHz～3.2GHz。

(4) 主要产品：IBM-P3-1.06G、康柏Evo D510商用计算机、浪潮P4-3.0G机和P4、PC

兼容机等。英特尔宣布将在面向服务器的32位处理器“至强”中引进64位扩展技术。该技术与美国AMD的服务器处理器Opteron的64位技术大体相同。

目前领先的微处理器：英特尔酷睿i9-12900K，CPU采用英特尔7工艺，16核24线程（8性能核+8能效核），采用全新AldeLake架构，性能核主频最高可达5.2GHz，支持超频。

3. 计算机的发展趋势

随着高新技术的发展，微型计算机不断地更新换代，更新的时间愈来愈短。以往更换需要两三年，近几年几个月就有新的机型推出。继Intel 80386之后，先后推出Intel 80486、Intel 80586、奔腾（Pentium）等微处理器。Pentium芯片集成了310万个晶体管，近期有的厂家又推出64位Pentium微处理器，其芯片集成了2200万个晶体管。今后计算机的发展将出现微型机和超大型机的两极分化现象，多媒体技术和计算机网络也将得到更快的发展。

1）巨型化

巨型机是指运行速度更快、存储容量更大、功能更强、可靠性更高的计算机。例如日本超级计算机“富岳”，美国的超算“顶点”和“山脊”，中国的超算“神威·太湖之光”和“天河二号”等，现代巨型机已达到亿亿次每秒的运算速度。

2）微型化

微型化主要是朝着以下几方面发展。

（1）体积越来越小。

（2）集成度越来越高。

（3）功能更强和可靠性更高。

（4）价格更便宜。

（5）适用范围更广。

3）网络化

网络化是指利用通信介质和通信设备将分布在不同地理位置的计算机系统及计算机网络相互连接起来，实现计算机资源共享和数据通信，采用分布式处理方式，提高性能。

4）智能化

智能化是指使计算机模拟人的思维活动，利用计算机的“记忆”和“逻辑判断”能力来识别文字、图像和翻译各种语言，使其具有思考、推理、联想和证明等学习和创造的功能，真正替代人的脑力劳动。

1.1.2 计算机的特点、分类及应用

1. 计算机的特点

1）运算速度快

目前，巨型机的运算速度已达每秒亿亿次以上，我国自主研发的“神威·太湖之光”超级计算机每秒可计算9.3亿亿次，同时，家用电子计算机速度也有提升。例如，现在的气象预报，如果用以往的机械计算机要处理几十天，用现在的电子计算机只需要几分钟。

2）计算精度高

由于科学技术的发展，科学家对计算的精度要求愈来愈高。例如，对人造卫星的发射、运行轨道的控制必须万分精确，否则差之毫厘，谬以千里。根据运算的需要，计算机的有效数字可以精确到几十位或上百位，足以达到所需要的精度。

3）具有存储功能

计算机不但能高速处理数据，而且还可以存储大量的数据、中间结果和程序，以备调用和执行，这是以往任何计算工具都不具备的功能。

4）具有逻辑判断功能

计算机不但能进行数值运算，而且还可以进行逻辑运算和逻辑推理。根据对数据的判断和比较，能确定要执行的操作或得出新的逻辑，这是以往任何计算工具都无法实现的功能。

5）工作自动化

利用计算机解决问题时，只要将需要处理的数据和解决问题的程序一起存储到计算机中，给计算机下达一个执行命令，计算机就开始按程序规定的步骤自动工作，直到结束，整个过程不需要人控制和干预，这是它和其他计算工具最本质的区别，例如，计算器就不具备这一功能。

6）具有处理多种信息功能

当今的社会是高度信息化的社会，不但信息量大，而且信息形式多样化，除了数字、文字以外，还有声音、图形、图像等信息。这些信息都可以用计算机加工处理，这也是其他任何计算工具做不到的。

7）网络化

随着互联网的普及，网络已经成功应用到电子商务、电子政务等诸多领域。网络已经成为人们工作以及日常生活不可缺少的工具。

综上所述，计算机的这些特点极大地推动了计算机技术的迅猛发展，拓展了计算机的应用领域，计算机的前景将会更加广阔。

2. 计算机的分类

根据运算速度、存储能力、功能、配套设备与软件系统的丰富程度等因素，计算机可分为超级计算机、工业控制计算机、网络计算机、个人计算机、嵌入式计算机五类，未来计算机的发展方向有生物计算机、光子计算机、量子计算机等。

3. 计算机的应用

计算机的应用已经渗透到人类社会的各个领域，并且越来越深入。计算机的应用可归纳为以下几方面。

1）科学计算

由于计算机运算速度快、精度高、存储量大、工作自动化，所以特别适合科学计算，例如，人造卫星轨迹的计算、建造大型桥梁中的计算等。目前有许多用于各种领域的数值计算软件包，为广大科技工作者带来方便。

2）数据处理

数据处理也称信息处理，是指利用计算机管理、操纵各种形式的数据资料。例如，企业管理、物资管理、报表统计、账目计算、信息情报检索等。

3）过程控制

过程控制是指利用计算机对连续的工业生产过程进行控制。过程控制可以提高自动化水平、减轻劳动强度、提高生产效率、节省原料、减少能源消耗。例如，车床的控制、卫星发射的控制等。

4）计算机通信

现代通信技术与计算机技术相结合，构成联机系统和计算机网络，这是微型计算机具有广阔前途的一个应用领域。计算机网络的建立，不仅解决了一个地区、一个国家中计算机之间的通信和网络内各种资源的共享，还可以促进和发展国际通信及各种数据的传输与处理。

5）辅助系统

计算机辅助系统是利用计算机辅助完成某方面的工作。目前主要有以下几种计算机辅助系统。

(1) 计算机辅助设计(Computer Aided Design,CAD)：利用计算机辅助人们进行设计工作，使设计工作半自动化或自动化。例如，建筑设计、服装设计、广告设计等。

(2) 计算机辅助制造(Computer Aided Manufacturing,CAM)：利用计算机进行生产设备的管理、控制和操作生产过程，以便提高产品质量，降低成本，缩短生产周期，改善制造人员的工作条件。

(3) 计算机辅助测试(Computer Aided Test,CAT)：利用计算机来帮助测试。

(4) 计算机辅助教学(Computer Aided Instruction,CAI)：是指利用计算机来辅助学生学习的自动系统。辅助教学CAI系统可以利用声音、图形、图像等形象化方式模拟和演示教学内容，使难以理解、难以想象的问题可以用CAI系统直观地展示出来。同时还可以采用人机对话方式教学，根据学生的接受能力调整教学内容，达到因材施教的目的。还可以辅导学生、解答问题、批改作业、生成题库等。CAI的应用发展很快，不久的将来我们就可以坐在家里的计算机前，选学全世界各个大学各专业的课程。

6）人工智能

利用计算机来“模拟”人的智能，使计算机能够像人一样具有学习、推理、积累知识的能力。例如，“机器翻译”“专家系统”“机器人”等都是人工智能的应用实例。

(1) 机器翻译：使计算机能够理解人类自然语言，根据上下文和积累的知识实现语言翻译。

(2) 专家系统：用计算机模拟专家的经验和知识，如一个中医专家系统，它可以模拟中医进行诊病并开出药方。

(3) 机器人：用计算机替代人从事具有危险、有害、污染、单调等性质的工作。

人工智能应用前景非常广阔，特别是第五代机的开发成功，会将人工智能的应用推向新的阶段。

1.2 数制与编码

1.2.1 数制及其相互转换

数据是指计算机能够接收和处理的数字、字母和符号的集合。人们所能感受到的各种信息(景象、消息、事实、知识等)都可以用数据来表示。存储在计算机中的字母、符号、图形、声音都是用二进制数编码表示的。在计算机中采用二进制数表示数据有以下两个原因。

(1) 容易实现。数在机器中都是以器件的物理状态来表示的，例如，可用电子器件的截止和饱和两个稳态(即高电平和低电平)表示。

(2) 容易表示。用二进制数表示更为简单和可靠，极大简化计算机的结构，运算速度也可以大大提高。

1.2.2 计算机中数据的单位

1. 进位计数制

进位计数制是一种数的表示方法，它按进位的方法来计数，简称为进位制。

例如：

十进制数： 321.54 逢十进一

六十进制数： 60 秒为 1 分 逢六十进一

十二进制数： 12 月 逢十二进一

1）十进制数(Decimal)的表示

十进制数有两个主要的特点：有 10 个不同的数字符号，即 0～9；逢十进位，借一当十。

因此，同一个数字符号在不同的位置(或数位)代表的数值是不同的。例如 888.88

8	8	8	.	8	8
百位	十位	个位		十分位	百分位

十进制数中，小数点左边第一位的 8 代表个位，它的值为 8×10^0；第二位的 8 代表十位，它的值为 8×10^1；第三位的 8 代表百位，它的值为 8×10^2；而小数点右边第一位 8 的值就为 8×10^{-1}；第二位 8 的值就为 8×10^{-2}。所以，这个数可以写成

$$(888.88)D=8\times10^2+8\times10^1+8\times10^0+8\times10^{-1}+8\times10^{-2}$$

其中，把 10^2，10^1，10^0，10^{-1}，10^{-2} 称为 888.88 的位权。

对于任意一个十进制数 D，可以按下列公式展开。

$$D=D_{n-1}\times10^{n-1}+D_{n-2}\times10^{n-2}+\cdots+D_1\times10^1+D_0\times10^0+D_{-1}\times10^{-1}+\cdots+D_{-m}\times10^{-m}$$

若用 i 表示 D 的某一位，D_i 表示第 i 位的数码，它可以是 0～9 中的任一个，由具体的数 D 来确定；10^{n-1}，10^{n-2}，…，10^1，10^0，10^{-1}，…，10^{-m} 称为位权；m 和 n 为正整数，n 为小数点左边的位数，m 为小数点右边的位数；$D_{n-1}\times10^{n-1}$ 称为第 $n-1$ 位的数值；10 称为该计数制的基数，所以，该数是十进制数。

2）二进制数(Binary)的表示

与十进制数类似，它也有两个主要特点：它有两个不同的数字符号 0 和 1；它是逢二进位的。因此，不同的数码在不同的数位所代表的值也是不同的。

例如：$(11010.001)B=1\times2^4+1\times2^3+0\times2^2+1\times2^1+0\times2^0+0\times2^{-1}+0\times2^{-2}+1\times2^{-3}$

任意一个二进制数 B 的展开式为

$$B=B_{n-1}\times2^{n-1}+B_{n-2}\times2^{n-2}+\cdots+B_1\times2^1+B_0\times2^0+B_{-1}\times2^{-1}+B_{-2}\times2^{-2}+\cdots+B_{-m}\times2^{-m}$$

其中，B_i 只能取 1 或 0，由具体的数 B 确定；2^{n-1}，2^{n-2}，…，2^1，2^0，2^{-1}，2^{-2}，…，2^{-m} 称为位权；m 和 n 为正整数，n 为小数点左边的位数，m 为小数点右边的位数；2 是进位制的基数，故称为二进制。

3）八进制数(Octal)的表示

八进制数的特点：有 8 个不同的数码符号，即 0～7；逢八进位。

对于一个八进制数，它所在的位置不同，数码所表示的值也是不同的。

例如：$(431)Q=4\times 8^2+3\times 8^1+1\times 8^0$（字母 O 与数字 0 容易混淆，通常用 Q 表示八进制数）

任意八进制数 Q，可以表示为

$$Q=Q_{n-1}\times 8^{n-1}+Q_{n-2}\times 8^{n-2}+\cdots+Q_1\times 8^1+Q_0\times 8^0+Q_{-1}\times 8^{-1}+\cdots+Q_{-m}\times 8^{-m}$$

其中，Q_i 可取 0～7 的数，取决于数值 Q；$8^{n-1},8^{n-2},\cdots,8^1,8^0,8^{-1},\cdots,8^{-m}$ 称为位权；m 和 n 为正整数，n 为小数点左边的位数，m 为小数点右边的位数；8 为进位制的基数，故称为八进制。

4）十六进制数（Hexadecimal）的表示

十六进制数的特点：有 16 个不同的数码符号，即 0～9 及 A、B、C、D、E、F，它与十进制之间的关系如表 1.1 所示；逢十六进位。

表 1.1　十进制数与十六进制数的关系

十进制数	十六进制数	十进制数	十六进制数
10	A	13	D
11	B	14	E
12	C	15	F

对于一个十六进制数，它所在的位置不同，数码所表示的值也是不同的。

例如：$(43D)H=4\times 16^2+3\times 16^1+D\times 16^0$

任意十六进制的数 H，可以表示为

$$H=H_{n-1}\times 16^{n-1}+H_{n-2}\times 16^{n-2}+\cdots+H_1\times 16^1+H_0\times 16^0+H_{-1}\times 16^{-1}+H_{-2}\times 16^{-2}+\cdots+H_{-m}\times 16^{-m}$$

其中，H_i 可取 0～9 及 A、B、C、D、E、F 之中的数，取决于数值 H；$16^{n-1},16^{n-2},\cdots,16^1,16^0,16^{-1},\cdots,16^{-m}$ 称为位权；m 和 n 为正整数，n 为小数点左边的位数，m 为小数点右边的位数；16 为进位制的基数，故称为十六进制。

综上所述，可以把进位制的特点概括为：

（1）每种计数制都有一个固定的基数 J，它的每一位可能取 J 个不同的数值。

（2）它是逢 J 进位的。因此，它的每一个数位 i，对应一个固定的值 J_i，J^i 称为该位的“位权”，小数点左边各位的位权依次是基数 J 的正数次幂；而小数点右边各位的权依次是基数 J 的负数次幂。与此相关，若小数点向左移一位，则等于缩小为原数的 $\frac{1}{J}$；若小数点向右移一位，则等于增大为原数的 J 倍。

2. 不同进制之间的转换

计算机中数的存储和运算都使用二进制数。计算机在处理其他进制数时，都必须转换成二进制数，处理完毕输出结果时，再把二进制数转换成常用的数制。下面介绍不同数制间的转换方法。二、八、十、十六进制之间转换关系如图 1.1 所示。

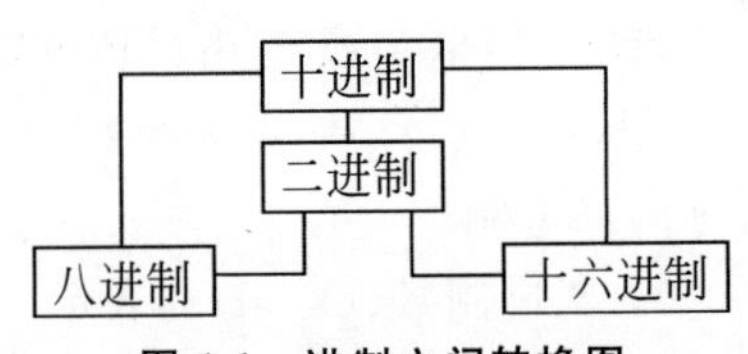

图 1.1　进制之间转换图

1）非十进制数转换成十进制数

方法：将非十进制数按权展开求和，就等于对应的十进制数。

（1）二进制数转换成十进制数，如

$$(1011.11)B = 1\times2^3+0\times2^2+1\times2^1+1\times2^0+1\times2^{-1}+1\times2^{-2}$$
$$=8+2+1+0.5+0.25=(11.75)D$$

（2）八进制数转换成十进制数，如

$$(127.24)Q = 1\times8^2+2\times8^1+7\times8^0+2\times8^{-1}+4\times8^{-2}$$
$$=64+16+7+0.25+0.0625=(87.3125)D$$

（3）十六进制数转换成十进制数，如

$$(A1F.48)H = 10\times16^2+1\times16^1+15\times16^0+4\times16^{-1}+8\times16^{-2}$$
$$=2560+16+15+0.25+0.03125=(2591.28125)D$$

2）十进制数转换成非十进制数

方法：十进制整数连续除非十进制数的基数取余，倒排余数。

　　　十进制小数连续乘非十进制数的基数取整，正排余数。

如：(75.6875)D=(75)D+(0.6875)D=(?)B

整数部分计算过程为：

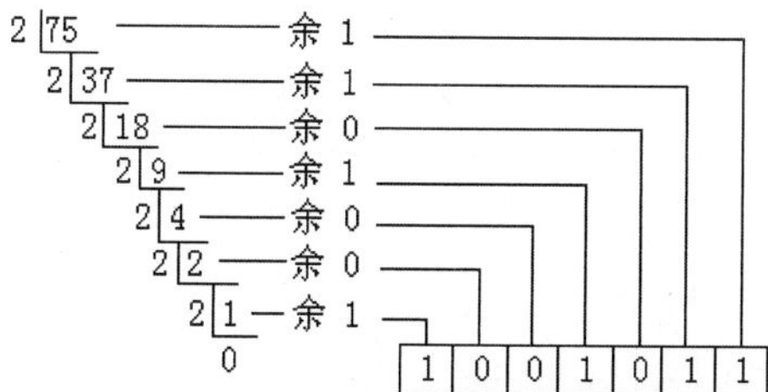

小数部分计算过程为：

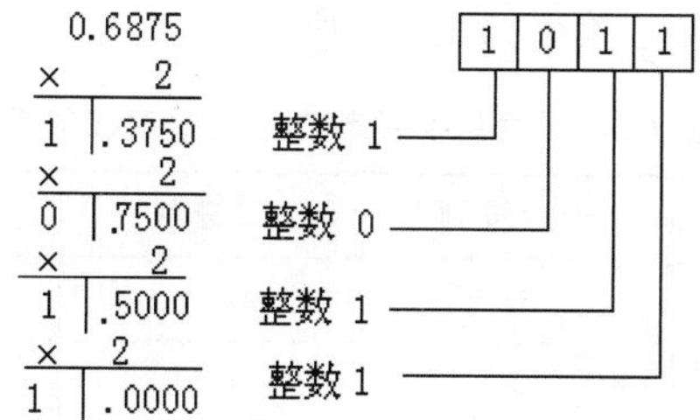

即(75.6875)D=(1001011.1011)B。

十进制数转换成八、十六进制数也类似。另外介绍一种十进制数转换成二进制数的快捷方法：将十进制数直接依次分拆成 2 的 n 次幂的累加和，这样更加快捷、准确。

(75)D =(64+8+2+1)D=(1000000+1000+10+1)B=(1001011)B

(165)D=(128+32+4+1)D=(10000000+100000+100+1)B=(10100101)B

3）二进制、八进制、十六进制之间的转换

（1）二进制、八进制数之间的转换。

八进制数与二进制数对应关系如表 1.2 所示。

表 1.2　八进制数与二进制数对应关系

八 进 制	二 进 制	八 进 制	二 进 制
0	000	4	100
1	001	5	101
2	010	6	110
3	011	7	111

① 二进制数转换成八进制数。

方法：整数由低位到高位，每三位（不足三位高位补 0）二进制数用一位八进制数表示。小数由高位到低位，每三位（不足三位低位补 0）二进制数用一位八进制数表示。

如：(1101011.1011)B=(?)Q

(001 101 011 . 101 100)B

↓ ↓ ↓ ↓ ↓ ↓

(1 5 3 . 5 4)Q

即(1101011.1011)B=(153.54)Q

② 八进制数转换成二进制数。

方法：每一位八进制数用三位二进制数表示。

如：(613.31)Q=(?)B

(6 1 3 . 3 1)Q

↓ ↓ ↓ ↓ ↓ ↓

(110 001 011 .011 001)B

即(613.31)Q=(110001011.011001)B

(2) 二进制、十六进制数之间的转换。

十六进制数与二进制数对应关系如表 1.3 所示。

表 1.3　十六进制数与二进制数对应关系

十六进制	二进制	十六进制	二进制	十六进制	二进制
0	0000	6	0110	C	1100
1	0001	7	0111	D	1101
2	0010	8	1000	E	1110
3	0011	9	1001	F	1111
4	0100	A	1010		
5	0101	B	1011		

① 二进制数转换成十六进制数。

方法：整数由低位到高位，每四位（不足四位高位补 0）二进制数用一位十六进制数表示。

小数由高位到低位，每四位（不足四位低位补 0）二进制数用一位十六进制数表示。

如：(1101011.1101101)B=(?)H

(0110 1011 .1101 1010)B

↓ ↓ ↓ ↓ ↓

(6 B . D A)H

即(1101011.1101101)B=(6B.DA)H。

② 十六进制数转换成二进制数。

方法：每一位十六进制数用四位二进制数表示。

如：(3E8.A2)H=(?)B

(3 E 8 . A 2) H

↓ ↓ ↓ ↓ ↓ ↓

(0 0111110 1000 .1010 0 010)B

即(3E8.A2)H=(1111001000.10100010)B。

上面介绍了几种数制之间的转换。没有介绍八进制和十六进制之间的转换，因为这两种进制不易直接转换，但可通过二进制作为过渡进行转换，先将 127Q 转换成二进制数，然后再将二进制数转换成十六进制数。

如：(127)Q=(1010111)B=(57)H。

1.2.3 字符的编码

要使计算机能处理字符信息，字符也必须用二进制代码表示。字符编码就是规定用什么样的二进制代码来表示字母、数字、专门符号等信息。因为计算机是世界通用的，所以必须依照一个统一的编码标准。

1. ASCII 编码

ASCII(American Standard Code for Information Interchange)码(见表 1.4)是美国标准信息交换码，它已被国际标准化组织规定为国际标准，在世界范围内通用。

表 1.4 7 位 ASCII 码

B3 B2 B1 B0	B6 B5 B4							
	000	001	010	011	100	101	110	111
0000	NUL	DLE	SP	0	@	P	、	p
0001	SOH	DC1	!	1	A	Q	a	q
0010	STX	DC2	“	2	B	R	b	r
0011	ETX	DC3	#	3	C	S	c	s
0100	EOT	DC4	$	4	D	T	d	t
0101	ENQ	NAK	%	5	E	U	e	u
0110	ACK	SYN	&	6	F	V	f	v
0111	BEL	ETB	′	7	G	W	g	w

续表

B3 B2 B1 B0	B6 B5 B4							
	000	001	010	011	100	101	110	111
1000	BS	CAN	(	8	H	X	h	x
1001	HT	EM	)	9	I	Y	I	y
1010	LF	SUB	*	:	J	Z	j	z
1011	VT	ESC	+	;	K	[	k	{
1100	FF	FS	,	<	L	\	l	|
1101	CR	GS	—	=	M	]	m	}
1110	SO	RS	.	>	N	↑	n	~
1111	SI	US	/	?	O	↓	o	DEL

ASCII 码采用 7 位二进制编码，每个 ASCII 码用 1 字节表示，字节的高位为 0，ASCII 码能表示 $2^7=128$ 种国际上最通用的字符，即 10 个阿拉伯数字、52 个英文大小写字母、32 个标点符号和运算符、34 个控制码等 128 个字符。

根据行可确定被查字符的低 4 位编码（B_3，B_2，B_1，B_0）根据列可确定被查字符的高 3 位编码（B_6，B_5，B_4）。将高 3 位编码与低 4 位编码连在一起就是相应字符的 ASCII 码值。如数字 0 的 ASCII 码是 0110000（即 30H），字母 A 的 ASCII 码是 1000001（即 41H）。

新版本 ASCII-8，由原来的 7 位码扩展成 8 位码，它可以表示 $2^8=256$ 个字符。

2. 汉字的编码

汉字也必须进行编码后才能被计算机接收和处理。由于汉字有 5 万多个，其中常用的有 7 千多个，所以不能像字符那样用 1 字节编码，必须扩充字节。汉字的编码同样要有一个统一标准，这个标准称为“国标码”。

（1）国标码：我国规定了“国家标准信息交换汉字编码”，代号为 GB2312-80，简称为“国标码”。国标码的字符集中共收录了 6763 个汉字和 682 个图形符号，并且将使用频率较高的 3755 个汉字定为一级字符，使用频率较低的 3008 个汉字定为二级字符。国标码规定每个汉字用 2 字节进行编码，每字节的最高位为 0，其余 7 位用于表示汉字或图形符号信息。如汉字“啊”的国标码二进制编码的 2 字节是 0011000B、0010001B（即 30H、21H）。

（2）机内码：汉字的机内码是指在计算机中表示汉字的编码，有了国标码，为什么还用机内码呢？比较一下 ASCII 码和国标码的形式，就会发现它们的最高位都是 0，只不过用两个 ASCII 码来表示一个汉字国标码而已。如“啊”的国标码十六进制编码的 2 字节分别是 30H、21H，它们又分别表示 ASCII 码的 0（30H）和！（21H）。所以计算机在处理时就区别不了是汉字的国标码还是字符的 ASCII 码。为了解决这一问题，将汉字国标码的 2 字节最高位都置成 1，从而得到汉字的“机内码”，实现了国标码和 ASCII 码的区别。

（3）字形码：字形码就是以点阵方式表示汉字字形的编码。计算机显示和打印的汉字是以点阵方式表示的，即将汉字分解成由若干“点”组成的点阵字形。以 16×16 的点阵为例，横向划分成 16 格，纵向也划分成 16 格，共 256 个“点”，用于表示字形的点用黑色（用二进制 1 表示)，空白用白色(用二进制 0 表示)，用这样的点阵就可以描绘出汉字的字形了。这样一个 16×16 点阵的汉字字形就需要 32 字节来存放，这 32 字节的信息也叫该汉字的字形码，所有字形码的集合就构成了汉字库。为了使输出的汉字更清楚、更大，还常用更多的点阵来描绘汉字，如 32×32 点阵、64×64 点阵、128×128 点阵等。

(4) 输入码：和输入西文一样，汉字的输入也是用键盘来实现的。但不是直接输入汉字，而是通过输入汉字的输入码来实现的。常用的有拼音输入法、五笔字型输入法等，它们的输入码是不同的。通过转换程序将不同的输入码转换成相同的机内码，就可找到同一个汉字的字形码，然后将汉字的字形显示或打印出来。

汉字输入码、国标码、机内码、字形码之间的关系如图 1.2 所示。

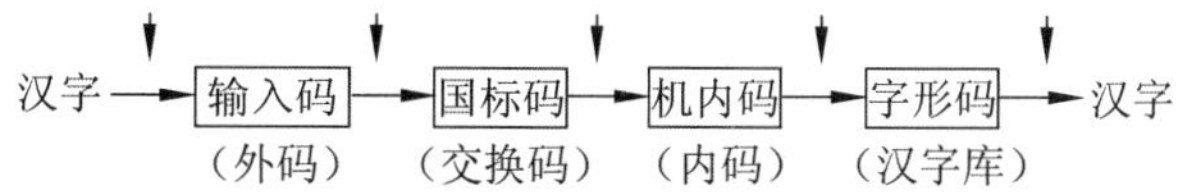

图 1.2 汉字编码间的关系

1.2.4 中英文输入法简介

计算机自带的英文输入法是基础的英文输入法，目前主流的输入法都支持英文输入，有的还支持英文单词联想输入，可以更方便快捷地进行英文语句输入。

中文输入法，又称为汉字输入法，是指为了将汉字输入计算机或手机等电子设备而采用的编码方法，是中文信息处理的重要技术。中文输入法从 1980 年发展起来，经历几个阶段：单字输入、词语输入、整句输入。汉字输入法编码可分为几类：音码、形码、音形码、形音码、无理码等。

曾经广泛使用的中文输入法有拼音输入法、五笔字型输入法、二笔输入法、郑码输入法等，目前流行的输入法软件平台，在 Windows 系统有搜狗拼音输入法、搜狗五笔输入法、百度输入法、QQ 拼音输入法、QQ 五笔输入法、极点中文汉字输入法等。

1.3 计算机系统的基本组成

计算机系统由计算机硬件系统和计算机软件系统构成，计算机系统是一种不需要人工直接干预，能够对各种信息进行自动高速处理和存储的电子设备。计算机系统的组成如图 1.3 所示。

1.3.1 计算机硬件系统

1. 主机

主机是计算机的核心部件，主要包括主机板、中央处理器(CPU)、内存储器、输入/输出(I/O)接口等。下面分别介绍主机的各个部件及其功能。

1) 主机板

主机板又称为系统主板，是位于主机箱内一块大型多层印制电路板。如果把 CPU 比作计算机的心脏，那么主板就是血管神经等循环系统。在计算机的主板上有中央处理器

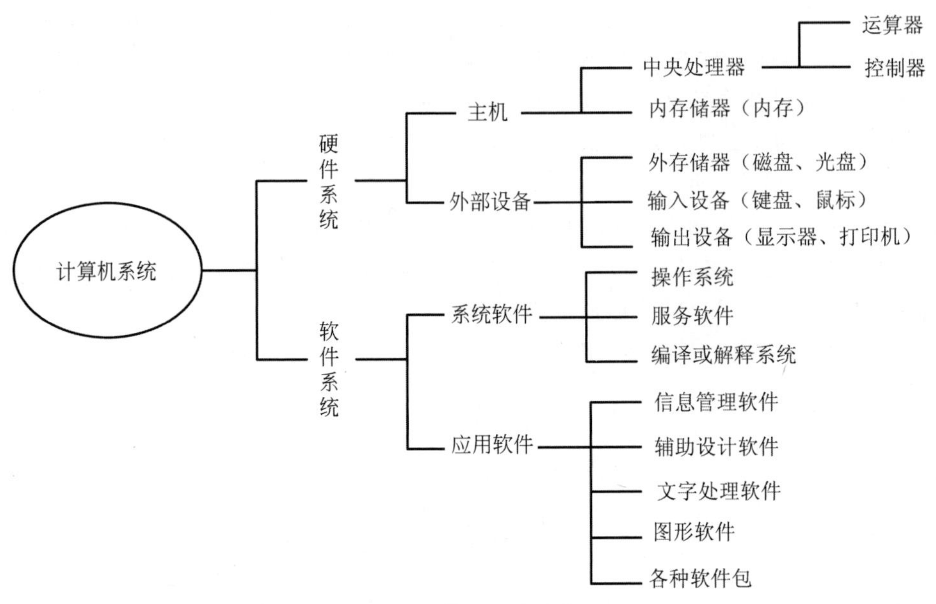

图 1.3 计算机系统结构图

(CPU)、随机存取存储器(RAM)、只读存储器(ROM)、多个长形扩展槽(用于插接显示卡、声卡等),还有内存扩充插槽,用来插扩充内存的内存条。它们之间通过系统总线交换数据。

计算机采用了总线结构,其主要特点是工艺简单、扩展性好,提高了微处理器与内存和外设之间信息传输的速度、准确性和可靠性。

2) 中央处理器

中央处理器(CPU)由运算器和控制器组成。它是计算机系统重要的元件。不同的CPU需要搭配不同的主板。在早期的计算机系统里,CPU都是直接焊接在主板上的。到了486时代,为了便于计算机升级,焊接的CPU普遍改装成能插拔的CPU。CPU的主要性能指标有两项：时钟频率和字长。

(1) 运算器。运算器的主要部件是算术逻辑单元,是计算机对数据加工处理的部件。运算器的主要功能是对二进制数进行算术、逻辑运算。算术运算包括加、减、乘、除等,逻辑运算主要是逻辑与、逻辑或、逻辑非、逻辑异或、逻辑比较等。

(2) 控制器。控制器负责从存储器中取出指令,确定指令类型,并对指令进行译码;按时间的先后顺序,负责向其他各部件发出控制信号,保证各部件协调一致地工作,完成各种操作。控制器主要由指令寄存器、译码器、程序计数器、操作控制器等组成。

3) 内存储器

存储器是用来存放数据和程序信息的部件。计算机运行中的全部信息,包括指挥计算机运行的各种程序、原始的输入数据、经过初步加工的中间数据以及最后的结果都存放在存储器中。它是计算机的主要工作存储区,待执行的程序和数据必须先从外存储器装入内存储器后才能执行,因此内存的大小和质量的好坏直接影响计算机的运行的快慢。

内存包括随机存取存储器(RAM)、只读存储器(ROM)两类。

衡量内存储器的指标包括存储容量、存储速度和价格。

(1) 随机存取存储器(Random Access Memory,RAM)。随机存取存储器又称为读/写存储器或内存,它用于存储待执行的程序或待处理的数据。通常所说的计算机内存容量就是指内存 RAM 的容量,现在的微机中使用的 RAM 是一个一个的内存条,容量一般为 4GB 或以上,存储速度为 6ns~10ns。

(2) 只读存储器(Read Only Memory,ROM)。ROM 所存储的信息在制造时就固化在 ROM 中,使用时只能读不能写,断电后程序和数据不会丢失。

只读存储器通常分为 EPROM(Erasable Programmable ROM 可擦写的只读存储器)和 EEPROM(Electrically Erasable PROM)。EEPROM 可以以字节为单位重复写入,而 EPROM 必须将数据全部冲掉才能写入。现在,BIOS 所用的 ROM 一般是 Flash ROM,它可以看成 EEPROM 的一种,二者的界限并不很明显。

4) 输入/输出(I/O)接口

在机器内部,各个部件是通过总线连接的。对于外部设备,则是通过总线连接相应输入/输出设备的接口电路,然后再与输入/输出设备连接。一般接口电路又叫适配器或接口卡。接口卡是一块印制电路板,它是系统输入/输出设备控制器功能的扩展和延伸,因此,也称为功能卡。常见的接口卡有显示卡、声卡、网卡。

CPU 与外部设备的工作方式、工作速度、信号类型都不相同,通过接口电路的变换作用,把二者匹配起来。接口电路中包含一些专业芯片、辅助芯片以及各种外部设备适配器和通信接口电路等。不同的外部设备与主机相连都要配备不同的接口。现在常用的几种接口卡都做成标准件,以便选用。

计算机与外部设备之间有两种信息传输方式:一种是串行方式;另一种是并行方式。串行方式是按二进制位逐位传输,传输速度较慢,但省器材。并行方式一次可以传输若干个二进制位的信息,传输速度比串行方式快,但器材投入较多。在计算机内部都是采用并行方式传送信息;计算机与外设之间的信息传送,两种方式均有采用。

串行接口:微型计算机中采用串行通信协议的接口称为串行接口,也称为 RS-232 接口。一般微型计算机有两个串行接口,被标记为 COM1 和 COM2。微型计算机中使用串行接口的设备主要有鼠标、扫描仪、数码照相机和调制解调器等。

并行接口:并行接口简称为“并口”,用一组线同时传送一组数据。在微型计算机中,一般配置一个并行接口,被标记为 LPT1 或 PRN。微型计算机中使用并行接口的设备主要有打印机、外置式光驱和扫描仪。

2. 外部设备

1) 外存储器

外部存储是指计算机内存和 CPU 缓存以外的存储,一般断电后仍能保存数据。常见的外存有移动硬盘、移动存储器、固态硬盘、硬盘储存器、U 盘等。外存的特点是容量大、价格低但存取速度慢,所以一般用来存放暂时不用的程序和数据。

(1) U 盘。最早来源于朗科公司生产的一种新型存储设备,称为“闪存盘”,它采用 USB 接口进行连接。而后来生产出来的类似技术的设备,由于朗科公司已经注册了专利,不能再叫“闪存盘”了,因此改名为 U 盘。

(2) 移动硬盘。移动硬盘是以硬盘为存储介质,在计算机之间交换大容量数据,可以方便携带的存储产品。它原本是笔记本计算机专用的小硬盘。大多数移动硬盘使用 USB、IEEE1394 等传输速率较快的接口,能够以更高的速率向系统传输数据。由于物理上采用标准硬盘或微型硬盘作为存储介质，因此移动硬盘的数据读写方式与标准IDE硬盘相同。

（3）固态硬盘。固态硬盘是固态驱动器的俗称。它是由固态电子存储芯片阵列制成的硬盘。因为固态电容的英文为Solid，所以固态硬盘也叫SSD。固态硬盘的接口规格和定义、功能和使用方法与普通硬盘完全一致，产品外形尺寸也与普通硬盘完全一致。

2）输入设备

（1）键盘。键盘是计算机必备的输入设备。用来向计算机输入命令、程序和数据。键盘由一组按阵列方式装配在一起的按键开关组成，不同开关键上标有不同的字符，每按下一个键就相当于接通了相应的开关电路，随即把该键对应字符代码通过接口电路送入计算机。键盘通过一根电缆线与主机相连接。

（2）鼠标。鼠标是计算机重要的输入设备。鼠标的主要功能是对光标进行快速移动、选中图像或文字等对象、执行命令等。

鼠标按其结构可分为7类：机械式、光电式、半光电式、轨迹球、无线遥控式、掌上计算机上的光笔、NetMouse等。由于机械式鼠标工艺简单、使用方便、价格便宜，所以被广泛应用，是使用率最高的一种。

（3）扫描仪。扫描仪是一种输入设备，主要用于输入图形和图像。利用它可以迅速地将图形、图像、照片、文本输入计算机中。目前使用最普遍的是由线性CCD（电荷耦合器件）阵列组成的电子式扫描仪。

常见的扫描仪为平板式和手持式扫描仪两种。

3）输出设备

（1）显示器。计算机的显示系统由显示器、显示卡和相应的驱动软件组成。

显示器有以下几项主要技术指标。

① 像素：显示器所显示的图形和文字是由许许多多的“点”组成的，称这些点为像素。

② 点距：点距是屏幕上相邻两个像素点之间的距离，是决定图像清晰度的重要因素。点距越小，图像越清晰，细节越清楚。常见的显示器点距有0.21mm、0.28mm、0.31mm和0.39mm等。0.21mm点距通常用于高档显示器。目前市场上最常用的是0.28mm点距的显示器，这对于用户平常的工作和娱乐来说，已完全足够了。

③ 分辨率：分辨率是指显示器屏幕上每行和每列所能显示的“点”数（像素数），分辨率越高，屏幕可以显示的内容越丰富，图像也越清晰。最高分辨率是显示器的一个性能指标，它取决于显示器在水平和垂直方向上最多可以显示的点数。目前的显示器一般都能支持1280×1024、1024×768、800×600等规格的分辨率。

（2）打印机。打印机是计算机重要的输出设备。在计算机系统中，可用打印机输出文字、表格、图形和图像等数据。

按打印方式可将计算机分为击打式和非击打式两类。击打式打印机利用机械冲击力，通过打击色带在纸上印上字符或图形。非击打式打印机则用电、磁、光、喷墨等物理、化学方法来印刷字符和图形。非击打式打印机的打印质量通常比击打式的高。

按工作原理可将打印机分为针式打印机、喷墨打印机和激光打印机3类。

（3）音箱和声卡。声卡的作用主要是将数字信号转化为音频信号输出，达到播放音乐的功能。目前使用的多媒体计算机中配置了声卡和音箱，使计算机在处理声音信息方面的功能日益增强。声卡已得到了广泛的应用，计算机游戏、多媒体教育软件、语音识别、人机对话、网上电话、电视会议等，哪一样都离不开声卡，现在，声卡已成为所有多媒体计算机和大部分商用计算机的必配设备。

1.3.2 计算机软件系统

软件系统是指在硬件系统上运行的各种程序及有关资料。它是为了充分发挥硬件结构中各部分的功能，方便用户使用计算机而编制的各种程序。软件包括系统软件和应用软件。

1. 系统软件

系统软件包括操作系统、语言处理程序和数据库管理系统等。

1）操作系统

操作系统是系统软件中的核心软件，对计算机进行存储管理、设备管理、文件管理、处理器管理等，以提高系统使用效能、方便用户使用计算机。

说明：操作系统属于系统软件，但是所有的软件（系统软件和应用软件）都必须在操作系统的支持下才能安装运行，计算机中必须安装操作系统才能工作。用户接通计算机电源，计算机就能启动，就是因为计算机中已经安装了操作系统。

2）语言处理程序

语言处理程序包括编译程序和解释程序等。计算机只能接受机器语言程序，而无法直接执行用汇编语言和高级语言编写的程序，因此必须经过"翻译程序"将它们翻译成机器语言程序，计算机才能执行。语言处理程序就是完成这种"翻译程序"的软件。

3）数据库管理系统

数据库技术是针对大量数据的处理而产生的，至今仍在不断地发展。数据库系统由计算机硬件、数据库、数据库管理系统、操作系统和数据库应用程序组成，主要用于解决数据处理的非数值计算问题，其特点是数据量大。数据处理的主要内容是数据的存储、查询、修改、排序、统计等。

目前数据库主要用于图书馆管理、财务管理、人事管理、材料管理等方面。常用的数据库管理系统有 SQL Server 、Oracle、SyBase 和 MySQL 等。

2. 应用软件

应用软件是指用户自己开发或外购的满足各种专门需要的应用软件包。如图形软件、文字处理软件、财会软件、人事管理软件、辅助设计软件和模拟仿真软件等。

1.3.3 微型计算机的主要技术指标

计算机的种类很多，根据计算机处理字长的不同分为 8 位机、16 位机、32 位机和 64 位机；根据计算机结构的不同分为单片机、单板机、多芯片机和多板机；根据计算机用途的不同分为工业过程控制机和数据处理机。计算机的主要性能指标如下。

1. 字长

字长是指 CPU 能够直接处理的二进制数据的位数，它直接关系到计算机的计算精度、功能和速度。例如，字长为 32 位的计算机运算一次便可处理 32 位的信息，传输过程中，可并行传送 32 位二进制数据。一般情况下，字长越长，计算精度越高，处理能力越强。

2. 运算速度

通常所说的计算机运算速度（平均运算速度），是指计算机每秒钟所能执行的指令条数，一般用百万次/秒（Million of Instructions Per Second，MIPS）为单位。

3. 主频

主频是指计算机的时钟频率，是指 CPU 在单位时间（秒）内发出的脉冲数。通常，主频的单位是 MHz 或 GHz，如微处理器 i9 12900H 是第十二代“酷睿”处理器产品，基于 Intel 7nm 制程工艺，采用全新设计的 Golden Cove CPU 微架构，拥有 16 核心、24 线程，小核基准 3.0GHz，全核加速 3.7GHz，单核加速 3.9GHz，它在很大程度上决定了计算机的运算速度，时钟频率越高，其运算速度就越快。

4. 内存容量

内存容量是指内存储器中能够存储信息的总字节数，一般以 GB 为单位（1KB=1024B，1MB=1024KB，1GB=1024MB）。内存容量反映了内存储器存储数据的能力，存储容量越大其数据处理的范围就越广，并且运算速度也越快。目前微型计算机的内存至少为 4GB，并且可以根据需要扩充到 64GB 及以上。

5. 外设配置

外设配置是指键盘、显示器、显示适配卡、打印机、磁盘驱动器、光驱、鼠标等的配置。

1.3.4 计算机的存储单位

1. 计算机中数据的单位

用计算机处理数据，数据可以存储在计算机的内存储器和外存储器中，其存储单位如下。

1）位（bit）

计算机只识别二进制数，即在计算机内部，运算器运算的是二进制数。在计算机中数据的最小单位是位。位是指一位二进制数码 0 或 1，英文名称是 bit。

2）字节（Byte）

为了表示计算机数据中的所有字符（包括各种符号、数字、字母等，大约有 128 到 256 个），需要用 7 到 8 位二进制数表示。因此，人们选定 8 位为 1 字节，即 1 字节由 8 个二进制数位组成。字节是计算机中用来表示存储空间大小的最基本容量单位。

2. 计算机常用的存储单位

8 b = 1 B　　1024 B = 1 KB　　1024 KB = 1 MB　　1024 MB = 1 GB

1024 GB = 1 TB　　1024 TB = 1 PB　　1024 PB = 1 EB　　1024 EB = 1 ZB

1.4 办公自动化软件简介

目前主要流行的办公自动化软件有两种。一是微软公司出品的 Microsoft Office 系列办公自动化软件；二是我国金山公司出品的 WPS Office 系列办公自动化软件。这两家公司出品的办公自动化软件主要包括三大功能软件：文字处理软件、表格处理软件和演示文稿处理软件。

1. 文字处理软件

文字处理软件在文字处理方面的应用技术，需要掌握的内容主要包括文档的基本操作，文本编辑、查找与替换、段落格式设置；图片、图形、艺术字等对象的插入、编辑和美化；在文档中插入和编辑表格、对表格进行美化、灵活应用表格公式；分页符和分节符的插入；页眉、页脚、页码的插入和编辑；样式与模板的创建和使用；目录的制作和编辑；文档不同视图和导航任务窗格的使用；页面设置；打印预览和打印的相关设置与操作，以及多人协同编辑文档的方法和技巧等。

2. 表格处理软件

表格处理软件主要用于数据处理，利用表格不但能方便地创建工作表来存放数据，而且能够使用公式、函数、图表等数据分析工具对数据进行分析和统计，需要掌握的内容主要包括新建、保存、打开和关闭工作簿，切换、插入、删除、重命名、移动、复制、冻结、显示及隐藏工作表等操作；单元格、行和列的相关操作，使用控制句柄、设置数据有效性和设置单元格格式；数据录入，如快速输入特殊数据、使用自定义序列填充单元格、快速填充和导入数据，掌握格式刷、边框、对齐等常用格式设置；工作簿的保护、撤销保护和共享，工作表的保护、撤销保护，工作表的背景、样式、主题设定；单元格绝对地址、相对地址的概念和区别，掌握相对引用、绝对引用、混合引用及其他工作表中单元格的引用方法；公式和函数的使用，掌握平均值、最大/最小值、求和、计数等常见函数的使用；常见的图表类型及电子表格处理工具提供的图表类型，掌握利用表格数据制作常用图表的方法；自动筛选、自定义筛选、高级筛选、排序和分类汇总等操作；数据透视表的概念，掌握数据透视表的创建、更新数据、添加和删除字段、查看明细数据等操作，能利用数据透视表创建数据透视图和页面布局、打印预览和打印的相关设置与操作等功能。

3. 演示文稿处理软件

演示文稿处理软件主要讲述演示文稿的设计原则和制作流程，主要包括演示文稿的应用场景，熟悉相关工具的功能、操作界面和制作流程；演示文稿的创建、打开、保存、退出等基本操作；演示文稿不同视图方式的应用；幻灯片的创建、复制、删除、移动等基本操作；幻灯片的设计及布局原则；在幻灯片中插入各类对象的方法，如文本框、图形、图片、表格、音频、视频等对象；幻灯片母版的概念，掌握幻灯片母版、备注母版的编辑及应用方法；幻灯片切换动画、对象动画的设置方法及超链接、动作按钮的应用方法；幻灯片的放映类型，会使用排练计时进行放映和幻灯片不同格式的导出方法等操作功能。

1.5　计算机新技术

1. 物联网技术发展

"物联网"概念于 1999 年提出，它的定义很简单：把所有物品通过射频识别等信息传感设备与互联网连接起来，实现智能化识别和管理。

物联网(Internet of Things，IoT)起源于传媒领域，带来了信息科技产业的第三次革命。

物联网通过信息传感设备，按约定的协议，将任何物体与网络相连接，物体通过信息传播媒介进行信息交换和通信，以实现智能化识别、定位、跟踪、监管等功能。

在物联网应用中有两项关键技术，分别是传感器技术和嵌入式技术。物联网可以简单理解为物物相连的互联网。现在的物联网产业以应用层、支撑层、感知层、平台层以及传输层 5 个层次构成。物联网未来可以应用于智能家居、智慧交通、智能医疗、智能电网、智能物流、智能农业、智能电力、智能安防、智慧城市、智能汽车、智能建筑、智能水务、商业智能、智能工业、平安城市等。

2. 云计算技术发展

云计算(cloud computing)是基于互联网的相关服务的增加、使用和交付模式的技术，通常涉及通过互联网来提供动态、易扩展且经常是虚拟化的资源。云计算是一种按使用量付费的模式，这种模式提供可用的、便捷的、按需要的网络访问，进入可配置的计算资源共享池(资源包括网络、服务器、存储、应用软件、服务)，这些资源能够被快速提供，只需要投入很少的管理工作，或与服务供应商进行很少的交互。

云计算可以提供以下服务。

1）基础设施即服务(IaaS)

消费者通过 Internet 可以从完善的计算机设施获得服务，例如，硬件服务器租用。

2）平台即服务(PaaS)

PaaS 实际上是指软件研发的平台作为一种服务，以 SaaS 的模式提交给用户。因此，PaaS 也是 SaaS 模式的一种应用。但是 PaaS 的出现可以加快 SaaS 应用的开发速度，例如，软件的个性化定制开发。

3）软件即服务(SaaS)

SaaS 是一种通过 Internet 提供软件的模式，用户无须购买软件，而向提供商，例如，亚马逊租用基于 Web 的软件，来管理企业经营活动。

3. 大数据技术发展

大数据是一种规模大到在获取、管理、分析方面大大超出传统数据库软件工具能力范围的数据集合，具有海量的数据规模、快速的数据流转、多样的数据类型和价值密度低四大特征。如果将大数据比作一个产业，那么这种产业实现盈利的关键在于提高对数据的“加工能力”，通过“加工”实现数据的“增值”。

从技术上来看，大数据和云计算的关系就像一枚硬币的正反面一样密不可分。大数据必然无法用单台计算机进行处理，必须采用分布式架构。大数据技术的特色在于对海量数据进行分布式数据挖掘，但它必须依托云计算的分布式处理、分布式数据库和云存储、虚拟化技术。大数据需要特殊的技术以有效地处理大量的数据。适用于大数据的技术，包括大规模的并行处理数据库、数据挖掘、分布式文件系统、分布式数据库、云计算平台、互联网和可扩展的存储系统等。

4. 人工智能技术发展

人工智能(Artificial Intelligence，AI)，指由人制造出来的机器所表现出来的智能。通常人工智能是指通过普通计算机程序来呈现人类智能的技术。

人工智能的核心问题包括建构能够跟人类相似甚至优于人类的推理、知识、规划、学习、交流、感知、移物、使用工具和操控机械的能力等。当前有大量的工具应用了人工智能，其中包括搜索和数学优化、逻辑推演。而基于仿生学、认知心理学以及基于概率论和经济学的算法等也在逐步探索的过程中。人工智能最后会演变为机器替换人类。

人工智能的主要表现行为有机器视觉、指纹识别、人脸识别、视网膜识别、虹膜识别、掌纹识别、专家系统、自动规划、智能搜索、定理证明、博弈、自动程序设计、智能控制、机器人学、语言和图像理解、遗传编程等。

5. 网络安全技术发展

网络空间是指由计算机创建的虚拟信息空间。网络空间既是人的生存环境，也是网络信息的生存环境，因此网络空间安全是人和信息对网络空间的基本要求。此外，网络空间是所有信息系统的集合，而且是复杂巨系统。人在其中与信息相互作用、相互影响。因此，网络空间安全问题更加综合、更加复杂。

网络空间安全就是网络领域的安全，网络空间安全涉及在网络空间中的电子设备、电子信息系统、运行数据、系统应用中存在的安全问题，分别对应这 4 个层面：设备、系统、数据、应用。网络空间安全的基础学科是密码学。

6. 区块链技术发展

区块链(blockchain)是分布式数据存储、点对点传输、共识机制、加密算法等计算机技术的新型应用模式。区块链是与比特币相关的一个重要概念，它本质上是一个去中心化的数据库。同时作为比特币的底层技术，区块链用一串使用密码学方法相关联产生的数据块，每一个数据块中包含了一批次比特币网络交易的信息，用于验证其信息的有效性(防伪)和生成下一个区块。

当前，区块链技术应用已延伸到数字金融、物联网、智能制造、供应链管理等多个领域。无论是出于维护公众安全，还是着眼行业健康发展，都必须高度重视其管理问题。

习题 1

一、思考题

1. 计算机具有哪些特点？
2. 计算机硬件系统由哪些部分组成？
3. 计算机软件系统由哪些部分组成？
4. 计算机的字长指什么？CPU 主频指什么？
5. 内存储器与外存储器有哪些区别？
6. 试举例说明目前流行哪些外存储器。
7. 试举例说明计算机常用的数制。
8. 试举例说明计算机新技术都有哪些。
9. 在计算机系统中，请列出硬盘、U 盘(闪存盘)、CPU、Cache、RAM 这几种设备由快到慢的次序。
10. 个人计算机的主要性能指标是什么？

二、填空题

1. 二进制数 11001101 转换为八进制数是________，转换为十六进制数是________，转换为十进制数是________。

2. ________是内存与 CPU 之间进行数据交换的缓冲，它是存取速度最快的存储器。

3. 当计算机工作时突然停电，在________的数据将丢失，在________的数据不会丢失。

4.计算机系统由________系统和________系统组成。

5. 十进制数 234 转换为二进制数是________。

6. 十进制数 15.345 转换为八进制数是________。

7. 十六进制数 15.345 转换为十进制数是________。

8. USB 接口最大的特点是支持________，且传输速率快。

9. 大写字母的 ASCII 码值比相应小写字母的 ASCII 码值要________。

10. 计算机的字长决定计算机的________和________。

三、综合题

1. 请通过线上或线下调查，为一个小型公司购置办公用计算机设备，预算 2 万元左右，请设计一套购置方案。

2. 请完成如下操作题(转换后保留三位小数)。

(1) 将二进制数 11001101.101101 分别转换为八进制数、十进制数和十六进制数。

(2) 将八进制数 763.526 分别转换为二进制数、十进制数和十六进制数。

(3) 将十进制数 135.685 分别转换为二进制数、八进制数和十六进制数。

(4) 将十六进制数 8AC.DE9 分别转换为二进制数、八进制数和十进制数。

人工智能概述

人工智能(Artificial Intelligence,AI)是计算机科学的一个分支,是当前的热点和前沿研究领域,并且已经在生产和社会生活中扮演重要角色。人工智能历经长期、曲折的发展,使得许多早期的科学幻想变成现实,但同时又涌现了许多新的科学问题。本章的主要内容包括:

任务一:人工智能的诞生与发展。

任务二:人工智能的研究方法。

任务三:人工智能的主要应用和影响。

任务四:人工智能所面临的主要挑战。

本章教学目标

理解人工智能的基本概念,了解人工智能的发展历史、研究方法和主要相关应用领域。

2.1 人工智能的诞生与发展

2.1.1 人工智能的发展历程

人工智能的发展离不开诸多学者和科学家的杰出贡献,其中包括人工智能创始人之一英国数学家和逻辑学家艾伦·图灵(Alan Turing)以及人工智能领域先驱、美国认知科学家约翰·麦卡锡(见图2.1)。早在1950年,图灵发表了《机器能思考吗?》一文,同时提出了著名的图灵测试:首先将人与机器隔开,前者通过一些装置(如键盘)向后者随意提问。然后测试员与被测者和机器进行多次问答,如果有超过30%的测试员不能够在5分钟内确定被测试的是人还是机器,那么这台机器就通过了图灵测试,并被认为具有人类智能。当时有一批学者乐观地认为20年之内就能研制出通过该测试的"智能"计算机,然而直到目前,尚无一台计算机能够真正通过图灵测试。人工智能发展之路依然曲折且长期充满挑战。

1956年的夏天,麦卡锡邀请哈佛大学、麻省理工学院、IBM公司、贝尔实验室的研究人员在达特茅斯学院召开了一场主题为"如何用机器模拟人的智能"的学术会议,正式提出了"人工智能"这一名词。多年之后,这场会议被认定为全球人工智能研究的起点,它标志着人工智能这门新兴学科的正式诞生。总体来说,人工智能是人工制造出来的由机器所表现出来的智能,通常由计算机系统实现,其目的是让机器像人类一样思考。为努力实现该远大目

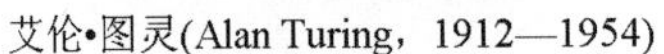
艾伦•图灵(Alan Turing，1912—1954)　　约翰•麦卡锡(John McCarthy，1927—2011)

图 2.1　人工智能创始人代表

标，人工智能的发展经历了三个高潮时期和两个低谷时期。

1. 人工智能的诞生（第一个浪潮，1956—1974 年）

人工智能诞生在第二次世界大战结束之后，在人们对美好生活的巨大热情和对新兴研究领域投资的驱动下，一系列的新成果在这个时期应运而生。人工智能在产业界的普遍理解是让计算机来实现具有人类能力的算法程序。继图灵测试提出和达特茅斯会议之后，1957 年，理查德 · 贝尔曼（Richard Bellman）提出了增强学习模型，同一年，弗兰克 · 罗森布拉特（Frank Rosenblatt）发明了感知器（或称感知机，Perceptron）。感知器是人工神经网络的组成部分，它是大脑中生物神经元的简化模型。1964 年，约瑟夫 · 维岑鲍姆（Joseph Weizenbaum）建立了世界上首个自然语言对话程序，可通过简单的模式匹配和对话规则实现程序与人的对话聊天。虽然在今天来看这个对话程序显得有些简单，但研究领域一直弥漫着非常乐观的情绪。之后，日本早稻田大学在 1967—1972 年发明了世界上第一个人形机器人。它不仅可以对话，还有视觉系统，也就是说它可以在视觉系统的引导下在室内走动和抓取物体。

虽然人工智能诞生之初的成果颇多，但这些模型的泛化能力不足，机器的应用范围非常有限，例如，在当时自然语言理解和视觉处理的巨大可变性和模糊性问题并没有解决好。由于先驱科学家的乐观估计和社会对这个领域的一些不切实际的期待，人们对人工智能的批评随之越来越多。人工智能进入了第一个低潮时期（1974—1980 年），但这批早期的学者仍然继续艰难地前行，力求解决和突破问题，为社会生活带来实际利益。

2. 人工智能步入产业化（第二个浪潮，1980—1989 年）

20 世纪 80 年代初，美国卡内基-梅隆大学联合 DEC 公司设计的“XCON-R1 专家系统”每年能够为该公司节省几千万美元。特定领域专家系统的高效决策能力为各行业产生了显著的经济效益，标志着人工智能领域出现了新进展。专家系统能够根据领域内的专业知识，推理出专业问题的答案，AI 也由此变得更加“实用”，人们又重新受到鼓舞，许多国家再次投入大量研发经费。约翰 · 霍普菲尔德（John Hopfield）在 1982 年发明 Hopfield 神经网络，标志着神经网络的复兴。而 1986 年由 Rumelhart 和 McClelland 为首的科学家提出的 BP（Back Propagation）神经网络是应用最广泛的神经网络模型之一，它是一种按照误差逆向传播算法训练的多层前馈神经网络。信封上的手写邮政编码自动识别系统和库茨韦尔应用智能公司创造的第一个基于听写转录装置系统，都是这一时期的成功 AI 应用案例。与此同时，日本的第五代计算机促成了 20 世纪 80 年代中后期人工智能的繁荣。

但是，这些早期的 AI 系统需要一个程序员团队，不断地添加、更新、修改一行行代码，也就是说机器不具备学习和自我更新知识库的能力。昂贵的维护成本似乎再次辜负了创造者的期待，这与他们对高精度和高智能的“思维机器”的设想不相匹配，加上计算机资源不足等原因导致了 1990—2005 年的第二次 AI 寒冬。

3. 人工智能迎来爆发（第三个浪潮，21 世纪初至今）

人工智能的第三次复兴缘起于 2006 年 Hinton 等提出的深度学习技术，神经网络的深层结构能够自动提取并表征复杂的特征。由于在这次浪潮中深度学习是最流行的技术，以至于有人提出了“深度学习＝人工智能”的口号。实际上，深度学习只是人工智能众多技术方向中的一种。目前大数据和云计算的快速发展，使得深度学习网络模型不仅有足够的数据量作为学习资料，而且有了强大的计算能力完成模型学习。2012 年，基于深度学习的 AlexNet 模型在 ImageNet 大赛中获得冠军，2015 年，深度学习 AI 模型在图像识别准确率方面第一次超越了人类肉眼，人工智能实现了飞跃性的发展。2016 年，AlphaGo 第一次战胜人类顶级围棋选手，当时震惊了整个世界。同年，微软公司将英语语音识别词错率降低至 5.9％，识别能力可与人类相媲美。随后，智能机器人、虚拟助理、无人驾驶、智能家居、引擎推荐等应用逐步走进社会生活。如今，人工智能已从实验室走向市场化应用，人工智能终于迎来了属于它的时代。

然而，人工智能并非万能钥匙，但许多人对人工智能的认知是分裂的。一方面，媒体不断地报道人工智能所取得的各种新成果，人工智能已经纳入我国的新基建体系。另一方面，新闻事件中经常报道 AI 自动驾驶又发生事故，房屋中的智能产品表现非常“低智”。这两种现象让人疑惑这些产品更多的是人工智能还是人工智障？事实上，当前的人工智能仍然处于弱人工智能阶段，能够解决通用型问题的强人工智能需要科学家继续长期努力。

人工智能的发展历程如图 2.2 所示。

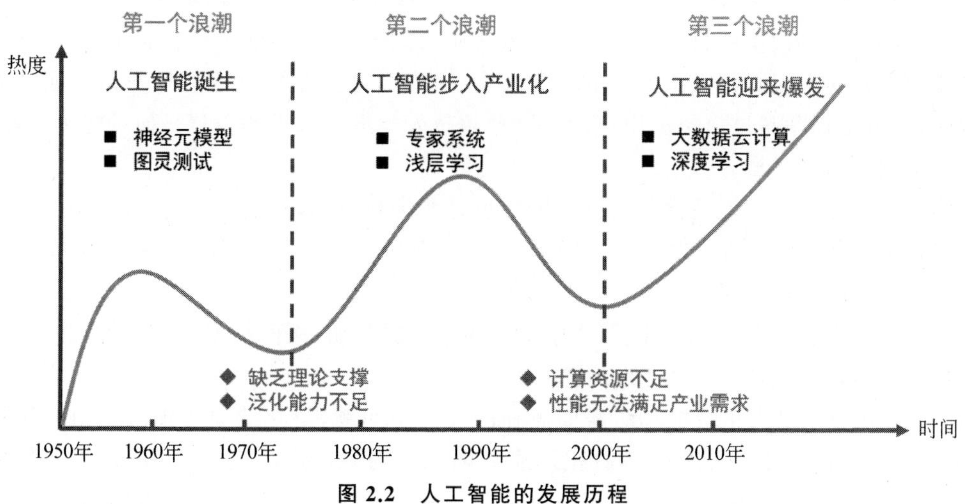

图 2.2 人工智能的发展历程

2.1.2 弱人工智能到强人工智能之路

从智能化程度的高低来看，一般把人工智能的发展分为三个阶段，分别是计算智能、感知智能和认知智能阶段。

1. 第一个阶段——计算智能阶段

计算智能阶段指的是机器能够像人类一样计算。目前，在高性能芯片和各种软件的协助之下，机器已经超越人类的计算极限，可以既高效又准确地处理大量的数据。人类已经达到了这个阶段，但是这样的“计算器”显然不能满足人们对智能的追求。

2. 第二个阶段——感知智能阶段

感知智能阶段指的是机器能像人类一样进行语言交流、识别世间万物。语音和图像识别是这个阶段的典型应用，此时的人工智能可以辅助人们更好地工作和生活。

3. 第三个阶段——认知智能阶段

认知智能阶段人工智能能够像科幻片中的机器人一样有了学习和主动思考的能力。机器在某些方面已经超越人类，能够全面辅助甚至完全替代人类。

大家普遍认为目前的人工智能还处于第二阶段，也就是感知智能（弱人工智能）阶段，离第三阶段也就是认知智能（强人工智能）还有比较远的距离。美国哲学家约翰·赛尔（John Searle）首先提出了“强人工智能”和“弱人工智能”的分类，目前弱人工智能已经实现，那么要实现强人工智能究竟遇到了哪些困难呢？我们首先需要理解和区分这两个概念。

弱人工智能也被称为限制领域人工智能或者应用型人工智能，指的是专注于且只能解决特定领域问题的人工智能。毫无疑问，目前所有人工智能应用与实践都属于弱人工智能的范畴。典型代表就是AlphaGo，它可以在围棋领域超越人类，但也仅限于围棋领域。由于弱人工智能在功能上的局限性，它更大程度上被视为对人类不构成威胁的辅助工具。强人工智能是指通用人工智能或者完全人工智能，它可以胜任人类所有工作。强人工智能需要具备的能力包括：使用策略和制定决策的能力；知识（包括常识性知识）表示的能力；推理规划能力；学习能力；使用自然语言进行交流沟通的能力；将上述能力整合起来，实现既定目标的能力。目前人们对超人工智能的定义较为模糊，通常指它可以比世界上最聪明的人类还聪明，其智慧程度超过人类。由于没人清楚超越人类最高水平的智慧是何种能力，现在讨论超人工智能为时尚早。

然而建立强人工智能所面临的问题同样也是非常艰难的，目前主要的挑战或瓶颈如下。

（1）人类大脑仍然是个谜，至今我们都还没完全研究清楚，人工神经网络的复杂度可以说是远低于人脑神经网络复杂度。

（2）面对数据瓶颈，人工智能算法模型需要大数据驱动，从而数据可获得性、数据质量、数据标注成本均是制约AI发展的因素。

（3）泛化瓶颈是人工智能算法需要面临的又一个问题，泛化的通俗理解是由“具体”到“一般”的扩展延伸，指一般化或普遍化。通常训练好的AI模型应用在一般通用环境的过程中，其泛化性能明显下降，即模型在实际应用中的准确性或精确性不能维持和保证。

（4）现有计算机上实现人工智能系统能耗很高，人脑尽管是一个通用的人工智能系统，但是能耗很低（只有20W）。能耗瓶颈可以简单地理解为人工智能在应用中所消耗能源大于它所产生的效益,即能耗成本过高。

(5) 当语言服务 AI 系统涉及语义推理问题时,会表现出缺乏真正的语言理解能力。例如,人类很容易根据上下文或常识理解其真正含义,而对于一些有歧义的自然语句,AI 计算机却很难理解,这就是语义鸿沟瓶颈。

(6) 现有人工智能算法缺乏可解释性,都是知其然而不知其所以然,而且过于依赖训练数据,缺乏深层次数据语义挖掘,即存在可解释性瓶颈。现在对高可信任度的人工智能呼声越来越高,而这首先就要让人工智能做到可解释。

(7) 人工智能的对抗性较弱。例如,智能机械臂可以轻松地采摘果实,完成农作物自动灌溉等,但这些任务都是在设定好的环境中完成的。用于夜空表演的无人机群也不是自主协助式规划路径,距离真正的"智能集群"还相差很远。若处于高对抗的人为环境中,例如,在电子竞技和军事战斗中,无人战斗机群的对抗能力和协同作战能力将会是很大考验。

2.2　人工智能的研究方法

人工智能是一个跨学科研究领域,不同学者从自身不同的专业角度来理解和研究人工智能。传统的人工智能研究方法被统称为符号主义(又称逻辑主义)学派,基于符号逻辑方法来求解问题。此外,一批学者认为可以通过模拟大脑的结构来实现智能(称为连接主义学派),而另一批人则认为可以从那些环境互动的模式中寻找方法(称为行为主义学派)。自 20 世纪 80 年代初到 20 世纪 90 年代,这三大学派形成了三足鼎立的局面。

2.2.1　符号主义学派

符号主义(又称逻辑主义)学派的代表人物有人工智能的创始人之一约翰·麦卡锡,还有纽厄尔、西蒙和尼尔森等。符号主义学派中的学者大多数是数学家、哲学家和逻辑学家,认为 AI 源起于数理逻辑。他们认为人工智能是关于如何制造智能机器的科学和工程,但是智能是一种特殊的软件,与实现它的硬件并没有太大的关系。符号主义认为智能是一种基于符号的逻辑和计算活动,靠知识和规则做出决策,即用逻辑表示知识和求解问题。符号主义学派原理主要是物理符号系统假设和有限合理性原理。该学派在 20 世纪 90 年代前都处于主流地位。其成功事件是 1988 年 IBM 公司研发的智能程序"深思",可以以每秒 70 万步棋的速度进行决策,1991 年,"深思Ⅱ"战平澳大利亚国际象棋冠军达瑞尔·约翰森。1997 年"深思"的升级版"深蓝"最终战胜了卡斯帕罗夫,成为人工智能历史上的一个里程碑事件。符号主义的主张包括以下几点。

(1) 认为人的认知基元是符号,认知过程就是符号的操作或计算过程。

(2) 认为人和计算机两者都属于物理符号系统,因此,能够用计算机来模拟人的智能行为。

(3) 认为人工智能的核心问题是知识表示、知识推理和知识运用。

总之,符号主义模拟了人类认知系统所具备的功能,通过数学逻辑方法来实现人工智能。

2.2.2 行为主义学派

行为主义(又称进化主义)学派基于控制论，构建感知-动作型控制系统，认为人工智能源于控制论。他们的观点如下。

(1) 认为智能取决于感知和行为，因而提出了智能行为的“感知-动作”模式。

(2) 认为智能不需要知识、表示和推理；人工智能可以和人类智能一样逐步进化。

(3) 认为智能行为只能在现实世界中与周围环境交互而得到表现。行为主义学派原理主要是控制论以及感知-动作型控制系统。行为主义学派的代表应用 walkman 机器昆虫如图 2.3 所示。

图 2.3 walkman 机器昆虫

1948 年，维纳(Wiener)的著作《控制论》出版，成为控制论诞生的标志。随后的十多年中，学者们沿着多个方向将控制论进一步发展。一批心理学家、医学家和神经生理学家运用控制论研究生命系统的调节和控制，把神经系统的工作原理与信息理论、控制理论、逻辑理论联系起来，建立了神经控制论、生物控制论和医学控制论。这同样也影响了早期的从事人工智能研究的工作者，他们模拟人或各类生物在控制过程中的智能行为和响应。行为主义学派的代表人之一罗德尼·布鲁克斯(Rodney Brooks)的机器昆虫是一个模拟昆虫行为模式的控制系统。它们没有运用大脑的复杂推理，仅凭四肢和关节的感知-动作模式就能够适应环境。因此，行为主义是一种行为模拟方法，认为功能、结构和智能行为密不可分，不同行为表现出不同功能和不同控制结构。

2.2.3 连接主义学派

连接主义学派又称为仿生学派或生理学派，基于大脑中神经元细胞连接的计算模型，用人工神经网络来拟合智能行为。他们的观点如下。

(1) 认为思维基元是神经元，而不是符号处理过程。

(2) 提出神经元连接计算模型作为大脑工作模式，以取代符号操作的计算机工作模式。

(3) 认为功能、结构和智能行为是不可分的。

因此，连接主义模拟了人的大脑神经网络结构，不同的结构表现出不同的功能和行为。图 2.4 所示为人工神经网络所模拟的基于神经元连接的计算模型，神经元大致可以分为树突、突触、细胞体和轴突。其中树突为神经元的输入通道，即充当输入向量，它可以将其他神经元的动作电位传递至细胞体。当输入信号量超过某个阈值时细胞体会被激活，其状态为“是或 1”，不被激活时为“否或 0”。因此，神经细胞的状态取决于从其他神经细胞接收到的信号量，以及突触的抑制或加强作用。细胞体产生的输出信号沿着轴突并通过突触传递到其他神经元。简单来说，人工神经元的输入模拟了生物神经元的树突，其功能是接收输入数据；人工神经元的输出模拟了生物神经元的突触，其功能是输出响应结果；人工神经元的加权和操作模拟了生物神经元的细胞体，其功能是加工和处理数据；人工神经元的激活函数(阈值函数)模拟了生物神经元的轴突，其功能是控制输出。

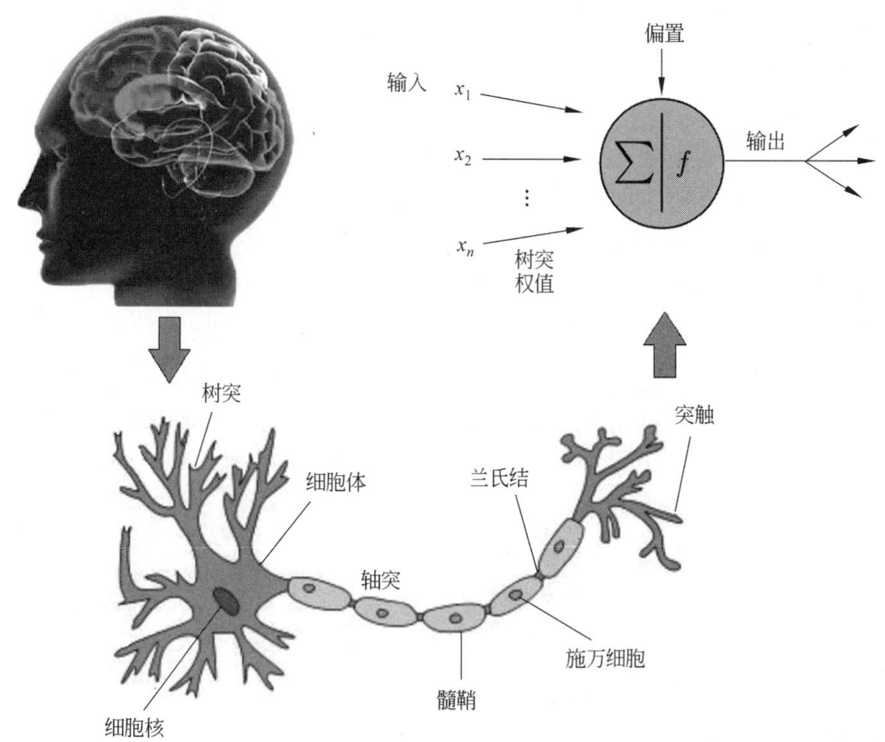

图 2.4 基于神经元连接的计算模型

连接主义学派的基本原理主要是神经网络以及神经网络间的连接机制与学习算法。1957 年，弗兰克·罗森布拉特在麦卡洛克-匹兹神经元模型上加入了学习算法，扩充后的模型被称为感知器。它可以根据模型的实际输出 y 与希望的模型输出 $y*$ 之间的误差，调整权重 $w_1, w_2, \cdots, w_n$ 来完成学习，实现一些简单的分类任务。杰夫·辛顿(Geoffrey Hinton)被称为人工智能连接主义学派的救世主和“深度学习之父”，1974 年，他发现只要把多个感知器连接成一个分层的网络，就可以攻克感知器不能解决的异或问题，2006 年，他突破性地提出深度学习的概念，之后涌现出许多基于深度学习的成功应用都让连接主义学派扬眉吐气。

随着人工智能与前沿技术的紧密结合，人工智能的研究方法也必然日趋多样化，已经从主流的符号主义发展到多学派的百花争艳。除了上面提到的三种研究方法，科学家又提出了“群体智能仿生计算”“演化计算”“复杂网络”和“数据挖掘”等方法。

2.3 人工智能的主要应用和影响

2.3.1 主要应用领域

人工智能可应用于农业、教育、医疗、交通、商业零售、家居、军事等众多领域，并且发挥着越来越重要的作用。

1. 农业方面

通过各种 AI 控制系统和数据分析系统的加持，现代化农业工具更加智能和高效，从而大大提高了农牧业产量，减少人力成本和作业时间。具体应用包括无人机喷洒农药，农作物实时监控，精准灌溉，农业环境在线监测预警，远程联动控制调控设备，农产品溯源系统等。

2. 教育方面

人工智能在教育技术领域的应用已经有一段时间，但普遍认为融合不够深入且应用缓慢。然而，在"新冠"病毒大流行期间，线上学习迫使教育行业发生了转变。人工智能实现自动判卷、搜题识别和评估学情等。目前一些教育服务公司正积极通过 VR 技术促进沉浸式学习体验，使用 VR 头戴设备提高学生注意力和增加模拟互动时间。

3. 医疗方面

人工智能在医疗健康领域中的应用已经非常广泛。AI 应用场景包括专注医疗健康问题的专用虚拟助理，辅助或代替医生看胶片的医学影像，自动提醒用药时间、服用禁忌、剩余药量的服药服务系统等。

4. 交通方面

智能交通是目前的热门应用研究领域，智慧城市建设很重要的一方面是智能交通体系的构建。主要的研究内容包括自动驾驶技术、智能桥梁健康监测与运维管理、智能交通管理系统和智慧公路养护管理系统等。

5. 商业零售方面

商业零售行业的竞争十分激烈，越来越多的大中型超市开始使用智能生鲜秤，自动识别果蔬生鲜的种类并计算价格。此外，人工智能可以预测商品供求关系，优化物流管理。智慧门店线上小程序可以记录并分析客户需求，提供当下很多流行的营销功能，如秒杀、团购、满减、积分等。

6. 家居方面

目前智能家居产业发展迅速，智能家居生态逐步完善。技术发展从最早的 Wi-Fi 联网控制到如今的指纹、语音识别和图像识别，智能家居产品交互性能逐步提升。这些日益多样的家居产品包括智能音箱、扫地机器人、智能灯、智能中央空调、智能油烟机、智能家庭影院、智能家庭安防系统、智能陪护机器人等。

7. 军事方面

现代化智能武器通常由信息采集与处理系统、知识库系统、辅助决策系统和任务执行系统等组成。目前运用了人工智能技术的武器包括精确制导武器、无人驾驶飞机、无人驾驶坦克、无人操纵火炮、无人潜航器等。

2.3.2 人工智能发展对社会的影响

历史上每一次技术上的突飞猛进都会促成人类社会的巨大变革，大家越来越关注人工智能技术会给我们的社会生活带来什么样的影响。

人们首先担心人工智能的发展将导致人类员工失业的问题。麻省理工学院(MIT)经济学家达隆·阿西莫格鲁(Daron Acemoglu) 研究发现，从 1993 年到 2007 年，在美国每个新机器人取代了 3.3 个工作岗位。未来操作简单、可重复性强或者规律性比较强的工作，都有可能会被机器人所取代。而从事这些工作的岗位或许将彻底消失，例如流水线工人、清洁工人、前台接待员、图书管理员、会计、超市收银员等。但是对于一些需要情感输出和直接交流的工作，例如律师、教师、医护人员等，人工智能仍不太能够将之取代。

由此可见，人工智能的发展势必形成大规模的产业变革，许多行业面临重新洗牌，对当下创业者来说是机遇也是挑战。未来，人工智能将成为世界各国产业竞争的核心阵地。2017 年 7 月，我国国务院制定了《新一代人工智能发展规划》，把发展人工智能上升到国家战略高度。在接下来的工作生活中，我们融入智能生活和共享科技红利的同时，更需要不断提升对人工智能技术的认知，而不至于被未来人工智能更加普及的时代淘汰。

2.4　人工智能所面临的主要挑战

人工智能的蓬勃发展，正日益改变我们日常生活和工作的方式，从消费行为到金融服务，从居家出行到社交活动，从工业制造到国防建设，无不深深打上人工智能的烙印。人工智能所提供的智能化服务，大大提高了我们的工作效率，改善我们的生活，改变我们的工作方式，已经成为生产力发展过程中的一个重要因素。作为一门重要的信息科学学科，尽管人工智能技术已经得到广泛应用，但人工智能尚有许多未解决的问题，下面列举一些主要的挑战。

2.4.1　数据饥荒

人工智能技术的发展依赖于人工智能的算法和算力，更大程度是依靠大数据为 AI 提供数据资源，完整丰富的数据才能提高算法的效率与效果，使 AI 不断成长进化。在大数据的驱动下，人工智能技术已经渗透到我们生活的方方面面，如图 2.5 所示。

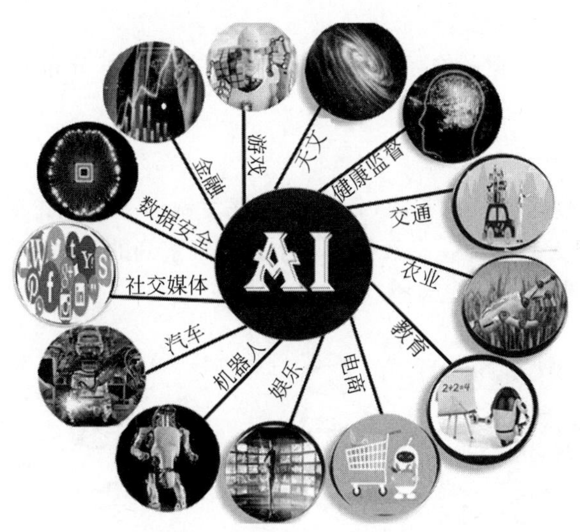

图 2.5　人工智能技术已经渗透到日常生活中的方方面面

虽然这些领域产生着源源不断的数据，但随着深度学习模型层数的增加，模型参数正以指数级增长。美国加州理工学院的 Yaser Abu-Mostafa 教授指出，需要多少样本去训练一个神经网络取决于要处理的数据本身。经粗略估计，训练样本的数量应十倍于模型的自由度。另外一个突出的问题就是，数据结构不兼容，格式不够统一，无法拿来直接使用。此外，还有数据隐私保护和数据泄露的问题。目前数据隐私法规越来越完善，虽然这对保护消费者隐私很重要，但它也对数据的使用施加了严重的限制，带来“数据饥荒”，从而影响了人工智能应用未来发展的进程。

面对数据饥荒，AI 发展的下一步该怎么走呢？仍有待人工智能科学家的进一步探讨。

2.4.2 数据的偏见性问题

一个人工智能系统的表现性能依赖于训练模型样本的质量，优质的训练样本有助于学习到正确的模型参数，从而提升人工智能系统的服务质量。然而，由于数据采集中的各种问题，例如硬件的限制或者信息填写不完整等，高质量的样本总是稀缺的。基于低质量样本甚至异常样本训练出来的模型，往往会输出一些异常的预测结果，如种族、性别、社群、宗教等的偏见，从而导致决策的不公。这些情况在商业贷款、筛选求职简历、定向推荐等应用中经常出现。常见的数据偏见如下。

1. 报告偏见

在报告中，只记录部分结果或部分捕获的结果，没有涵盖全部实际的数据，这种偏见在样本的收集阶段难免出现。

2. 自动化偏见

人类倾向于支持自动化产生的结果或者建议，而忽略非自动化系统产生的矛盾信息，哪怕后者是正确的。

3. 选择偏见

在数据收集阶段，当数据的选择方式不能反映真实的数据分布或者所收集的数据随机性不够，往往会产生选择偏见。

4. 过度概括偏见

因为我们收集的数据集总是有限，依据该数据集做出一般结论时，会犯过度概括的偏见，如图 2.6 所示的黑天鹅事件。在数据集 1 中我们观察到的都是白天鹅，很容易犯过度概括偏见认为数据集 2 也全部是白天鹅。

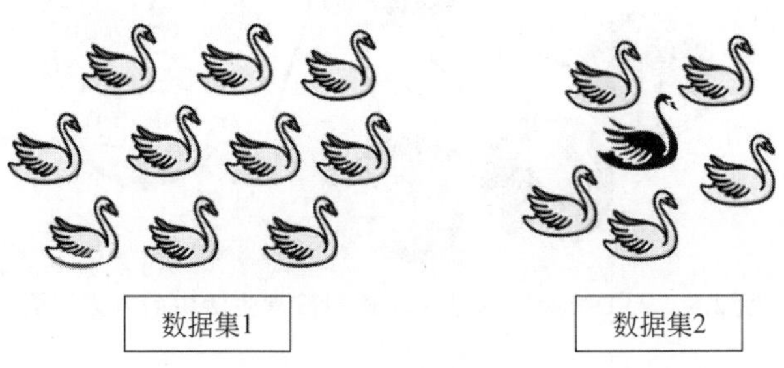

图 2.6 黑天鹅事件

5. 隐性偏见

当依据个人经验做出的假设不一定适用于普遍的情况，而我们对新事物作出判断时，往往倾向于遵循已有的信念或经验的方式。例如，在中国，龙一般代表美好；而在西方，龙一般是罪恶的象征。这种文化的差异，往往带来不容易察觉的偏见。

在人工智能系统大范围推广之前，我们需要先消除这些偏见性的问题。目前解决这些问题的方法主要集中在两方面。首先是收集更多无偏见、高质量的样本来训练模型，随着获取数据的途径不断增多，我们能得到的高质量样本也将越来越多。其次是提出一些可解释性更好的模型。可解释性好的模型有助于甄别异常样本，对于不同质量的样本赋予不同的权重有助于消除样本的歧义性。从应用的角度来看，开发可控的框架和技术，增加模型的透明度，将驱使模型增强辨别偏见样本的能力，提高模型可靠性。

2.4.3 数据的安全与存储

人工智能模型一般需要大数据来训练。尽管获取这些大数据可带动相关产业的发展，提供更多的商业机遇，但是，由于数据的增加、人们对信息安全的重视程度不够等因素，稍有不慎，数据就会泄露到“黑网”。如何有效存储和保护用户的信息，是一个极有挑战的工作。例如，某电子商务企业曾经出现过泄露几十吉字节(GB)用户信息的事件，目前我们收到的各种骚扰信息或电话，也多少跟我们的信息泄露有关。这就是目前在经济活动中，我们需要加强数据存储、管理、监控的原因。

2.4.4 基础设施建设的问题

人工智能虽然已有几十年的发展历史，但由于当时计算资源的局限性，早期人工智能技术并没得到大范围的应用。随着超大规模集成电路技术的发展，特别是 GPU 技术的大规模推广，我们的计算能力日新月异，第三代人工智能技术得到飞速发展，其应用涉及我们生活和工作的方方面面。但是这样高效的计算资源主要是集中某些先进的国家或大城市，对于很多贫穷的国家或落后的地区，依然主要使用一些濒临淘汰的旧设备。图 2.7 显示了从 2019—2022 年世界 Top 500 超级计算机按国家的分布情况，可见超级计算机主要分布在中、美、日、法、德等 11 个国家和地区，而世界其他地区，特别是贫穷的非洲地区，拥有的计算资源十分有限。中小企业，由于设备价格高昂，哪怕引用人工智能技术能提高企业的效率和管理水平，也不愿意更换陈旧设备，采用新技术。因此，能否降低计算机硬件以及人工智能系统的成本，是制约人工智能技术进一步推广和发展的一个重要问题。

2.4.5 模型的可解释性问题

在大数据时代，人工智能系统在提升产品销售、辅助人类决策的过程中能够起到很大的作用，但是计算机通常不会解释它们的预测结果，而只会采用常用的模型性能评价指标，如精度、查准率、查全率、ROC 曲线、代价曲线等来反映系统的性能。如果一个机器学习模型表现得很好，我们是否就能信任这个模型而忽视决策的理由呢？答案是否定的。哪怕一个系统具有高性能，即足够“聪明”，如果我们不了解它的工作机制，我们也不敢对该系统“委以重任”。因此，我们需要对系统增加一个维度——可解释性，来刻画模型的信用度。

模型的可解释性，通俗来说，就是以一种能被人类理解的语言来描述系统工作的原理。

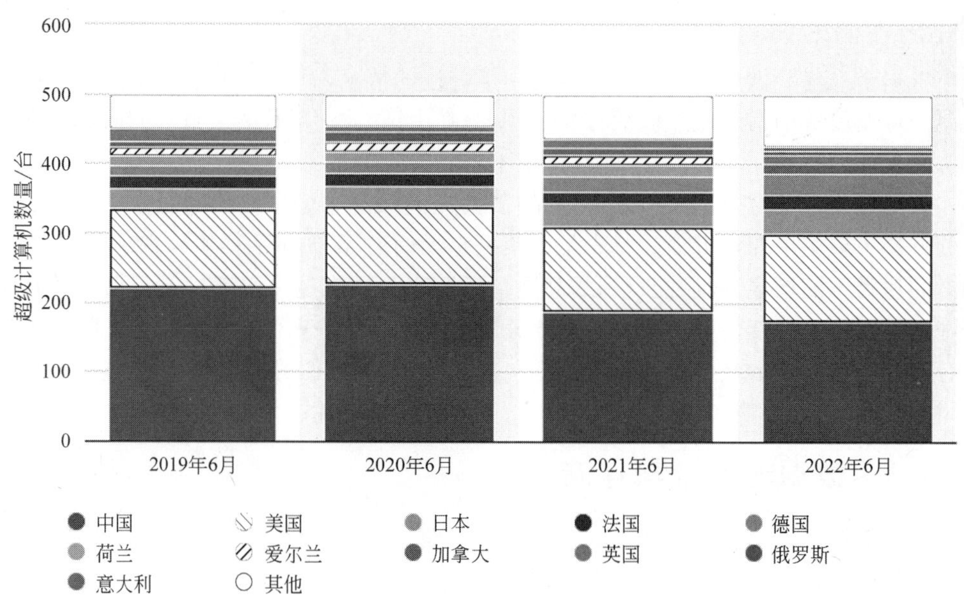

图 2.7　2019—2022 年世界 Top 500 超级计算机按国家分布统计数据

可解释性具有比较大的主观性，对于不同的人，解释的程度也不一样，很难用统一的指标进行度量。我们的目标是希望机器学习模型能"像人类一样表达，像人类一样思考"，如果模型的解释符合我们的认知和思维方式，能够清晰地表达模型从输入到输出的预测过程，那么我们就会认为模型的可解释性是好的。具备可解释性的模型在做预测时，除了给出预测的结果之外，还要能给出预测的理由。例如，在商品推荐系统中，对于一个中小学生，由于其经济来源有限，系统应该推荐一些物美价廉的商品；但系统对于一些收入稳定的中产人士，则可以推荐一些上档次的大品牌。

目前，对人工智能系统的可解释性，按解释的时机，主要分为内在解释（intrinsic interpretability）和事后解释（post-hoc interpretability）两种。内在解释是指模型自身结构比较简单，使用者可以清晰地看到模型的内部结构，模型的结果带有解释的效果，模型在设计的时候就已经具备了可解释性。在如图 2.8 所示的决策树系统里，我们可以很清楚地看到整个决策过程，此时当三个特征取不同值时，预测值存在较大的差异。

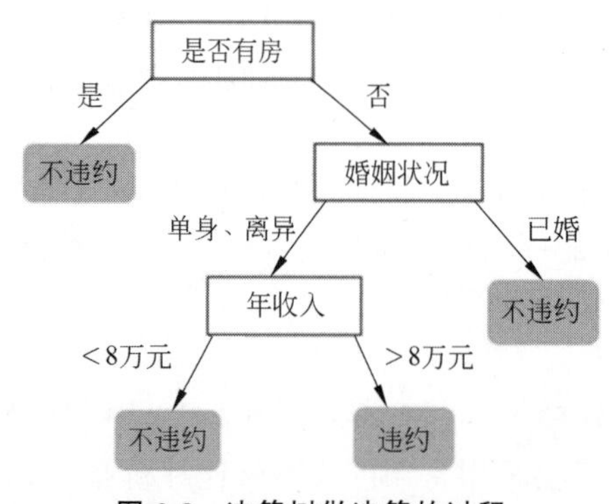

图 2.8　决策树做决策的过程

事后解释是指模型训练完后，使用一定的方法增强模型的可解释性，挖掘模型学习到的信息。目前，大部分人工智能系统预测的结果，只给出预测值正确与否的判断，往往不带有对结果的解释，因此这些模型是不可解释或难以解释的。事后解释在模型训练完后，通过不同的事后解析方法提升模型的可解释性。例如，图 2.9 给出了得到不同的模型识别结果的原因：根据吉他的琴颈识别为电吉他，根据琴箱识别为木吉他，根据头部和腿部识别为拉布拉多。

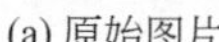
(a) 原始图片

(b) 解释为电吉他的原因

(c) 解释为木吉他的原因

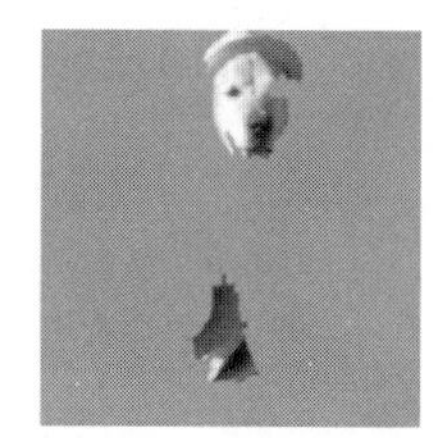
(d) 解释为拉布拉多的原因

图 2.9　事后解释

内在解释一般只适合简单的或者浅层的模型解释，随着人工智能系统越来越深度化，事后解释起到了主要作用。虽然如此，增加模型内在解释性，仍然是我们设计人工智能系统的一个重要衡量指标。总而言之，可解释机器学习为模型的评价指标提供了新的角度，模型设计者在设计模型或优化模型时，应该从精度和解释性两个角度进行考虑。在保持模型的可解释性前提下，我们可以适当地改良模型的结构，通过增加模型的灵活表征能力，提高其精度。目前可解释机器学习的研究在学术界和工业界都引发了热烈的反响。

2.4.6　模型的计算问题

人工智能技术的突飞猛进，很大程度上是依赖于计算机技术的发展，特别是深度学习的飞速发展。但麻省理工学院、MIT—IBM Watson AI Lab、安德伍德国际学院（Underwood International College）和巴西利亚大学（University of Brasilia）的研究人员的一项研究发现我们正接近深度学习的计算极限。研究人员指出，2017—2020 年共三年的算法改进相当于计算能力的 10 倍增长，他们的研究同时清楚地表明，训练人工智能系统的进步依赖于计算能力的大幅提高，要想在算法上有所改进，可能也需要系统在计算能力上进行互补性的提高。图 2.10 列出了 1985—2020 年机器学习对计算资源的需求与硬件性能提高的对比。由图可以看出，1985—2005 年，模型对计算资源的需求基本与硬件性能的提高是成正比关系的，但从 2005 年起，随着深度模型的兴起，深度模型对计算资源的需求远高于硬件性能的增长，引发了“计算瓶颈”问题。同时，他们的研究也指出，华盛顿大学的 Grover 假新闻检测模型在大约两周内训练成本为 2.5 万美元，OpenAI 花了 1200 万美元来训练 GPT-3 语言模型，而 Google 花费了大约 6912 万美元来训练 BERT。BERT 是一种双向 Transformer 模型，重新定义了 11 种自然语言处理任务的最新水平。如此高昂的费用也反映出这些深度模型对计算资源的需求就像“黑洞”。

研究人员同时指出，在算法层面上进行深度学习的改进是有历史先例的。像 Google 改进了张量处理单元（TPU）、现场可编程逻辑门阵列（FPGA）和专用集成电路（ASIC）这样的硬件加速器，以及通过网络压缩和加速技术来降低计算复杂性的尝试。他们还引用了神经架构搜索和元学习，它们使用优化方法来寻找在一类问题上保持良好性能的架构，作为提高计算效率的方法。

由于深度学习模型的计算能力的爆炸式增长结束了“人工智能冬天”，并为各种任务的计算机性能设定了新的基准。然而，深度学习对计算能力的巨大需求，也限制了它在当前形势下进一步提高性能的能力，尤其在硬件提升已经接近摩尔定律的极限，性能改进速度正在放缓的时代。这些计算限制的可能迫使机器学习朝着比深度学习更高效的技术方

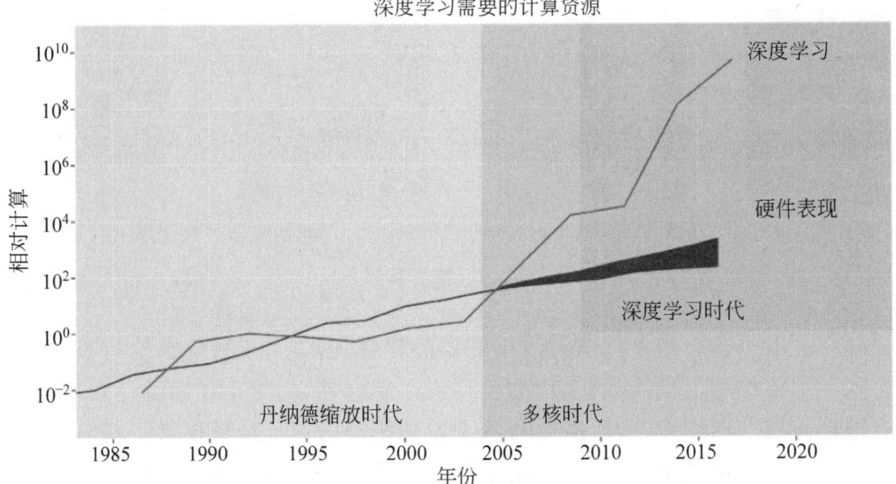

图 2.10 深度学习模型不断增长的计算资源需求与计算机硬件表现能力关系图

向发展。

2.4.7 人工智能的伦理问题

过去十几年里，人工智能技术取得了长足进步已经应用到各行各业之中，带来了生产力的大幅提升。不过，在具体实践中，人工智能的应用也暴露出侵犯数据隐私、制造“信息茧房”等种种伦理风险。

尤瓦尔·赫拉利在畅销书《未来简史》夸张地预言，智人时代可能会因技术颠覆，特别是会因为人工智能和生物工程技术的进步而终结，理由是人工智能会导致绝大多数人类失去功用。尽管危言耸听，但赫拉利无疑为人类敲响了一记警钟。人工智能发展带来的伦理风险需要也正在被越来越多的国家重视。人工智能带来了哪些伦理挑战呢？

1. 信息茧房

我们接触到的信息是由算法推荐过来的，相当于用户被算法包围，受困于狭窄的信息空间中，如图 2.11 所示。

图 2.11 被算法“困住”的人

2. 信息气泡

在社交媒体所构建的社群中,用户往往和与自己意见相近的人聚集在一起。因为处于一个封闭的社交环境中,这些相近意见和观点会不断被重复、加强,如图 2.12 所示。

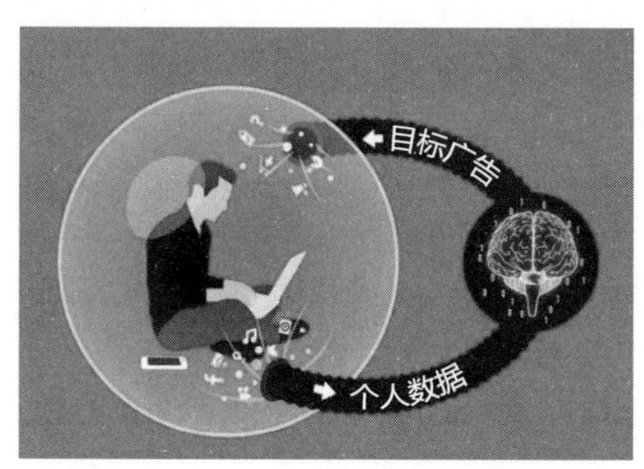

图 2.12 信息气泡:我们的生活被算法包围,如同生活在一个气泡里面

3. 数据隐私

数据隐私引发的人工智能伦理问题,今天已经让用户非常头疼。例如,尽管很多国家政府出台过相关法案、措施保护健康隐私,但随着人工智能技术的进步,即便计步器、智能手机或手表搜集的个人身体活动数据已经去除身份信息,通过使用机器学习技术,也可以重新识别出个人信息,并将其与人口统计数据相关联。

4. 算法透明性与信息对称

用户被区别对待的"大数据杀熟"屡次被媒体曝光。例如,在社交网站拥有较多粉丝的"大 V",其影响力较高,在客服人员处理其投诉时往往被快速识别,并因此得到更好的响应。消费频率高的老顾客,在网上看到产品或服务的定价,反而要高于消费频率低或从未消费过的新顾客。

5. 歧视与偏见

人工智能技术在提供分析预测时,也曾发生过性别歧视或种族歧视的案例。例如,曾经有企业使用人工智能招聘,一段时间后,招聘部门发现,对于软件开发等技术职位,人工智能推荐结果更青睐男性求职者。

6. 深度伪造

通过深度伪造(deepfake)技术,可以实现视频/图像内容中人脸的替换,甚至能够通过算法来操纵替换人脸的面部表情。如果结合个性化语音合成技术的应用,生成的换脸视频几乎可以达到以假乱真的程度。目前利用深度伪造技术制作假新闻、假视频所带来的社会问题越来越多。

为了适应人工智能系统的快速发展,全球范围内,不同肤色、不同宗教信仰的国家或地区有必要制定全球人工智能伦理、法律体系,然而这一框架的制定也面临着以国家间文化多样性为基础的道德多元化的挑战。

除了上述列举的一些主要的挑战外,人工智能技术的发展还受商业环境、数据积累、人才培训等诸方面因素的影响。总之,要使人工智能系统达到成年人的智力水平,让人工智能技术更好地服务人类的发展，我们仍有一系列的问题需要解决。

习题 2

1. 人工智能主要分为哪几个学派？简述每个学派的基本原理。
2. 简述人工神经元怎样模拟生物神经元的结构与功能。
3. 简述人工智能发展史的三次热潮。
4. 请举几个生活中人工智能应用的例子。

人工智能基础算法与应用

人工智能的三大核心基石是数据、算力和算法。构建或者选用合适的算法是人工智能技术在各个领域真正落地的重要工作。本章首先介绍人工智能的一些基础常用算法，然后以路径规划和海量数据挖掘为应用场景，分别阐述人工智能典型算法应用，主要内容包括：

任务一：人工智能基础算法简介。

任务二：汽车自动导航路径规划。

任务三：个性化智能推荐系统。

本章教学目标

通过对具体案例的剖析，了解人工智能的一些基本算法，熟悉人工智能技术应用的基本过程和应用模式。

3.1 人工智能基础算法简介

3.1.1 算法模型的两大类划分

人工智能相关的算法模型数量众多，大致上可以划分为两大类：基于统计的机器学习算法(machine learning)和深度学习算法(deep learning)。一般认为，深度学习是一种端到端(end-to-end)的学习，属于黑箱(black box)系统，它是机器学习领域中的一个新研究方向。机器学习算法涉及概率论、统计学、逼近论、矩阵论和算法复杂度理论等多门学科。Sklearn (全称 scikit-learn) 是基于 Python 语言的开源机器学习算法库，为了降低算法实践与应用的门槛，Sklearn 提供了 6 个常用算法模块：分类、回归、聚类、降维、模型选择和预处理。Sklearn 官网页面如图 3.1 所示。

人工智能算法的一个重要特点就是具备学习的能力，简单来说就是统计数据中的规律，得到算法模型的一系列最佳参数。例如，人工智能训练师的工作相当于助教，先拿出一个红苹果给机器，并教会它说“苹果”；再拿出一个绿苹果给它辨别，因为颜色的差异机器无法认出来，但助教同样可以教会它说“苹果”，甚至也可以教会它识别被咬了一口的苹果。因此，机器的学习过程是离不开样本训练数据的，期间需要不断修正机器自身的各种模型参数。

针对数据样本的学习方式可以分成三种：有监督学习、无监督学习和半监督学习。有监督学习的数据样本都贴有标签(例如，无论红苹果还是绿苹果都有“苹果”标签)，根据有标

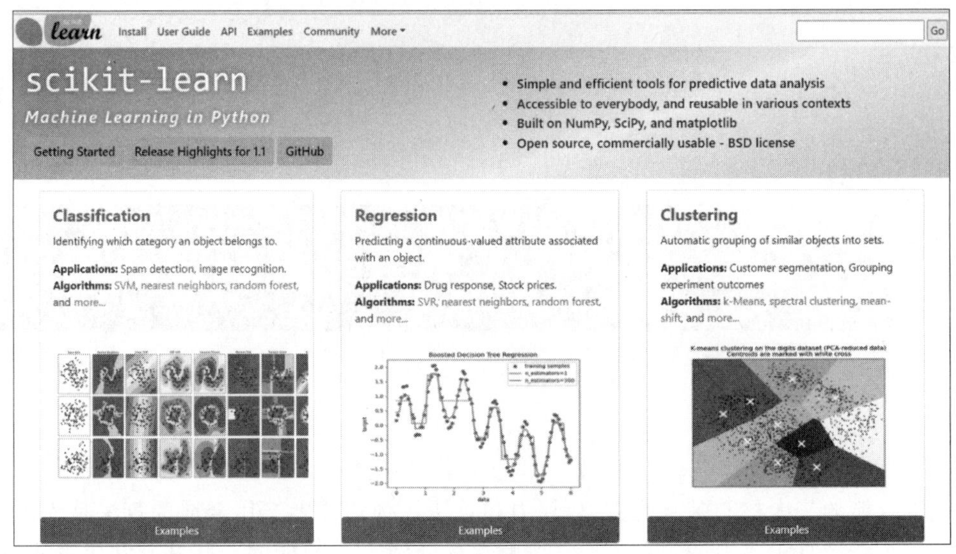

图 3.1　Sklearn 官网

签数据尽最大可能拟合输入和输出之间的关系，其目标是学习一个函数关系或网络结构。无监督学习的输入样本可以具备标签，但学习过程中不存在标注过的样本输出标签，因此其目标是推断一组数据样本的内部结构。例如，无监督学习中最常见的任务是聚类，就是学习数据的内在密度分布情况。半监督学习是有监督学习和无监督学习相结合的一种学习方式，半监督分类任务旨在利用无类标签样例的帮助来训练有类标签的样本，获得性能更优的分类器。可类比一名老师给学生讲一两道有答案的例题，然后再给学生布置没有答案的课后习题，供学生自学巩固。实际情况中，由于有些信息量太大且人工标注成本高昂，而无法获得所有信息的标记，这也是半监督学习的应用场景。

3.1.2　基于统计的机器学习算法

这六大算法模型包含 8 个纯算法：回归算法、分类算法、聚类算法、降维算法、概率图模型算法、文本挖掘算法、优化算法和深度学习算法；还包含了两个建模方面的算法：模型优化和数据预处理。下面介绍如下几个代表算法模型。

1. 线性回归模型

线性回归（又称线性拟合）模型属于经典的统计学模型，该模型的应用场景是根据已知的变量（自变量）来预测某个连续的数值变量（因变量）。例如，餐厅会根据每天的营业数据 X（包括菜品价格、就餐人数、预定人数、特价折扣等）来预测营业额 y，就可以采用线性回归模型。它属于一种有监督学习，在模型建立过程中必须同时具备自变量 X 和因变量 y。

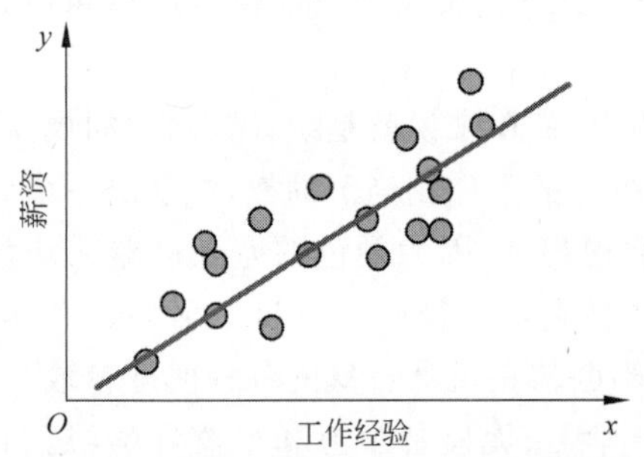

图 3.2　工作经验和薪资关系的散点图

"线性"是指两个变量之间是一次函数关系，函数图像是直线。线性回归算法就是要找到一条直线，让这条直线尽可能地拟合散点图中的数据点，图 3.2 所示的工作经验和薪资就是一元线性关系，可以形成一元线性回归模型。一元线性回归模型中只含有一个自变量和一个因变量，模型的数学公式可以表示成：$y=a+bx+\varepsilon$，其中，a 为模型的截距项；b 为模型的斜率项；ε 为模型的误差，模型的求解量是 a 和 b，将它们统称为回归系数。求解该模型回归系数的常用方法是最小二乘法（least of squares），其思想是通过最小化平方误差来拟合模型。

2. KNN 分类算法

KNN(k-nearest neighbor)分类算法又称 K 最邻近法，最初由 Cover 和 Hart 于 1968 年提出，属于有监督学习中的分类算法。KNN 分类算法的原理就是当预测一个新的值 x，依据距离 x 最近的 K 个邻居点的类别来判断 x 属于哪个类别，充分体现了"物以类聚，人以群分"。

如图 3.3 所示，当 $K=3$ 时，x 周围邻居以三角形居多，所以 x 属于三角形类。由此可见，除了数据点自身的分布情况，K 的大小也十分关键。因为若 K 值逐步增大，数目占多的邻居类型可能会发生变化。进一步优化 KNN 分类模型，可考虑两种解决方案。第一种：设置 K 个邻居样本的投票权重，如果有的邻居样本距离 x 比较远，则该邻居的投票权重就可设置低一些，否则权重就高一些，通常将权重设置为距离的倒数。第二种：采用多重交叉验证法，该方法是目前比较流行的方案，其核心就是将 K 取不同的值，然后在每种值下执行 m 重的交叉验证，最后选出平均误差最小的 K 值。

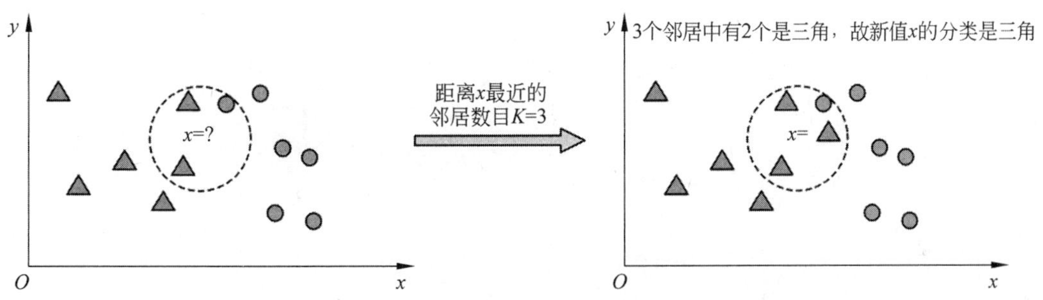

图 3.3　KNN 分类算法示意图

3. K-means 聚类算法

K-means 聚类（即 K 均值聚类）算法是一种迭代求解的聚类分析算法，它是无监督聚类算法中的典型代表。该算法将相似的样本数据自动归聚到一个类别中，下面通过 K-means 聚类图例（见图 3.4）进一步说明其算法原理。

聚类步骤：①随机选取 K 个数据对象作为初始的聚类质心（表示数据集经过聚类将得到 K 个集合）；②计算其他每个数据与这 K 个质心之间的距离，把每个样本数据分配给距离它最近的聚类质心；③重新计算每个集合的质心，若新的质心和原质心之间的距离小于某个阈值（表示新质心的位置相比原来的变化不大，可终止算法）；④如果新质心和原质心距离变化很大，需要迭代步骤②和③，直至收敛。

4. 人工神经网络中的单层感知器

单层感知器是人工神经网络的一种典型结构（见图 3.5），包含输入层和输出层。输入层负责接收外部信息，每个输入节点接收一个输入信号。输出层也称为处理层，具有信息处理和输出结果的能力。图 3.6 所示为感知器对二维样本的分类示例。

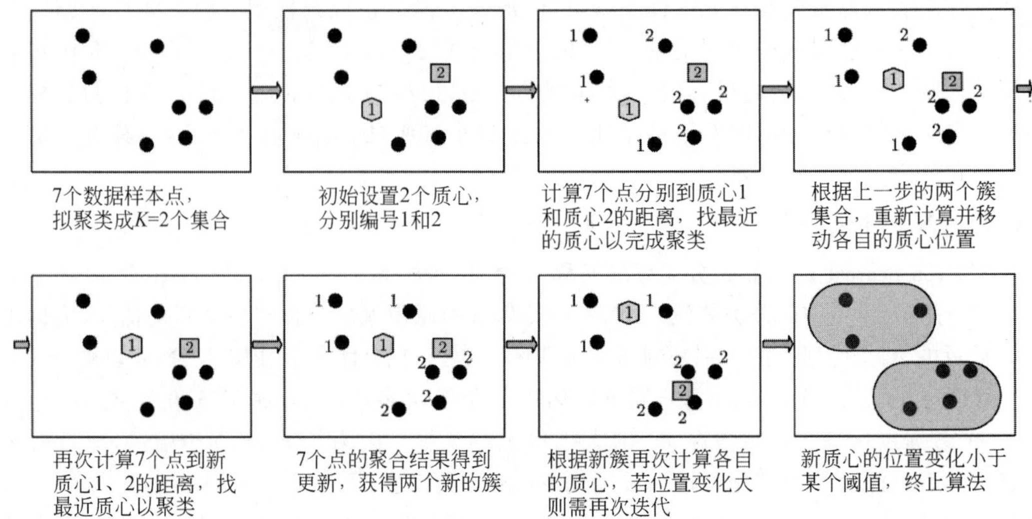

7个数据样本点，
拟聚类成K=2个集合
初始设置2个质心，
分别编号1和2
计算7个点分别到质心1
和质心2的距离，找最近
的质心以完成聚类
根据上一步的两个簇
集合，重新计算并移
动各自的质心位置
再次计算7个点到新
质心1、2的距离，找
最近质心以聚类
7个点的聚合结果得到
更新，获得两个新的簇
根据新簇再次计算各自
的质心，若位置变化大
则需再次迭代
新质心的位置变化小于
某个阈值，终止算法

图 3.4 K-means 算法的聚类过程

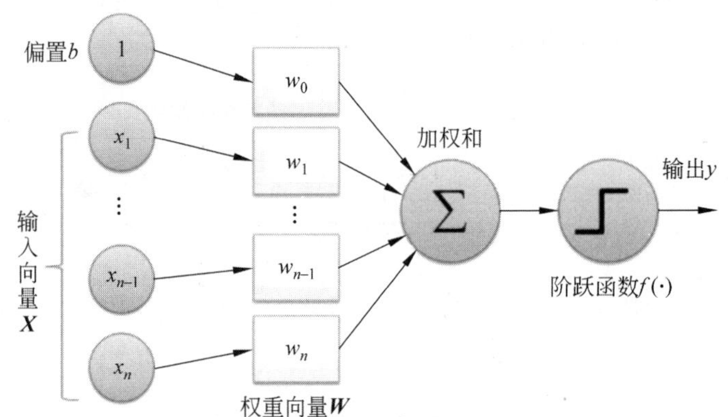

图 3.5 单层感知器的网络结构

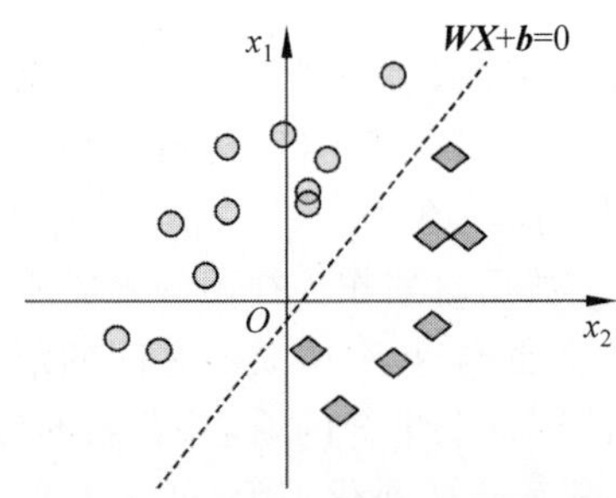

图 3.6 感知器对二维样本的分类

感知器的输出信息：$y=f(\boldsymbol{WX}+\boldsymbol{b})$。其中，$\boldsymbol{W}$ 和 $\boldsymbol{b}$ 为感知器模型参数，$\boldsymbol{W}=[w_1,w_2,\cdots,w_n]$表示权值向量，$\boldsymbol{b}$ 表示偏置，它们都是需要通过数据样本训练来求解的模型未知量。在训练过程中，感知器的输入信号 $\boldsymbol{X}=[x_1,x_2,\cdots,x_n]$是每一个样本的特征值向量，输出层的最终输出是该样本的类别。如果需要分类的样本数据是线性可分的，而模型输出类别 y 与

真实类别 y_i^* 不同时，则可以通过调整突触权值 $\boldsymbol{W}$ 和偏置值 $\boldsymbol{b}$，直到每个样本的输出类别与期望类别相同。感知器又可称为线性二元分类器，因为通过改变感知器的权值和偏置值的大小，可改变分界线（$\boldsymbol{WX}+\boldsymbol{b}=\boldsymbol{0}$）或分界面的位置，通过阶跃函数（或激活函数）$f(n)$，如式 3.1 所示，最终将所有输入样本分为两类。

$$f(n)=\begin{cases}+1, & \text{当 } n>0 \text{ 时}\\ -1, & \text{其他}\end{cases} \tag{3.1}$$

3.1.3 深度学习算法

相对传统机器学习的“divide and conquer（分而治之）”，深度学习属于“end-to-end（端到端）”的特征学习。输入端是原始数据，然后输出端的信息直接就是最终目标，也就是说，两端之间的具体转化过程不可知。例如，基于深度学习和摄像头视频信号的自动驾驶系统，输入端是图像像素数据，而输出端直接就是针对方向盘的操作指令。这种近似“黑箱”操作的实现依赖于深度神经网络结构可以自行提取数据特征，中间不再需要人工的特征提取介入。虽然利用深度学习算法不用在特征提取上花费力气，但是人们依然要根据经验和海量数据样本，不断地调整和优化大量的网络参数，这同样是不小的挑战。但由于大数据的加持，深度学习网络模型往往能够收获更加优越的性能。图像识别应用中的代表网络——深度卷积神经网络如图 3.7 所示。传统浅层网络结构如图 3.8 所示。

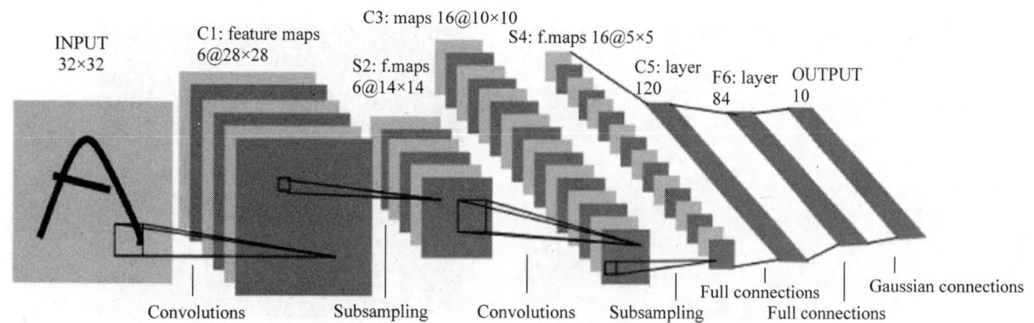

图 3.7 深度卷积神经网络

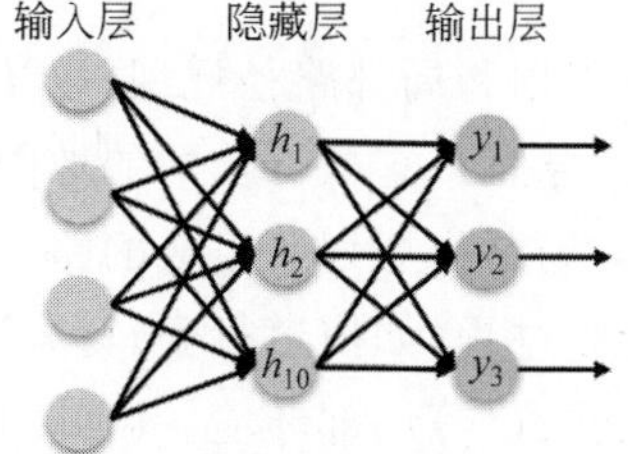

图 3.8 传统浅层网络

可是为什么一定要“深度”网络，“浅度”可否？

有理论指出，人脑中的神经元组成了不同的层次，多个层次之间相互连接，就形成了一个过滤体系。各层神经元在其所处的环境中获取一部分信息，经过处理后再向更深的层级传递，这有助网络进行更少量的参数调节以适应快速变化的外部环境。以深度卷积神经网络(Convolutional Neural Networks,CNN)为例,它由一个或多个卷积层和末端的全连接层组成,同时还包含池化层(pooling layer)。这些结构使得卷积神经网络能够充分提取输入数据的二维信息,因此它在图像处理方面(图像属于二维数据)能够表现出更优的性能。然而,传统的浅层网络针对复杂分类问题,其泛化能力受到一定制约;另外,其训练参数众多而不利于学习和更新。

3.2 汽车自动导航路径规划

3.2.1 路径规划介绍

人工智能的应用场景涉及生产、生活的方方面面。基于人工智能技术的路径规划应用十分广泛,包括机器人的自主移动、无人机的避障飞行、GPS导航、物流管理中的车辆问题(VRP)、通信技术领域的路由问题等。凡是可拓扑为点线网络的规划问题,基本上都可以采用路径规划的方法解决。路径规划的目标是使路径与障碍物的距离尽量远,同时路径的长度尽量短(图3.9所示为路径规划的典型应用场景)。机器人的导航规划一般分为构建地图、自定位、路径规划和轨迹规划四大部分。自动导航汽车的路径规划算法最早源于机器人的路径规划研究,但是实际操作过程中却比机器人的路径规划复杂得多,因为需要考虑车速、道路的复杂情况、车辆最小转弯半径、外界环境变化等因素。

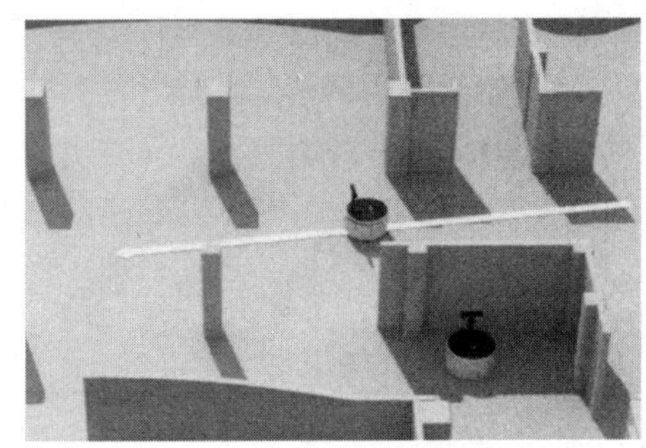
(a) 机器人底盘路径规划

(b) 汽车自动导航路径规划

图 3.9 路径规划应用场景

路径规划可以分为全局路径规划和局部路径规划两类问题。全局路径规划是道路级别的导航(例如高德地图和百度地图导航),它根据全局的地图数据库信息,规划出起点至终点的一条"可通过"的路径。因此,全局路径规划所生成的路径是一条粗略的道路路径。但是,汽车自动导航系统在辅助车辆行驶过程(如换道行驶、行人避让等)中,更多关注的是路径的宽度、方向、曲率、路障以及道路交叉口等局部环境。由此可见,结合车辆自身状态信息和诸多细节信息,要规划出一段无碰撞的、平滑的、理想局部路径非常具有挑战性。

汽车自动驾驶任务可以分为三层,包括上层路径规划、中层行驶行为规划和下层轨迹规划。每层完成不同的任务需求,所采用的算法也不相同。

3.2.2 上层路径规划

上层路径规划在获取宏观交通信息、路网和数字地图信息等先验数据信息后,根据某个优化目标得到两点之间的最优路径。完成该全局路径规划的环境传感信息主要来自于GPS或北斗定位信息以及数字地图信息。主要方法包括栅格(网格)法、概率路线图法、可视图法和拓扑法等,下面对栅格法和概率路线图法进行介绍。

1. 栅格法

栅格法首先对地图建模,就是将汽车行驶的路况环境,或者移动机器人的工作环境进行单元分格,将障碍物模拟成一个个的小方格集合。此时场景中的所有物体将进行二值化处理,即障碍物为1,非障碍物为0。栅格法的优点是原理十分简单,编程容易实现。但是在寻找最优路径过程中,栅格大小的选取是影响规划算法性能的一个很重要的因素。若栅格较小,则环境信息将会非常清晰,但会增大存储开销,规划速度就会大大降低,实时性不佳,同时环境干扰信号也会随之增加;反之,若栅格太大,虽然规划速度随之提升了,但环境信息变得较为模糊,不利于有效最优路径的搜寻。因此,通常栅格法仅作为环境建模技术来使用。若作为路径规划算法,它很难解决复杂环境信息变化的问题,一般需要与其他智能算法相结合,例如基于栅格法的蚁群路径规划、基于栅格法的遗传算法路径规划等。如图3.10所示,利用栅格法计算了从一条左上角到右下角的避障路径。

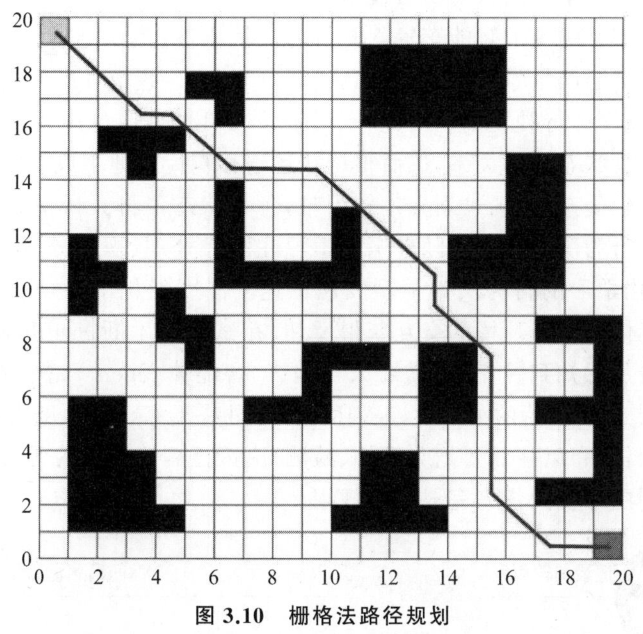

图3.10　栅格法路径规划

2. 概率路线图法

概率路线图(probabilistic roadmaps)法是一种基于采样和图搜索的方法,它将连续空间转换成离散空间,再利用A*算法或Dijkstra(迪杰斯特拉)算法等搜索算法在路线图上寻找路径,以提高搜索效率。概率路线图法将规划分为“学习”和“查询”两个阶段。在学习阶段,建立一个路线图。在查询阶段,利用搜索算法在路线图上寻找最优路径。其中用于查询阶段的Dijkstra算法是计算最短路径的经典算法之一。该算法适于求解道路权值为非负的最短路径问题,最终可以给出图中某一结点到其他所有结点的最短路径,优点是算法思路清晰,搜索准确。但是由于其输入为大型稀疏矩阵,容易耗时较长,占用空间较大。因此许多基于 Dijkstra 的改进算法相继提出。例如，A * 算法（又称 A 星算法）是一种基于启发式搜索的算法，该算法结合 BFS（广度优先搜索）和 Dijkstra 算法的优点，在进行启发式有导向性的搜索同时，优化了底层的搜索空间，大大提高了路径的寻优速度。

3.2.3 中层行驶行为规划

中层行驶过程中的行为规划的内容包括导航系统如何生成安全的、可行驶的轨迹，以到达目的地。行为规划是指根据驾驶员感兴趣区域道路、交通车等周围环境信息，决策出当前时刻满足道路环境约束、遵守交通法规的最优行驶行为。一系列的动态规划行驶行为将组成宏观的行驶路径。中层阶段的行为规划所涉及的传感数据，主要来自车载传感器（如雷达、摄像机等），其中将包含用以识别路碍、车道线、道路标识和交通信号灯的所有行为指导信息。因此周围环境信息和障碍物的实时检测，将大大影响驾驶行为决策（如停车、换道、超车和避让等）。

针对环境多变性、交通复杂性、交规约束性等诸多车辆行驶不利因素，如何降低其产生的不利影响是行为决策算法模型的研究重点。目前应用较广的是基于有限状态机的行为决策模型和基于深度强化学习的行为决策模型。

有限状态机模型是经典的智能车辆驾驶行为决策方法，模型结构简单、控制逻辑清晰，大多应用于一些较封闭的场景中（如工业园区、港口等）。这些场景中的道路环境变化小、障碍物较固定，可预先设计行驶规则。因此，有利于状态机模型通过构建有限的有向连通图，并且描述不同的驾驶状态转移关系，进而根据状态迁移响应式地生成驾驶操作决策。但是，当车辆行驶环境比较复杂时，场景划分比较困难，各种状态集将大量增加，致使模型结构变得复杂而难以胜任行为决策任务。随着深度学习在图像处理、视频分析分类等方面的巨大成功，基于深度强化学习的行为决策模型发展迅速。深度强化学习是一种端到端的系统。强化学习是指智能体通过与环境的交互获得反馈，在试错中不断进步并强化自身。端到端是指整个系统直接从感知到控制，不需要人工编码，智能体（agent）完全依靠自身学习与环境交互信号。如图 3.11 所示的英伟达（NVIDIA）公司基于 CNN（深度卷积神经网络）的自动驾驶算法训练架构，和以往需要划分感知、检测、决策控制等过程的无人驾驶不同，全程仅通过摄像头采集周围环境图像来完成行为规划。

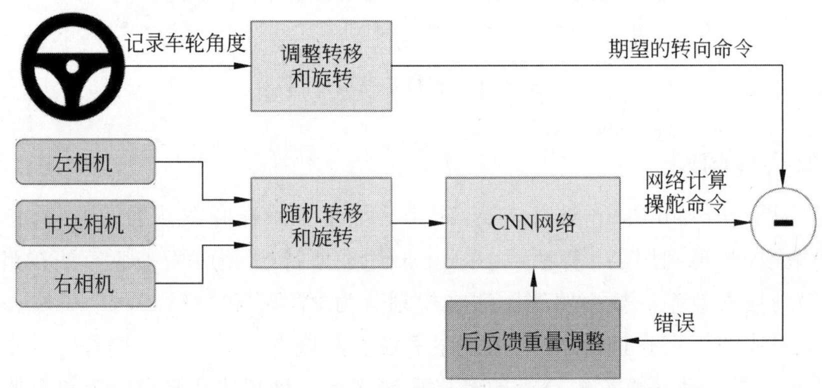

图 3.11 英伟达（NVIDIA）自动驾驶算法训练架构

3.2.4　下层轨迹规划

下层轨迹规划是指在当前时刻的汽车微观动态轨迹规划，就是针对当前已经确定的行驶行为，同时结合周围交通环境，加上车辆的动力学约束，实时做出最优运动轨迹的决策。因此，下层轨迹规划除了要考虑外部环境信息，还需要对车辆状态信息（如速度、车轮转角方向等）进行测量或估计。最关键的是选定一条路线后，用什么样的速度行驶，即速度规划。因此，轨迹规划算法将结合刚体车运动学模型，以及二次规划、变量的边界约束和引导线平滑算法等进行综合建模分析。

3.3　个性化推荐系统

3.3.1　推荐系统介绍

个性化推荐系统是一种高级商务智能平台，为平台顾客提供个性化的信息服务与决策支持，是互联网和电子商务发展的产物。系统综合用户的偏好兴趣、商品属性以及用户之间的社交关系等，发掘用户需求，并且主动推荐商品。推荐系统目前已经成为AI成功落地的标志性产品之一，它是许多互联网产品的核心智能组件。例如，电商（淘宝、京东）、资讯（今日头条、微博）、音乐（网易云音乐、QQ音乐）、短视频（抖音、快手）等热门应用中都配备了个性化推荐系统。推荐系统产生的背景是人们已经从信息匮乏时代走入了信息过载的时代，面对爆炸式的海量数据信息，无论是用户还是生产商都“无所适从”和“不堪重负”，如图3.12所示。中文互联网数据研究资讯中心的一份统计显示，每天数以亿计的网络信息被产生、被分享、被接收，其中只有20%的搜索结果可靠而有用，94%的人感觉“信息过载”。

图3.12　推荐系统产生背景：信息超载

搜索引擎是一个比推荐系统更早出现的信息过滤系统，爬虫和索引是搜索引擎的基础模块。搜索引擎与推荐系统都是帮助用户快速发现有用信息的工具，但二者的不同之处却很多，如表3.1所示。

表3.1　搜索引擎与推荐系统的区别

比较项	搜索引擎	推荐系统
用户行为方式	主动	被动
用户意图	明确	模糊
个性化	弱	强
流量分布	马太效应	长尾效应
目标	快速满足	持续服务
评估指标	简明	复杂

搜索引擎需要用户主动提供准确的关键词来搜索和筛选信息，推荐系统则不需要用户提供明确的信息，用户甚至不知道已经被平台推荐信息。因此，搜索引擎可以满足主动地查找需求；推荐系统能够在用户不明确自身需求的时候，帮助他们发现可能感兴趣的内容。推荐系统是一个综合性很强的工程系统，既需要配置高容量动态随机存取存储器的推理服务器，还需要强大的推荐算法支撑，例如文本分析、用户意图识别、行为分析等。

3.3.2 流行的推荐算法

推荐系统发展之初，传统经典的基于协同过滤、矩阵分解和聚类的推荐算法，在电商推荐系统中扮演着非常重要的角色。1994 年，美国明尼苏达大学 GroupLens 研究组首次提出了基于协同过滤(Collaborative Filtering，CF)来完成推荐任务的思想。

基于协同过滤的推荐算法思想是“物以类聚，人以群分”，同时采用两个重要假设。

(1) 基于用户的协同过滤(User-based CF)推荐，例如，和你爱好相似的人喜欢的东西，你也可能会喜欢；

(2) 基于物品的协同过滤(Item-based CF)推荐，例如，和你喜欢的东西相似的东西你也可能会喜欢。此外，矩阵分解(Matrix Factorization，MF)也是一种经典且应用广泛的推荐算法，在基于用户行为的推荐算法里，矩阵分解推荐算法表现效果较为优异，它相较于协同过滤，泛化能力有所加强。基于聚类(如 K-means 聚类)的推荐算法通常与协同过滤相结合，可以有效降低数据稀疏度和提高推荐准确率。

近年来，基于深度学习的推荐系统(见图 3.13)的评价表现尤为突出，与传统的机器学习模型相比，深度学习模型表达能力更强，能够挖掘出数据中更多潜在的模式。

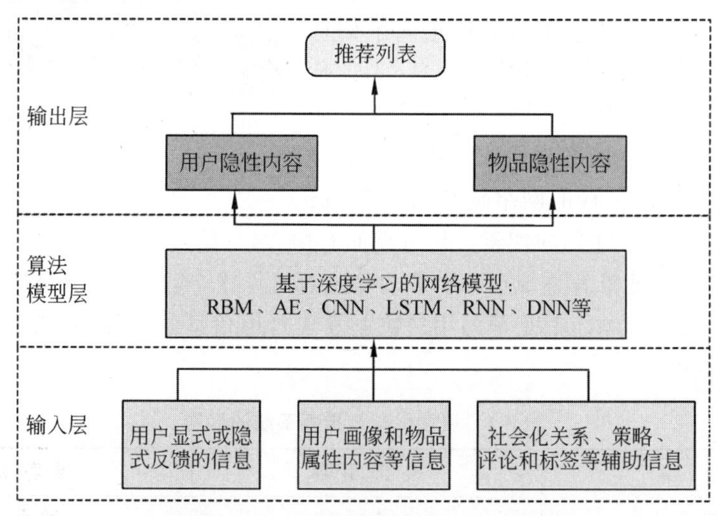

图 3.13 基于深度学习的推荐系统架构

其中，循环神经网络 (Recurrent Neural Network，RNN) 模型(见图 3.14)和长短时记忆模型(Long Short-Term Memory，LSTM)具有“记忆”能力(见图 3.15)，可以“模拟”时序数据间的依赖关系，因而在推荐算法框架设计中被广泛采用。

循环神经网络 RNN 最大特点在于神经网络中的各个隐藏层之间结点是有连接的，故能对过去的信息进行一定时间的存储和记忆。长短时记忆模型 LSTM 具有与循环神经网

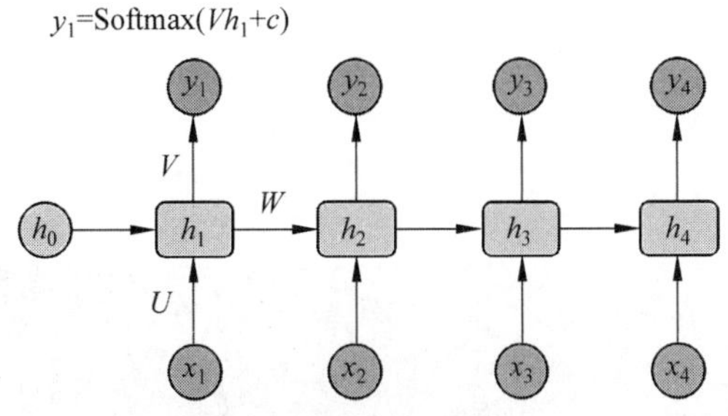

图 3.14　循环神经网络 RNN

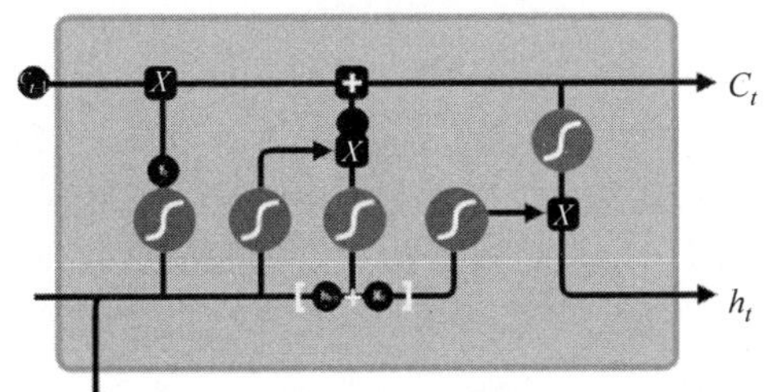

图 3.15　长短时记忆模型 RNN

络相似的控制流，二者的区别在于单元内的处理过程不同，LSTM 有三个门：忘记门、输入门、输出门。在训练过程中，通过门控制可以自主学习到哪些信息是需要保存或遗忘的。这两种算法模型多用于预测评分、图像推荐、文本推荐和基于社交网络的兴趣点推荐等。

习题 3

1. 人工智能对数据样本的学习方式主要有哪几种？简述它们各自的特点。
2. 汽车自动驾驶可以分哪几层路径规划任务？每层的任务要求是什么？
3. 简述搜索引擎和推荐系统的共同点和主要区别。

第4章

Python基础入门

Python 是一种简单易学、支持面向对象、功能强大的高级程序设计语言，是开源、跨平台的解释型语言。本章介绍 Python 的发展历史、环境搭建、集成开发环境的使用，主要内容包括：

任务一：Python 语言概述。

任务二：Python 开发环境的搭建。

任务三：Python 的包管理工具 pip 命令。

任务四：Python IDE 的安装和使用。

本章教学目标

了解 Python 的发展、版本、应用领域和基本特点；基本掌握 Python 开发环境的配置。

4.1 Python 语言概述

4.1.1 Python 语言简介

计算机程序设计语言是指用于人与计算机之间通信的语言，是人和计算机之间传递信息的媒介，因为它是用来进行程序设计的，所以称为计算机程序设计语言，简称计算机语言或者编程语言。计算机语言是一种特殊的语言，它有严格的语法规则，并且能被计算机接收并处理。

计算机语言经历了机器语言、汇编语言和高级语言几个阶段。

机器语言是用二进制代码表示的，计算机能直接识别并且执行的指令集合。机器语言始于 20 世纪 50～60 年代，当时的计算机专家编写一段程序使用的是剪刀和胶水，将二进制内容打到纸带上(1，打孔；0，不打孔)，然后将纸带插入计算机中。如果发现打错了，只有将纸带退出来，然后使用剪刀和胶水修改代码。这种方式方便了计算机的识别，但是可读性较差。

汇编语言是为了简化机器语言编程而产生的。汇编语言是一种用于电子计算机、微处理器、微控制器或其他可编程器件的低级语言，亦称符号语言。在汇编语言中，使用助记符(mnemonic)代替机器指令的操作码，用地址符号或标号代替指令或操作数的地址，在不同的设备中，汇编语言对应着不同的机器语言指令集。汇编语言仅仅具备实现简单的机器语言的翻译功能，并不具备组合多条指令为一条语句的能力。

高级语言简化汇编语言编写，是一种独立于机器，面向过程或面向对象的语言，高级语言是参照数学语言而设计的近似于日常会话的语言。高级语言相对于低级语言而言，更简洁、更容易让人理解。常见的C、Java、Python都是高级语言。

不同的计算机语言有着不一样的特性，计算机语言根据不同的角度有以下几种分类方式。

1. 根据编译执行方式分类

计算机程序设计语言根据编译执行方式分为编译型语言和解释型语言两类。

1）编译型语言

编译型语言是相对于解释型语言而言，编译型语言是将程序员编写的源代码通过编译器生成为机器代码或目标代码，然后再去执行的一种编程语言，这类语言有C、C++、C#等，编译型语言的执行过程如图4.1所示。

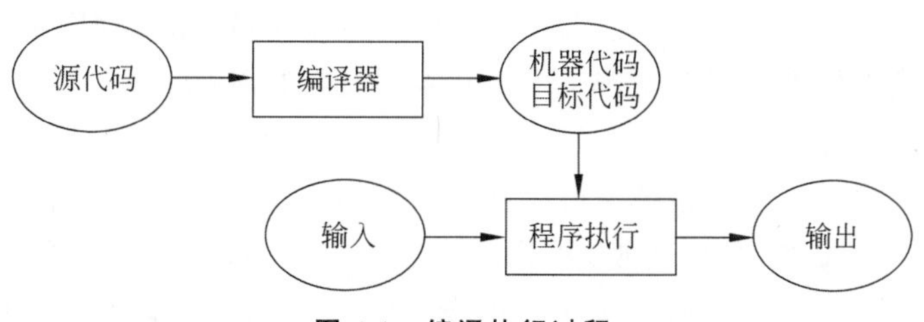

图 4.1　编译执行过程

2）解释型语言

解释型语言是指程序员编写出来的代码是通过解释器来执行的语言，一边解释一边执行。解释型语言不需要在执行之前专门进行编译，可以直接解释程序代码并且执行。解释型语言执行过程如图4.2所示。解释型语言包括Java、JavaScript、VBScript、Perl、Python、Ruby、MATLAB等。

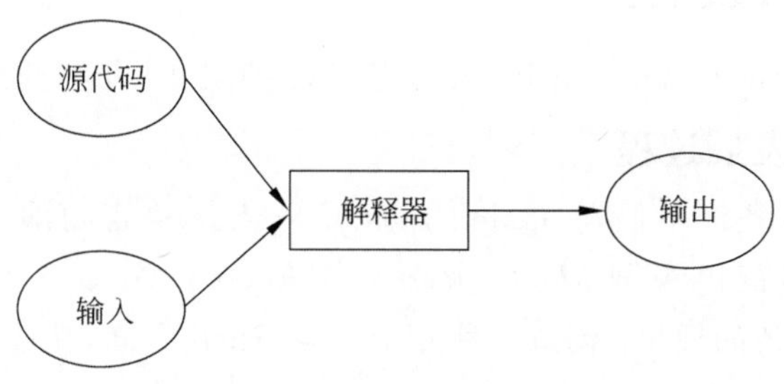

图 4.2　解释执行过程

2. 根据执行过程中的操作分类

计算机程序设计语言根据执行过程中的操作可分为两类：动态类型语言和静态类型语言，通常简称为动态语言和静态语言。

1）动态类型语言

动态类型语言是指在运行期间去做数据类型检查的语言，也就是说，在用动态类型的语言编程时，不需要给任何变量指定数据类型，这类语言会在第一次给变量赋值时，在程序运行内部将数据类型记录下来。Python和Ruby就是一种典型的动态类型语言，其他的各种脚本语言如VBScript也属于动态类型语言。

2）静态类型语言

静态类型语言与动态类型语言刚好相反，它的数据类型是在编译期间或程序运行前进行检查的，也就是说，在写程序时要声明所有变量的数据类型，C/C++是静态类型语言的典型代表，其他的静态类型语言还有C#、Java、Go语言等。

3. 根据类型定义方式分类

计算机程序设计语言根据类型定义方式可分为两类：强类型定义语言和弱类型定义语言。

1）强类型定义语言

强类型定义语言是强制数据类型定义的语言。也就是说，一旦一个变量被指定了某个数据类型，如果不经过强制转换，那么它就永远是这个数据类型了。强类型定义语言包括Java、C++、Python等。例如，如果定义了一个整数类型变量，那么程序根本不可能将这个变量当作浮点数类型处理。强类型定义语言是类型安全的语言。

2）弱类型定义语言

弱类型定义语言是一种数据类型可以被忽略的语言。某一个变量被定义后，该变量可以根据环境变化自动进行类型转换，不需要经过显式强制转换。弱类型语言包括VB、PHP、JavaScript等语言。它与强类型定义语言相反，一个变量可以赋不同数据类型的值。

强类型定义语言在速度上可能略逊色于弱类型定义语言，但是强类型定义语言带来的严谨性能够有效地避免许多错误。

综上所述，Python是一种**动态**、**解释型**、**强类型定义**计算机程序设计语言。Python是初学者学习编程的最好语言之一，是一种不受局限、跨平台的开源编程语言，功能强大、易写易读，能在Windows、macOS和Linux等平台上运行。

4.1.2 Python发展史

Python于1989年由Guido van Rossum开发，并于1991年公开发行。

1. Python版本发展过程

1989年，为了打发圣诞节假期，Guido开始写Python语言的编译器。Python这个名字，来自Guido所挚爱的电视剧*Monty Python's Flying Circus*。他希望这个新的叫作Python的语言能符合他的理想：创造一种介于C和Shell之间，功能全面、易学易用、可拓展的语言。

1991年，第一个Python解释器诞生。它是用C语言实现的，并能够调用C语言的库文件。从一出生，Python已经具有了类、函数、异常处理、包含表和词典在内的核心数据类型以及模块为基础的拓展系统。

随后，Python 1.0于1994年1月增加了lambda表达式、map、filter、reduce等生成对象；在1999年Python Web框架的鼻祖Zope1发布；在2000年10月16日，Python 2.0加入了内存回收机制，构成了现在Python语言框架的基础；2004年11月30日，Python 2.4发布，同年目前最流行的Web框架Django诞生；2006年9月19日Python 2.5发布，2008年

10 月 1 日 Python 2.6 发布，同年 12 月 3 日 Python 3.0 发布，Python 3.0 和 Python 2.0 不兼容，进行了较大的改变；2010 年 7 月 3 日 Python 2.7 发布。

自从 2008 年发布 Python 3.0 之后，Python 3 被官方主推，仅半年时间，2009 年 6 月 27 日 Python 3.1 问世；随后 Python 3.2 于 2011 年 2 月 20 日发布；Python 3.3 于 2012 年 9 月 29 日发布；Python 3.4 于 2014 年 3 月 16 日发布；Python 3.5 于 2015 年 9 月 13 日发布；Python 3.6 于 2016 年 12 月 23 日发布；Python 3.7 于 2018 年 6 月 27 日发布；Python 3.8 于 2019 年 10 月 14 日发布；Python 3.9 于 2020 年 10 月 5 日发布；Python 3.10 于 2021 年 10 月 4 日发布；Python 官方非常稳定地维护和升级 Python 3 的后续版本。

2. Python 版本之争

Python 版本之争起源于 2008 年 Python 3.0 的发布，前期 Python 官方发现 Python 2 的很多不足来源于 Python 现有的框架，为了修正这样的不足之处，Python 官方推出了全新框架下的 Python 版本——Python 3。Python 3 完全颠覆了 Python 2 的应用，并且不兼容 Python 2。从 2008 年之后一直存在着 Python 版本之争的问题，到底应该用哪一个版本？一边是人们熟悉的，而且用得非常习惯的 Python 2，一边是刚出来的全方位优化的 Python 3；由于刚刚出来的 Python 3 还有许多扩展库没有支持它；并且 Python 2.7 和 Python 3.x 是两个不同系列的版本，相互之间不兼容，很多内置函数的实现和使用方式也有较大区别，最主要的是 Python 3.x 的标准库也进行一定程度地重新拆分和整合。很多人依然选择了 Python 2，有一段时间人们在计算机上同时安装两个版本：Python 2 和 Python 3。直到 2014 年，Python 官方宣布于 2020 年停止维护 Python 2.7，并且不会发布 2.8 的版本，建议用户转向 Python 3 的版本。并且 Python 官方也严格执行着 2014 年 11 月的通知，在 2020 年 4 月 20 日 Python 2.7.18 作为 Python 2.7 的最终版本推出，Python 官方不再更新这一版本。至此，Python 2 彻底退出历史舞台。长达十多年的 Python 版本之争告一段落。

本书编写时，Python 官方维护的是 Python 3.7～Python 3.10 这几个版本，书中使用的案例基本使用 Python 3.7 以上的版本调试运行。

4.1.3 Python 的优点和缺点

Python 在开发之初，Guido 为了打发圣诞节的无趣，决心开发一个新的脚本解释程序，作为 ABC 语言的一种继承。ABC 是由 Guido 参加设计的一种教学语言。就 Guido 本人看来，ABC 这种语言非常优美和强大，是专门为非专业程序员设计的。但是 ABC 语言并没有成功，究其原因，Guido 认为是其非开源造成的。Guido 决心在 Python 中避免这一错误，同时，他还想实现在 ABC 中昙花一现但未曾实现的东西，就这样，Python 在 Guido 手中诞生了。

1. Python 的优点

Python 的定位是“优雅”“明确”“简单”，所以 Python 程序看上去总是简单易懂，初学者学 Python，不但入门容易，而且将来更易深入研究，编写非常复杂的程序，它的主要优点如下。

(1) 开发效率非常高：Python 有非常强大的第三方库，基本上想通过计算机实现任何功能，Python 包索引(PyPI)里都有相应的模块进行支持，直接下载调用后，在庞大的基础库和扩展库的基础上再进行开发，大大降低开发周期，避免重复造轮子的工作。

（2）语言高级：当用Python语言编写程序的时候，无须考虑诸如如何管理程序使用的内存一类的底层细节。这些问题Python的解释器已经在执行的时候就已经处理了。

（3）可移植性强：由于它的开源本质，Python已经被移植在许多平台上(经过改动使它能够工作在不同平台上)。如果使用C或C++这类语言在Windows操作系统上编写的代码几乎无法在Linux操作系统上编译运行。例如，C或C++语言程序在两种操作系统中处理键盘和鼠标的程序代码都是千差万别的，完全是两种不同的系统调用。而几乎所有Python程序无须修改就可以在市场上所有的系统平台(包括几大主流的操作系统：Windows操作系统、macOS操作系统、Linux操作系统、Android操作系统)上运行。

（4）可扩展性强：如果需要一段关键代码运行得更快或者希望某些算法不公开，可以把这部分核心程序用C或C++编写，编译后，隐藏代码的算法，使它成为Python的一部分，Python直接调用这段代码。这一特性在某些书中用胶水语言来形容，指Python语言像胶水一样黏合各种其他语言的代码。

（5）可嵌入性强：Python的可扩展性是用Python调用其他语言，而Python的可嵌入性是指可以把Python嵌入进C或C++程序，从而向程序用户提供脚本功能。这一过程有点类似SQL语句在C或C++等程序中运行。读者如有兴趣可以查询相关资料。

2. Python的缺点

Python的主要缺点如下。

（1）速度慢：Python的运行速度比C语言确实慢很多，跟Java相比也要慢一些，因此这也是很多领域中的专业人士不屑于使用Python的主要原因，但其实这里所指的运行速度慢，在大多数情况下用户是无法直接感知到的，必须借助测试工具才能体现出来。

例如，运行一个用C语言编写的程序花了0.01s，而运行用Python语言编写的同样功能的程序花了0.1s，这样C语言直接比Python快了10倍，算是非常夸张了，但是这个时间是无法直接通过肉眼感知的，因为一个正常人所能感知的时间最小单位是0.15s～0.4s。

其实在大多数情况下，Python已经完全可以满足对程序速度的要求，除非要写对速度要求极高的搜索引擎等，这种情况下，当然还是建议用C语言去实现的。毕竟Python也是由C语言编写而成的。

（2）代码不能加密：因为Python是解释性语言，它的源码都是以明文形式存放的。如果项目要求源代码必须是加密的，那么一开始就不应该用Python来实现。

（3）线程不能利用多CPU：这是Python被人诟病最多的一个缺点。GIL(全局解释器锁，Global Interpreter Lock)，是计算机程序设计语言解释器用于同步线程的工具，当Python的默认解释器要执行字节码时，都需要先申请这个锁。这意味着，如果试图通过多线程扩展应用程序，将总是被这个全局解释器锁限制。

这使得任何时刻仅有一个线程在执行，Python的线程是操作系统的原生线程。在Linux上为pthread，在Windows上为Win thread，完全由操作系统调度线程的执行。一个Python解释器进程内有一条主线程，以及多条用户程序的执行线程。即使在多核CPU平台上，由于GIL的存在，也会禁止多线程的并行执行。

4.2 Python 开发环境的搭建

4.2.1 下载 Python

Python 安装非常简单，首先从 Python 官网 https://www.Python.org/下载 Python 相应版本，本书推荐下载安装 Python 3.7.x 以上版本（注意，Python 3.9 及以后的版本不再支持 Windows 7），也可以使用 Python 最新版本 Python 3.10。

首页中，单击 Downloads，选中 All releases（所有版本），如图 4.3 所示。

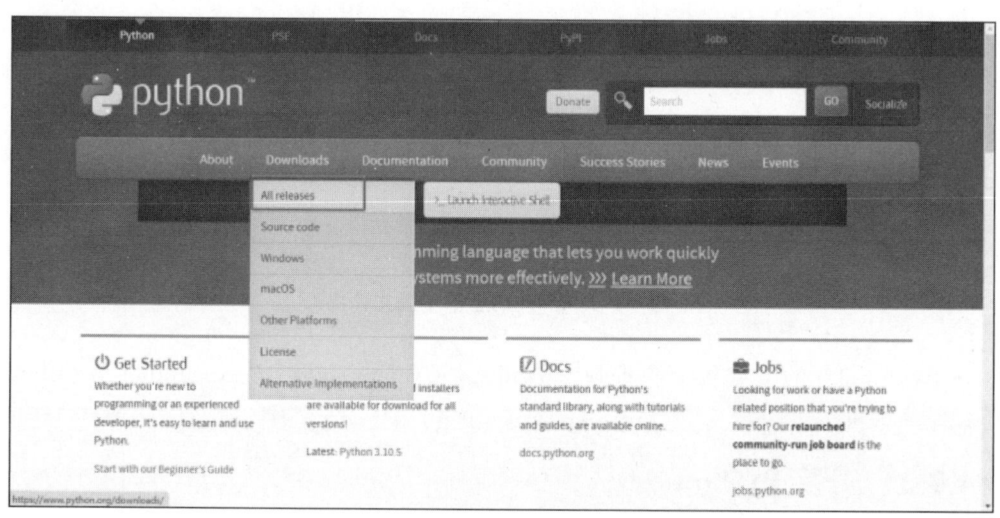

图 4.3 Python 官网下载界面

在所有版本的下方，有目前正在维护的版本，例如 Python 3.7 至 Python 3.10 等版本，如图 4.4 所示。

Active Python Releases

For more information visit the Python Developer's Guide.

Python version	Maintenance status	First released	End of support	Release schedule
3.10	bugfix	2021-10-04	2026-10	PEP 619
3.9	security	2020-10-05	2025-10	PEP 596
3.8	security	2019-10-14	2024-10	PEP 569
3.7	security	2018-06-27	2023-06-27	PEP 537
2.7	end-of-life	2010-07-03	2020-01-01	PEP 373

图 4.4 Python 的下载版本选择

在可下载的版本中还能看到 Python 2.7，但是它的 Maintenance status（维护状态）写的是 end-of-life（终止），表明这个版本不再维护了。

如果计算机操作系统是 Windows 7，能支持的最高版本是 Python 3.8，超过这个版本将不能安装运行。注意：在 Windows 7 上安装 Python 时，要先确保 Windows 7 有完整 SP1 包，如遇到报错，请打开安装日志查看缺少哪些补丁包并补充。

在 Windows 中安装 Python 时，需要查看自己的操作系统是 32 位还是 64 位，目前大部分操作系统都是 64 位的，因此，选择 Windows installer (64-bits)下载安装。接下来以 Python 3.9 的版本为例，单击按钮进入 Python 3.9 的下载页面，Python 3.9 的所有下载文件界面如图 4.5 所示。

图 4.5　Python 3.9 的全部下载文件界面

在 Python 3.9 的下载页面中选择 Download Windows-x86-64-executable installer，等待下载结束即可。

4.2.2　安装 Python

在 Windows 操作系统中安装 Python。

双击下载后得到的可执行文件 Python-3.9.0-amd64.exe，程序会启动到安装 Python 的页面，如图 4.6 所示。

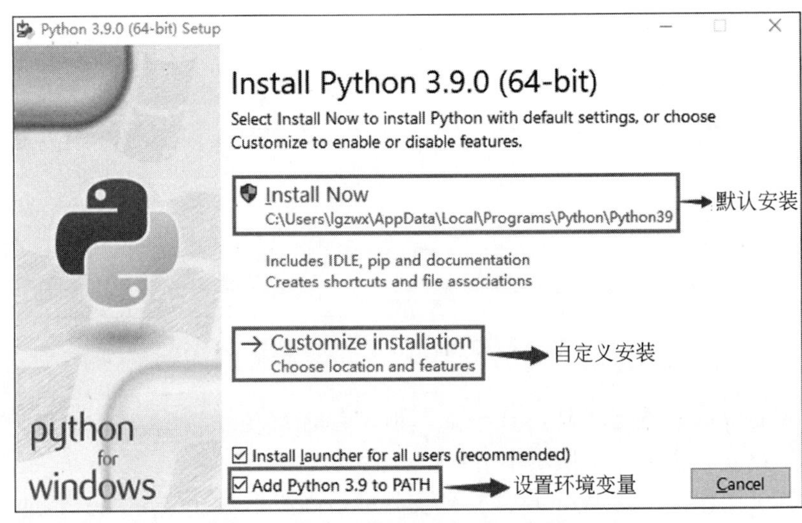

图 4.6　安装 Python 页面之安装模式选择

在这个页面中，首先选中下面的 Add Python 3.9 to PATH，使其处在选中状态下，这样程序将自动配置环境变量，方便后续使用。然后单击 Install Now 按钮，正常情况下，选择默认安装就可以了，如图 4.7 所示。

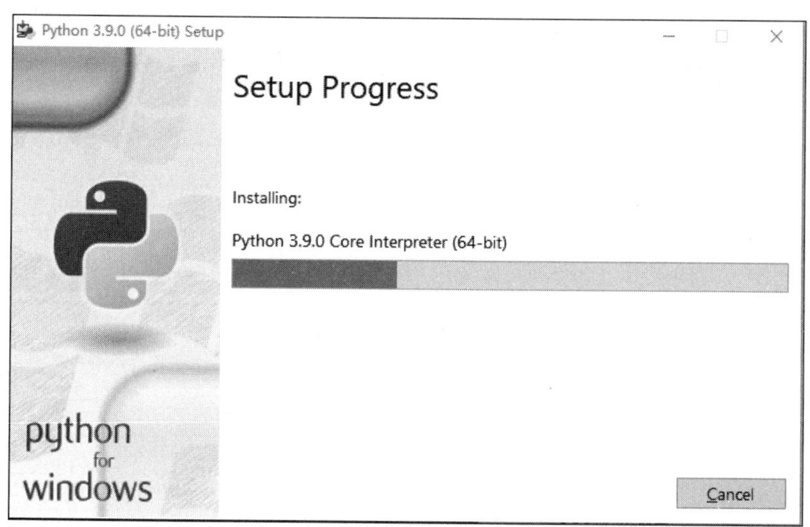

图 4.7 Python 安装中页面

当然还可以选择自定义安装，在图 4.6 所示的页面中单击 Customize installation 按钮进入自定义安装选项页面进行选择，如图 4.8 所示。

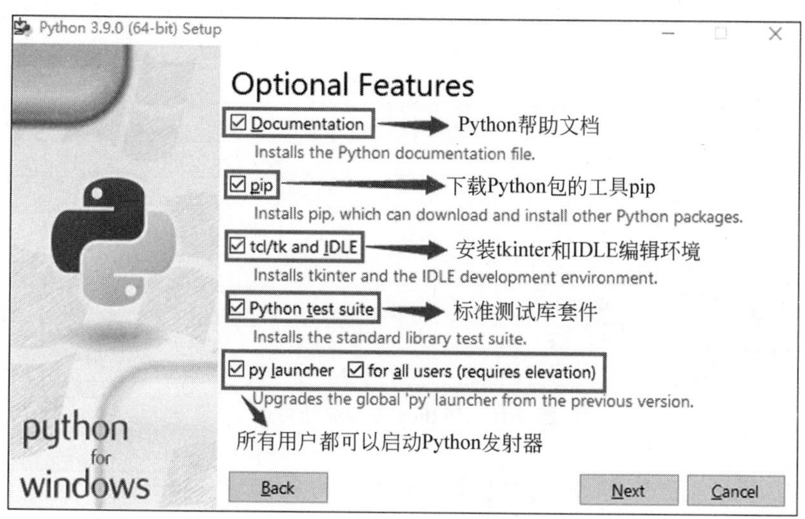

图 4.8 自定义安装的选项页面

在此页面选好需要安装的内容后，单击 Next 按钮，进入自定义安装高级选项选择页面，如图 4.9 所示。

在这个页面，可以选择 Create shortcuts for installed applications（创建快捷键）或不选择，可以选择 Add Python to environment variables 增加 Python 路径到环境变量，可以选择 Precomplie standard library 安装标准库，或选择其他需要的选项，并且可以在 Customize

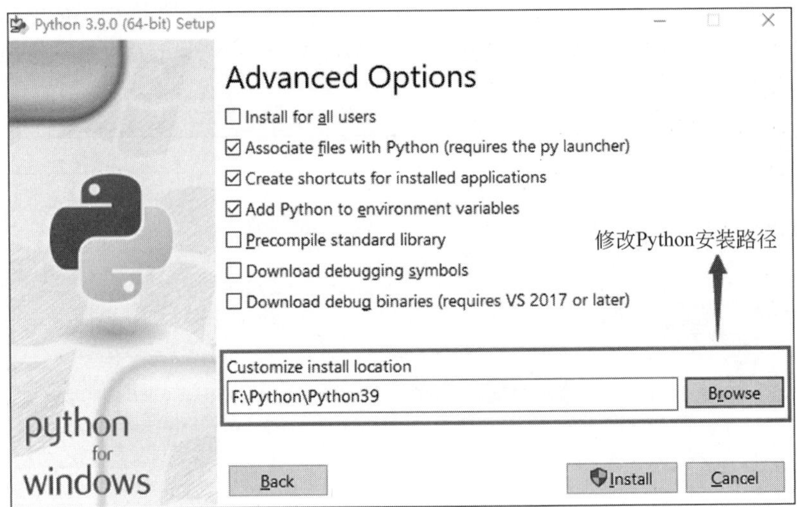

图 4.9　自定义安装高级选项选择页面

install location 的输入框中修改安装路径，设置完这些选项后，单击 Install 按钮，即开始安装，Python 安装过程如图 4.7 所示。等待 Python 安装完成，会出现如图 4.10 所示页面。

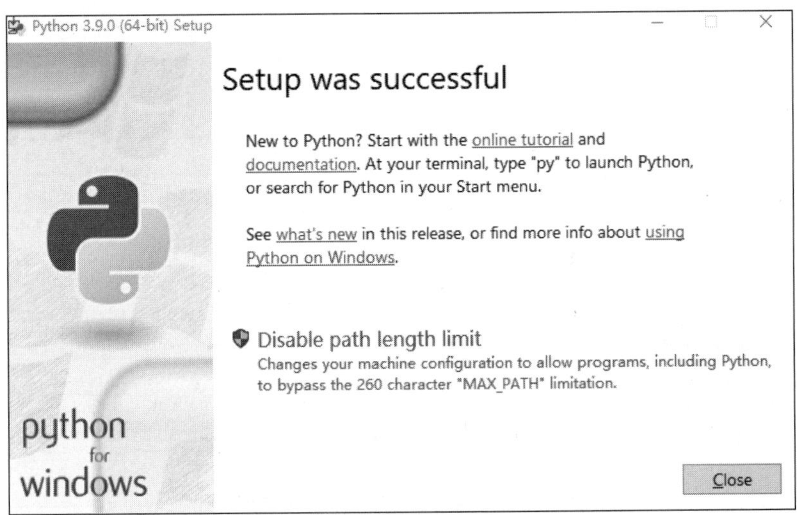

图 4.10　Python 安装成功页面

在图 4.10 所示页面单击 Close 按钮，完成 Python 的安装。

4.2.3　测试与运行

在运行对话框中(按 Win+R 可调出)输入 `cmd`，即运行 cmd.exe。输入 `python`，可以看到 Python 的欢迎提示，这说明安装 Python 成功。命令行窗口下的运行测试如图 4.11 所示。

进入 Python 环境后，如需要退出 Python 可以使用 exit()函数。

在命令行环境下，如需要退回 Windows 图形界面，单击“关闭”按钮即可。

测试过程中，如果出现问题，可以按照是否安装成功来分类解决。

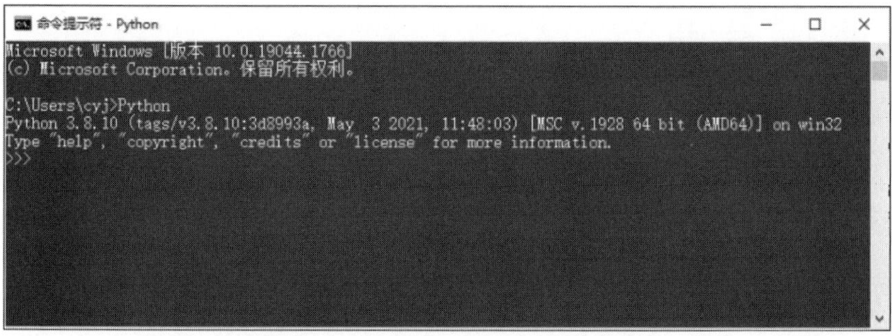

图 4.11 命令行窗口下的运行测试

1. 安装 Python 成功但出现问题

如果安装成功,但命令行提示:“'Python' 不是内部或外部命令,也不是可运行的程序或批处理文件。”则说明系统环境没有配置,即安装时,Add Python to environment variables 选项未选择。这时不需要重新安装 Python,可以通过以下办法解决。

选择“此计算机”的属性,选择“高级”,如图 4.12 所示。

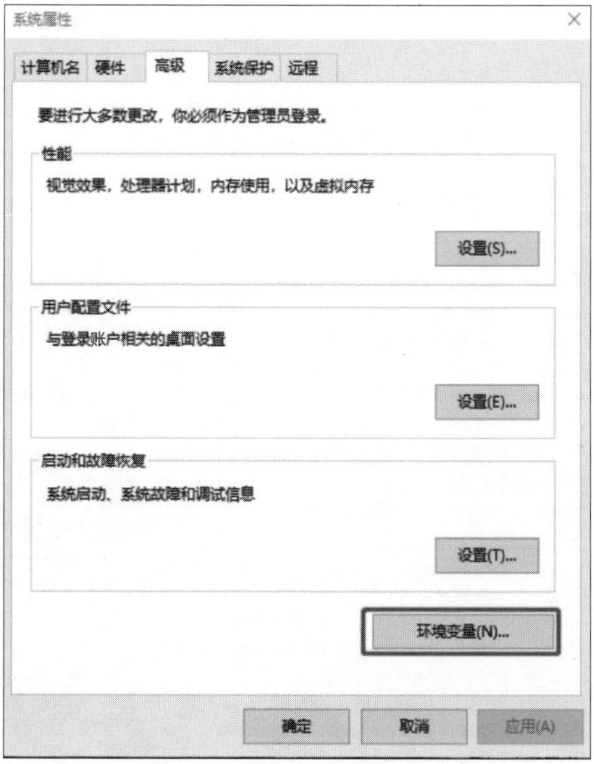

图 4.12 计算机的“高级”选项卡

在此对话框中选择“环境变量(N)...”,选中“系统变量”选项卡中的“Path”变量,单击“编辑”按钮,如图 4.13 所示。

在弹出的“编辑环境变量”对话框中选择“新建”,添加 Python 安装目录,如图 4.14 所示。

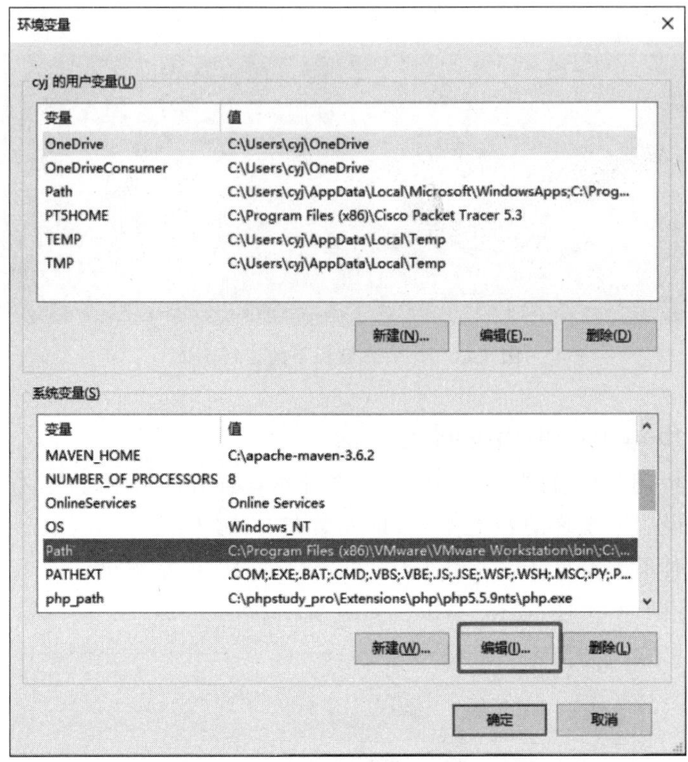

图 4.13　系统中“环境变量”的设置

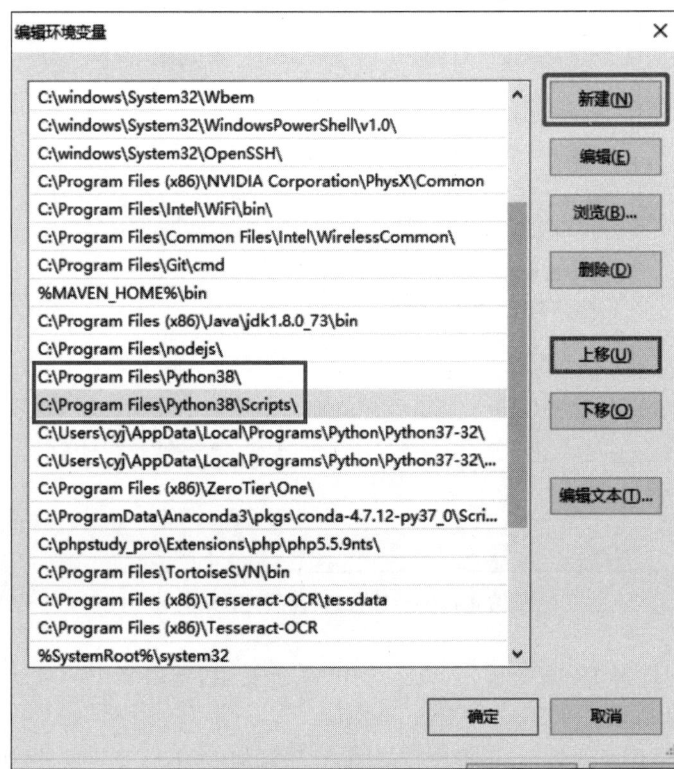

图 4.14　编辑环境变量

2. 安装 Python 失败出现问题

如果启动 Python 安装程序,但是安装还没有开始或开始到某个特殊点出错,会导致 Python 安装失败。这时,可以在 Python 安装目录中找到安装日志,此外在 Python 安装对话框中也会提示安装日志相应位置。查看安装日志,根据安装日志提示,安装相应的补丁(记得安装系统补丁后要重启计算机),再重新安装一遍 Python。

4.2.4　有趣的例子

Python 最著名的诗 *The Zen of Python*(中文译名为《Python 编程之禅》)已经被写入 Python 中,只要执行 `import this` 即可被打印出来。这首诗是 Python 的设计初衷,也是 Python 的优秀之处,Python 代码缩进的层次上的优美,Python 代码的简明,使得大众都能快速上手 Python 程序。

这首诗同时告诉所有人,不要将编程想得太复杂,不要畏惧编程,它其实是简明的,运行界面如图 4.15 所示。

```
Python 3.7 (64-bit)
Python 3.7.4 (tags/v3.7.4:e09359112e, Jul  8 2019, 20:34:20) [MSC v.1916 64 bit (AMD64)] on win32
Type "help", "copyright", "credits" or "license" for more information.
>>> import this
The Zen of Python, by Tim Peters

Beautiful is better than ugly.
Explicit is better than implicit.
Simple is better than complex.
Complex is better than complicated.
Flat is better than nested.
Sparse is better than dense.
Readability counts.
Special cases aren't special enough to break the rules.
Although practicality beats purity.
Errors should never pass silently.
Unless explicitly silenced.
In the face of ambiguity, refuse the temptation to guess.
There should be one-- and preferably only one --obvious way to do it.
Although that way may not be obvious at first unless you're Dutch.
Now is better than never.
Although never is often better than *right* now.
If the implementation is hard to explain, it's a bad idea.
If the implementation is easy to explain, it may be a good idea.
Namespaces are one honking great idea -- let's do more of those!
>>>
```

图 4.15　Python 最著名的诗 *The Zen of Python*

4.3　Python 的包管理工具 pip 命令

4.3.1　pip 命令安装扩展库的用法

Python 的最大优点就是采用胶水式语言,它可以兼容用各种语言为它开发的扩展库,Python 的这些扩展库也叫轮子(wheel)。但是默认情况下,Python 不会安装这些扩展库,因为很多时候,这些扩展库可能都用不到。如果需要用到某些扩展库时,可以使用 pip 来安装这些扩展库。

pip 是 Python 扩展包安装器,可以使用 pip 安装来自 Python 包索引(PyPI)中的包或其他索引里的包。pip 自带帮助,可以通过 `pip -h` 来了解 pip 命令的用法。

```
Usage:
pip <command> [options]
Commands:
install            Install packages.
download           Download packages.
uninstall          Uninstall packages.
freeze             Output installed packages in requirements format.
list               List installed packages.
show               Show information about installed packages.
check              Verify installed packages have compatible dependencies.
config             Manage local and global configuration.
search             Search PyPI for packages.
wheel              Build wheels from your requirements.
hash               Compute hashes of package archives.
completion         A helper command used for command completion.
debug              Show information useful for debugging.
help               Show help for commands.
General Options:
-h, --help         Show help.
--isolated         Run pip in an isolated mode, ignoring environment variables and
user configuration.
-v, --verbose      Give more output. Option is additive, and can be used up to 3 times.
-V, --version      Show version and exit.
-q, --quiet        Give less output. Option is additive, and can be used up to 3 times
(corresponding to WARNING, ERROR, and CRITICAL logging levels).
--log <path>       Path to a verbose appending log.
--proxy <proxy> Specify a proxy in the form [user:passwd@]proxy.server:port.
--retries <retries>   Maximum number of retries each connection should attempt
(default 5 times).
--timeout <sec> Set the socket timeout (default 15 seconds).
--exists-action <action>   Default action when a path already exists: (s)witch,
(i)gnore, (w)ipe, (b)ackup, (a)bort.
--trusted-host <hostname>   Mark this host as trusted, even though it does not
have valid or any HTTPS.
--cert <path>      Path to alternate CA bundle.
--client-cert <path>   Path to SSL client certificate, a single file containing
the private key and the certificate in PEM format.
--cache-dir <dir>   Store the cache data in <dir>.
--no-cache-dir Disable the cache.
--disable-pip-version-check Don't periodically check PyPI to determine whether a
new version of pip is available for download. Implied with --no-index.
--no-color         Suppress colored output
```

4.3.2 pip 工具常用的命令

pip 工具常用的命令如下。

1. 安装扩展包

当需要安装某个包的时候，可以在线安装也可以离线安装。离线安装时，下载这个包的 whl 文件，然后用 `pip install packageName.whl` 命令安装即可，这种方式通常是在无法上网或网络速度慢的情况下使用；如果是在线安装，首先要保证自己的计算机能上网，然后使用命令 `pip install packageName` 即可，这个命令会在 PyPI.org 网站或指定的网站去搜索包名，然后从网站下载安装。

2. 查看已安装的扩展包

Python 扩展包安装得越多，有时候甚至不知道自己到底安装了哪些扩展包，这时可以使用两种方式查看扩展包：`pip freeze` 和 `pip list`。这两种方式会以不同格式显示已经安装的扩展包和安装版本。

3. 升级已存在的扩展包

当某些扩展包增加了新的功能而这新功能又需要使用时，就需要升级扩展包。直接使用 `pip install packageName` 是不能升级的，只会提示该扩展包已存在，不需要安装。因此，可以使用命令 `pip install --upgrade packageName` 将已存在的扩展包升级到最新版本。

4. 卸载已安装的扩展包

当 Python 的扩展包安装得越来越多，其中有些扩展包功能已经被新的扩展包代替，这时扩展包太多会严重拖慢 Python 程序的运行效率，因此，可以使用命令 `pip uninstall packageName` 将已安装的扩展包卸载。

5. 指定安装源安装

默认情况下，pip 命令会从 PyPI（Python Package Index，Python 包索引）这个第三方包存储仓库（网址是 https://pypi.org/）下载第三方包。但该网站在国外，访问速度比较慢。为了解决这些问题，国内很多机构设置了镜像源，可以选用以下镜像源作为下载第三方包的指定存储仓库。

（1）http://mirrors.aliyun.com/pypi/simple/，阿里云；

（2）https://pypi.mirrors.ustc.edu.cn/simple/，中国科学技术大学；

（3）http://pypi.douban.com/simple/，豆瓣；

（4）https://pypi.tuna.tsinghua.edu.cn/simple/，清华大学。

例如，在安装扩展包的时候，可以输入以下命令，从阿里云镜像下载、安装扩展包。

```
pip install packageName -i http://mirrors.aliyun.com/pypi/simple/
```

4.4 Python IDE 的安装和使用

4.4.1 Python 自带的 IDLE

IDLE 是 Python 安装时自带的集成开发环境（Integrated Development Environment，IDE），它有交互式和编辑式两种使用方法。交互式可以让简单的语句立刻执行；编辑式可以将 IDLE 作为文本编辑器编写完整的 Python 程序，再一次性执行，且 IDLE 提供了语法高亮显示、智能缩进、代码自动补全等功能。

在 Windows 系统中安装 Python 以后，系统会自动安装 IDLE，可以在 IDLE 中编辑和运行代码。

现在编写第一个例子，让 Python 打印出“Hello，Information Technology”，代码非常简单。

```
print("Hello, Information Technology")
```

首先启动 IDLE，在 IDLE 的交互式界面中，输入以上代码，如图 4.16 所示。

```
IDLE Shell 3.8.10
File Edit Shell Debug Options Window Help
Python 3.8.10 (tags/v3.8.10:3d8993a, May  3 2021, 11:48:03) [MSC v.1928 64 bit (
AMD64)] on win32
Type "help", "copyright", "credits" or "license()" for more information.
>>> print("Hello, Information Technology")
Hello, Information Technology
>>> |
```

图 4.16 IDLE 的交互式菜单使用界面

也可以写成文件，在 IDLE 中，选择 File 下的 New File 或用快捷键 Ctrl+N 新建文件，命名为 hello.py；然后将代码写入其中，如图 4.17 所示。

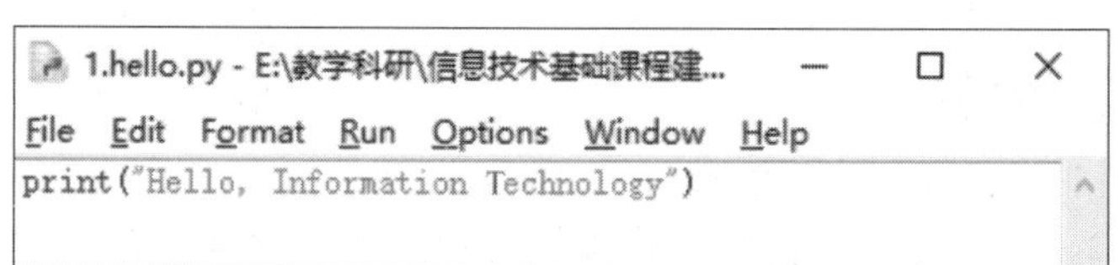

图 4.17 IDLE 的编辑式使用界面

选择 Run 菜单下面的 Run Module F5 或使用快捷键 F5 可以在交互式环境中看到显示结果，如图 4.18 所示。

```
IDLE Shell 3.8.10
File Edit Shell Debug Options Window Help
Python 3.8.10 (tags/v3.8.10:3d8993a, May  3 2021, 11:48:03) [MSC v.1928 64 bit (
AMD64)] on win32
Type "help", "copyright", "credits" or "license()" for more information.
>>> print("Hello, Information Technology")
Hello, Information Technology
>>>
============== RESTART: E:\教学科研\信息技术基础课程建设\讲义\源代码\ch3\1.hell
o.py ==============
Hello, Information Technology
>>> |
```

图 4.18 IDLE 的交互式环境中的运行界面

以上是使用交互式方式运行 Python 程序的方法，但是怎样脱离 IDLE 交互式运行环境 Python 程序呢？

首先，要将代码写入文件中，利用编辑器(可以是 IDLE 编辑器)将代码写入文档中，参见新建文件并打开输入代码的例子，然后保存文件，例如保存为 hello.py 文件，再次运行 cmd.exe，然后输入文件名，如图 4.19 所示。

```
E:\源代码\ch3>hello.py
Hello, Information Technology
```

图 4.19　Python 命令行执行方式

有些早期的书里采用的是输入 `Python hello.py` 方法来运行程序，因为 Python 是一个解释型语言，它的运行需要解释器 Python.exe 去解释程序。随着 Python 的发展，现在越来越多的系统实现了自动寻找 Python 解释器的功能，因此，这里只需要输入文件名，操作系统会自动为这个文件寻找合适的解释器进行解释执行。

这样编写的第一个程序就成功运行起来了。

初学者选择 IDLE 作为 Python 代码的编辑器是一个非常不错的选择，IDLE 也提供了非常丰富的快捷键，让初学者可以快速方便地完成各种操作。IDLE 的快捷键如表 4.1 所示。

表 4.1　IDLE 的快捷键

快　捷　键	功　　能	快　捷　键	功　　能
Ctrl+F6	可以清空前面的记录，重启 Shell	Ctrl+[	一行或多行代码，取消缩进
Ctrl+F	查找字符串	Ctrl+]	一行或多行代码，增加缩进
Ctrl+D	跳出交互	Alt+F4	关闭窗口
Alt+3	注释	Alt+4	取消注释
Alt+M	查看该模块的源代码	Alt+X	进入 Python Shell 模式
Alt+C	打开 Class Browser，在模块方法体之间的切换	Alt+P	翻出上一条命令
Alt+N	翻出下一条命令	Alt+FP	打开 Path Browser，选择导入包进行查看浏览
Alt+DD	开启调试功能	Alt+DG	定位到错误行
Alt+DS	显示出错历史	Tab	自动补齐功能

4.4.2　PyCharm 简介

PyCharm 是一个 Python IDE，它带有一整套可以帮助用户在使用 Python 语言开发时提高其效率的工具，例如调试、语法高亮显示、项目管理、代码跳转、智能提示、自动完成、单元测试、版本控制。它是由 JetBrains 开发的专业的 Python 软件开发工具。JetBrains 为 PyCharm 提供有两个版本，一个是 Professional 版本，另一个是 Community Edition。Professional 版本是 PyCharm 的一个功能齐全、支持多语言代码编写的版本，可以创建多种不同框架的项目，功能非常强大，但是只提供免费试用 30 天，之后需要收费。Community 版本虽然只提供 Python 项目的创建，但是基本功能和 Professional 版本相差不大，是一个免费的版本。

下面演示如何下载、安装 PyCharm Community 版本。

首先，在 https://www.jetbrains.com/zh-cn/pycharm/页面下载 PyCharm，如图 4.20 所示。

图 4.20　PyCharm 官网页面

在这个页面选择“下载”，然后到下载 PyCharm 的页面，选择“Windows 操作系统”和“Community 版本”(Professional 版本是收费的，Community 版本是免费的，这里选择的是 Community 版本)。

然后双击执行下载文件 pycharm-community-2022.2.exe 进行安装，首先看到如图 4.21 所示的欢迎页面。

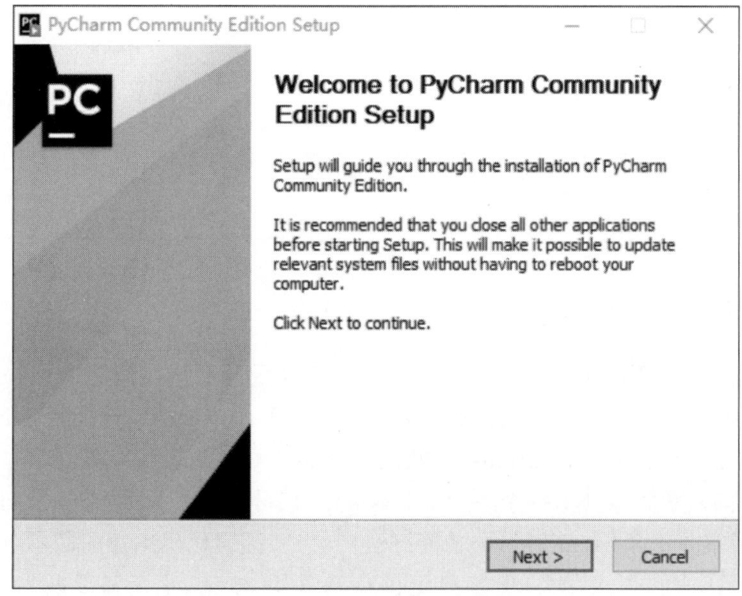

图 4.21　PyCharm 的安装欢迎页面

之后单击 Next 按钮进入路径选择页面，如图 4.22 所示。

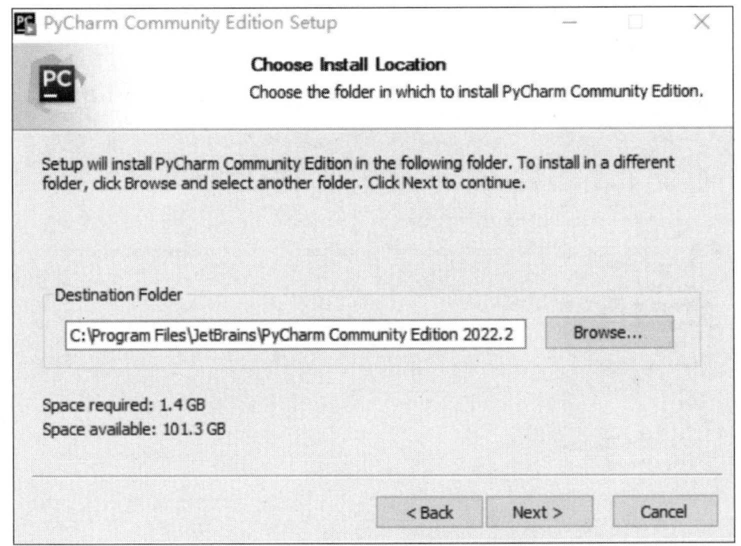

图 4.22　PyCharm 的安装路径选择页面

设置完路径(可以默认路径即无操作)后,单击 Next 按钮进入安装选项页面,如图 4.23 所示。

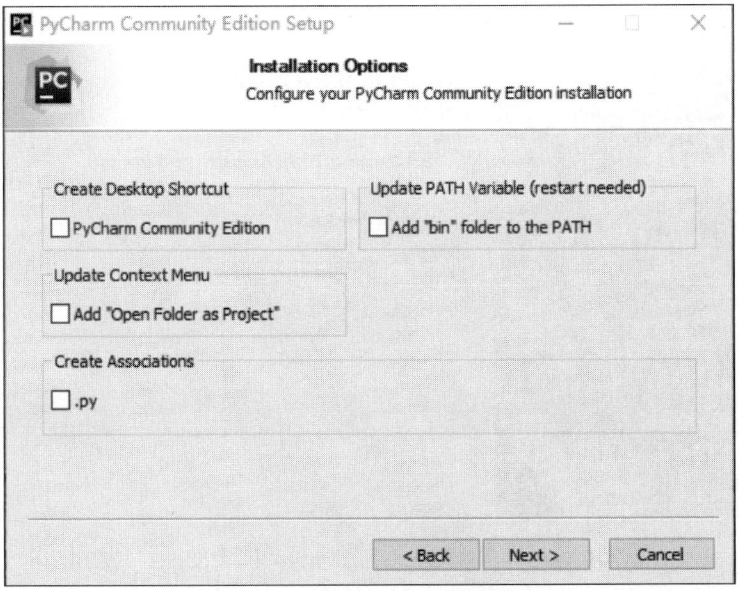

图 4.23　PyCharm 的安装选项

根据自己喜好完成设置,可以给 PyCharm 创建桌面快捷键,也可以选择将 PyCharm 的 bin 文件夹加到 Windows 的环境路径中去。这里单击 Next 按钮进入 Start Menu 的文件夹选择页面,如图 4.24 所示。

Start Menu 中可以自定义 PyCharm 在“开始”菜单中的显示方式,这里采用默认方式,全部设置完后单击 Install 按钮直到软件安装完成,显示安装完成页面,如图 4.25 所示。单

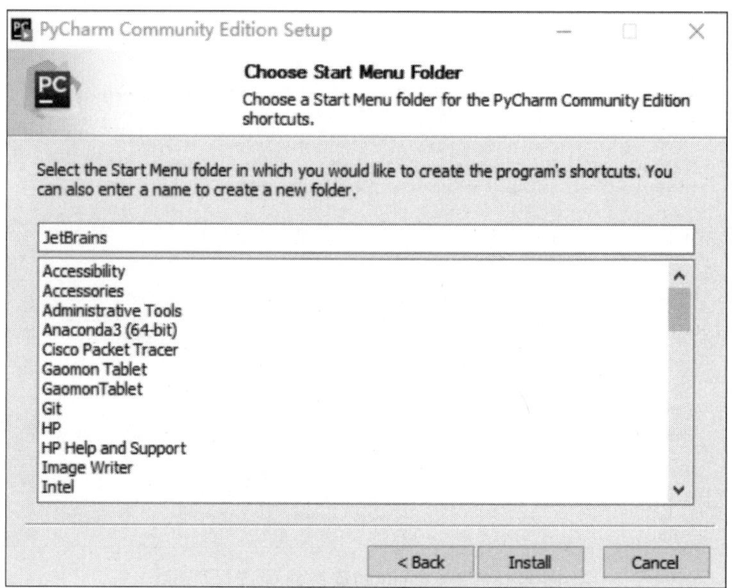

图 4.24　PyCharm 的 Start Menu 文件夹选择页面

击 Finish 按钮即可。

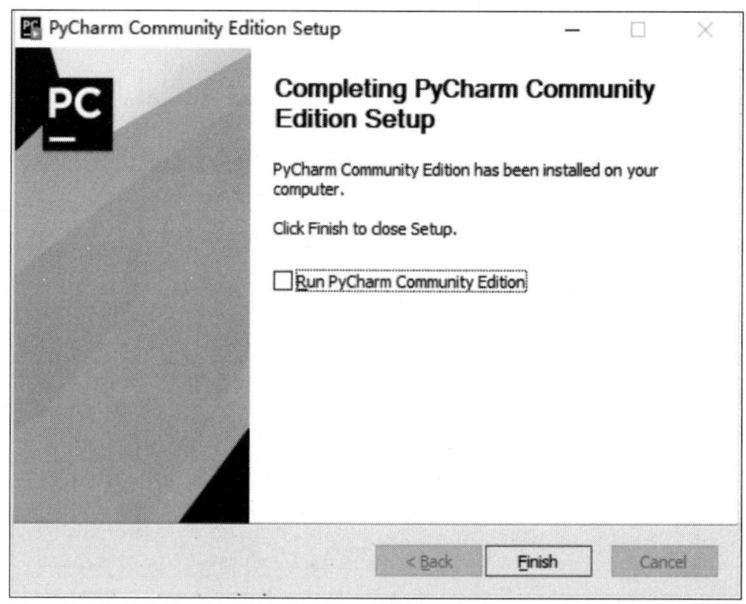

图 4.25　PyCharm 安装完成页面

PyCharm 安装完成后，可以双击快捷方式或开始菜单里的 PyCharm 来启动。PyCharm 启动后进入页面，如图 4.26 所示。

图 4.26 所示页面中新建项目，单击“+”，进入新项目相关选项的设置，首先在 Location 文件框中输入项目名称，之后可以在 New environment using 中选择或新建一个环境，单击 Create 创建项目，如图 4.27 所示。

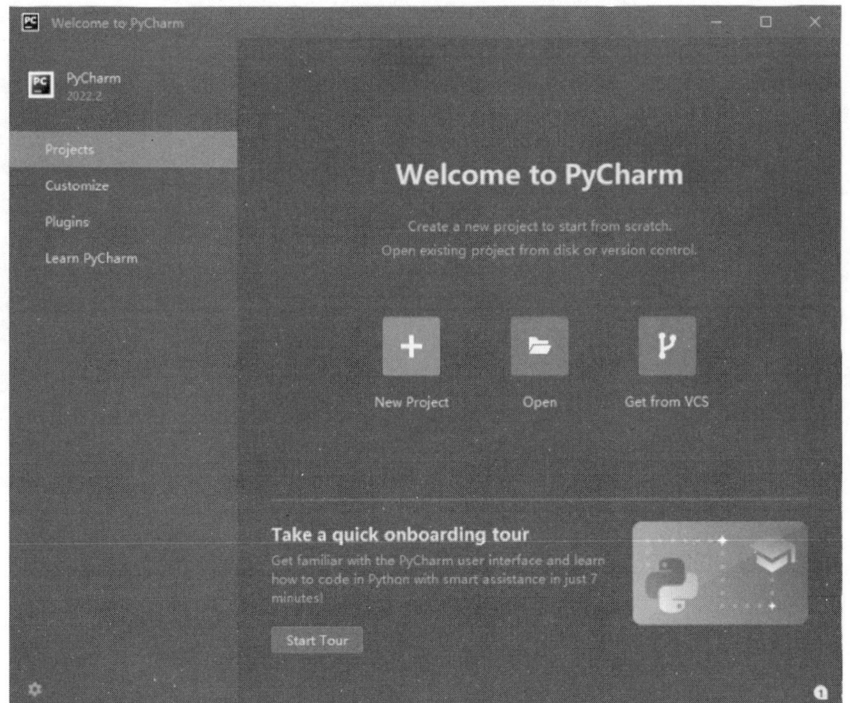

图 4.26　PyCharm 启动欢迎页面

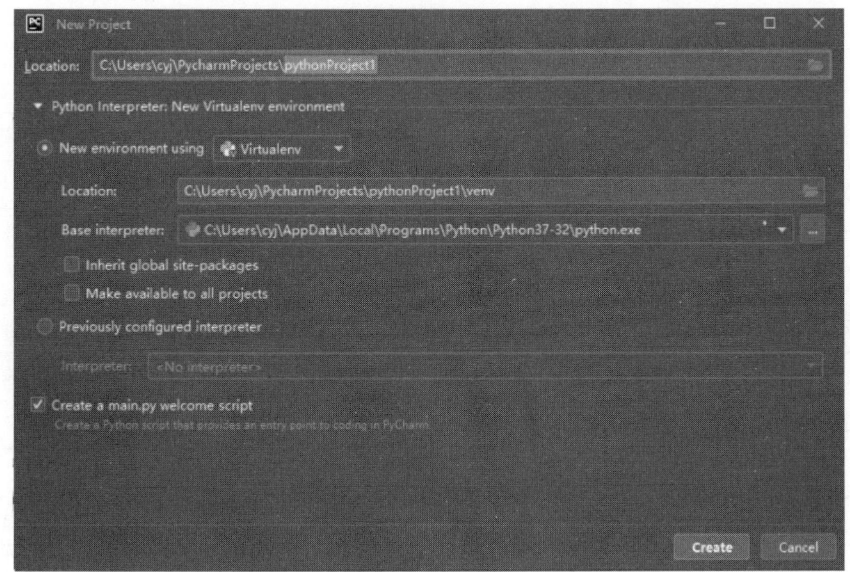

图 4.27　PyCharm 创建项目页面

项目创建好以后，进入编辑页面，如图 4.28 所示。

执行至此，可以开始新建 Python 文件进行代码编辑、调试和执行了。

PyCharm 在编辑和运行时，可以使用快捷键提高开发效率，例如单步运行、设置断点、编辑缩进、展开代码、折叠代码等。PyCharm 常用的快捷键如表 4.2 所示。

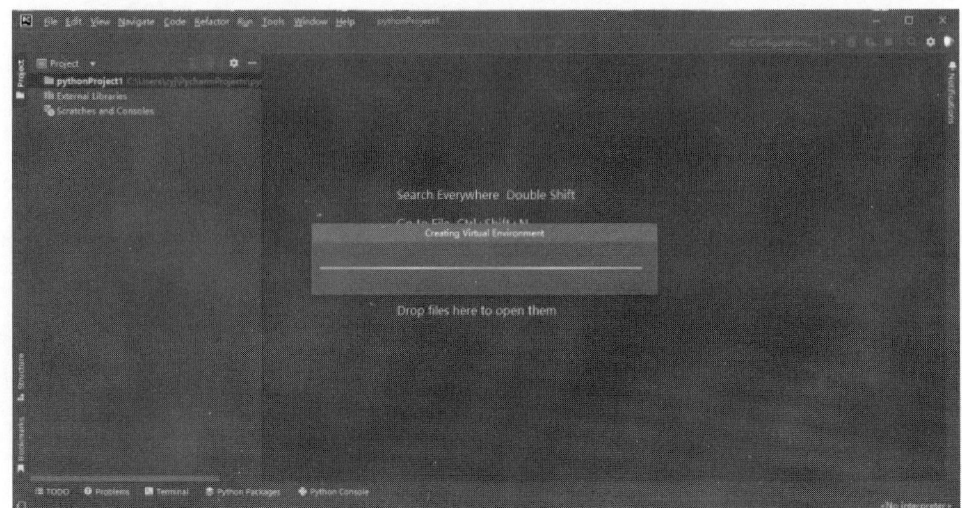

图 4.28 PyCharm 的编辑页面

表 4.2 PyCharm 常用快捷键

快 捷 键	功 能	快 捷 键	功 能
Ctrl+Alt+Space	快速导入任意类	Ctrl+/	单行注释
Ctrl+Shift+Enter	代码补全	Ctrl+Shift+/	块注释
Shift+F1	查看外部文档	Ctrl+W	逐步选择代码(块)
Ctrl+Q	快速查找文档	Ctrl+Shift+W	逐步取消选择代码(块)
Ctrl+F1	显示错误或警告的描述	Ctrl+Shift+[	从当前位置选择到代码块的开始
Ctrl+Insert	生成代码	Ctrl+Shift+]	从当前位置选择到代码块的结束
Alt+Enter	代码快速修正	Ctrl+Alt+L	代码格式标准化
Ctrl+Alt+I	自动缩进	Ctrl+Shift+V	历史复制粘贴表
Tab	代码向后缩进	Ctrl+D	复制当前代码行/块
Shift+Tab	代码向前取消缩进	Ctrl+Y	删除当前代码行/块
Shift+Enter	开启新一行	Ctrl+F4	关闭当前活动编辑窗口
Ctrl+Numpad+/-	代码块展开/折叠	Alt+Shift+F10	选择程序文件并运行代码
Ctrl+Shift+Numpad+	所有代码块展开叠	Shift+F10	运行代码
Ctrl+Shift+Numpad-	所有代码块折叠	Alt+Shift+F9	选择程序文件并调试代码
F8	单步	Shift+F9	调试代码
F7	单步(函数跳过)	Ctrl+Shift+F10	运行当前编辑区的程序文件
Shift+F8	单步跳出	F9	重新运行程序
Alt+F9	运行到光标所在位置	Ctrl+F8	查看/切换断点
Alt+F8	测试语句		

4.4.3　Jupyter Notebook 简介

Jupyter Notebook 是基于网页的用于交互计算的应用程序，其可被应用于全过程计算：开发、文档编写、运行代码和展示结果。换而言之，Jupyter Notebook 以网页的形式打开，可以在网页页面中直接编写代码和运行代码，代码的运行结果也会直接在代码块下显示。如在编程过程中需要编写说明文档，可在同一个页面中直接编写，便于及时地说明和解释。Jupyter Notebook 最大的特点是可以提供交互式计算，并可以显示交互式输出，同时不影响程序运行，方便调试，同时可以将 markdown 的内容直接充当笔记使用。

1. Jupyter 的安装

打开 cmd.exe，在命令行输入如下命令。

```
pip install jupyter -i https://pypi.tuna.tsinghua.edu.cn/simple/
```

其中，“-i https://pypi.tuna.tsinghua.edu.cn/simple/”可以省略（这项功能是通过清华镜像下载，从而提高下载速度。Jupyter Notebook 是一个依赖库非常多的扩展包，如果访问国外站点会导致系统下载超时，因此建议使用镜像下载），如图 4.29 所示。

图 4.29　在命令行窗口下载、安装 Jupyter Notebook

2. 启动 Jupyter Notebook

在命令行中输入：`jupyter notebook`，启动界面如图 4.30 所示。

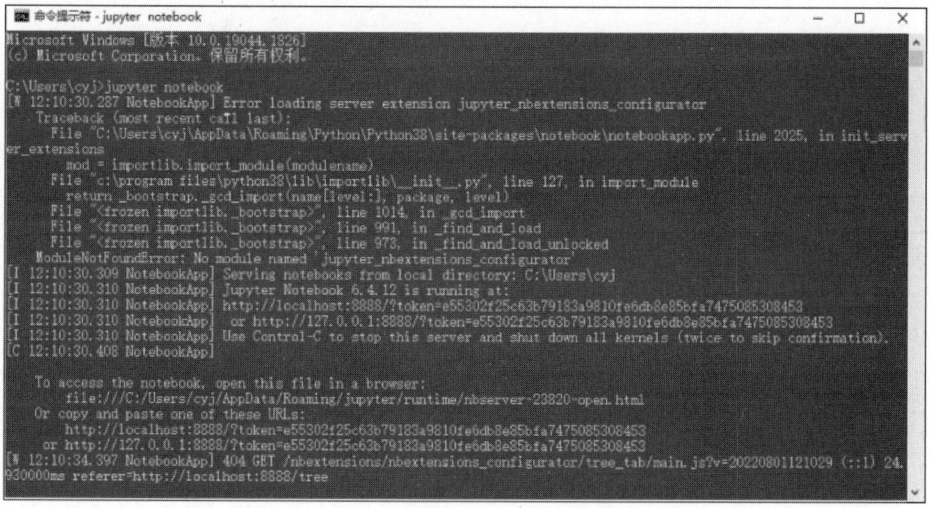

图 4.30　启动 Jupyter Notebook

正常情况下，Jupyter 会自动启动默认浏览器，并登录进入 Jupyter Notebook 编辑环境，如图 4.31 所示。

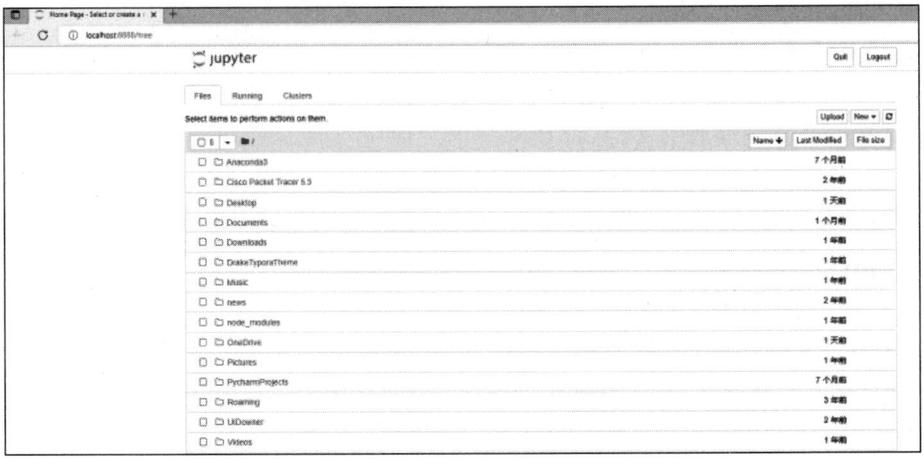

图 4.31 Jupyter Notebook 编辑环境

如果没启动浏览器，或默认浏览器不是习惯用的浏览器，可以复制命令行中的 URL 到其他浏览器中打开。

小技巧

在 Jupyter Notebook 中想要代码自动补齐功能，需要安装 Jupyter Notebook 的插件，配置后才能实现代码的自动补齐。首先打开 Jupyter Notebook 的环境，在这里使用 Anaconda Navigator 的 Conda 环境。启动 Terminal 后，使用 pip 命令来安装 Jupyter Notebook 的插件。整个过程需要安装两个插件，并且每次插件安装完成后都需要配置该插件。安装与配置过程如下。

1）安装 nbextensions

```
$pip install jupyter_contrib_nbextensions -i https://pypi.tuna.tsinghua.edu.cn/simple/
$jupyter contrib nbextension install --user
```

2）安装 nbextensions_configurator

```
$pip install --user jupyter_nbextensions_configurator
$jupyter nbextensions_configurator enable --user
```

重启 Jupyter Notebook 后，在弹出的主页面里，能看到增加了一个 Nbextensions 标签页，在这个页面里，勾选 Hinterland 即启用了代码自动补全功能，如图 4.32 所示。

Jupyter Notebook 编辑模式的快捷键如表 4.3 所示。

表 4.3 Jupyter Notebook 编辑模式的快捷键

快捷键	功能	快捷键	功能
Enter	转入编辑模式	Shift + Enter	运行本单元，选中下一单元
Ctrl + Enter	运行本单元	↑/↓	光标上/下移，达到顶/底部时切换单元

续表

快　捷　键	功　　能	快　捷　键	功　　能
Ctrl+Shift+Numpad−	分割单元	Ctrl + Home	跳到单元开头
Ctrl + U	撤销	Alt + Enter	运行本单元，在下面插入一单元
Esc,Ctrl+M	进入命令模式	Ctrl + D	删除该行内容
Shift + Tab	提示（对于函数的提示）	Ctrl + /	注释

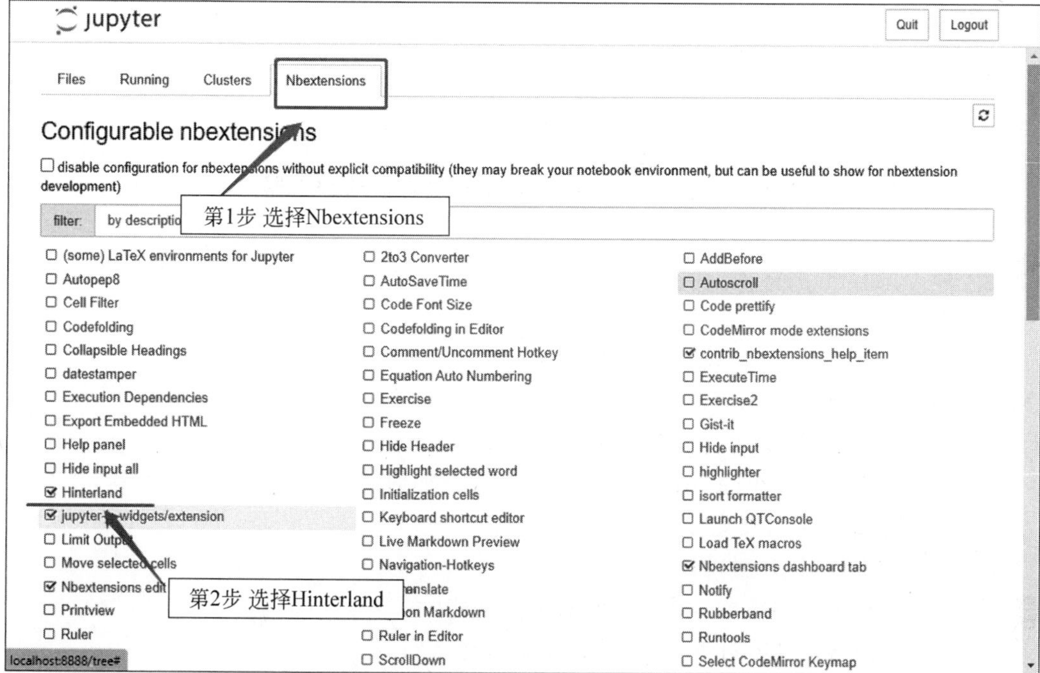

图 4.32　设置 Jupyter Notebook 的代码补全功能

Jupyter Notebook 命令模式的快捷键如表 4.4 所示。

表 4.4　Jupyter Notebook 命令模式的快捷键

快　捷　键	功　　能	快　捷　键	功　　能
Enter	转入编辑模式	↓/J	选中下方单元
Y	单元转入代码状态	A	在上方插入新单元
R	单元转入 raw 状态	X	剪切选中的单元
I	中断 Jupyter Notebook 内核	Shift+V	粘贴到上方单元
Shift+Space	向上滚动	Z	恢复删除的最后一个单元
L	显示/隐藏行号	Shift+M	合并选中的单元

续表

快 捷 键	功 能	快 捷 键	功 能
O	转换输出	Shift+↑/↓	扩大选中上/下方单元
Shift	忽略	B	在下方插入新单元
Esc,Ctrl+M	进入命令模式	C	复制选中的单元
M	单元转入 markdown 状态	V	粘贴到下方单元
H	显示快捷键帮助	D	删除选中的单元
0	重启 Jupyter Notebook 内核	1～6	设定 1～6 级标题
Space	向下滚动	Shift+O	转换输出滚动
↑/K	选中上方单元		

Python 编辑器种类非常多,读者可以自由选择。读者可以根据自己计算机的情况,安装 Python,并根据上述的操作方法和步骤,安装和配置合适的编辑器。

习题 4

1. 什么是解释型语言？什么是编译型语言？
2. 简述 Python 的优缺点。
3. 如何打印出 *The Zen of Python* 这首诗？
4. 用于安装 Python 扩展库的工具是什么？它是如何使用的？
5. 简述 Python 的发展史。
6. Python 安装版本应如何选择？
7. Python 自带的编辑器是什么？它有哪些功能？
8. 什么是 Jupyter Notebook？它可以用来做什么？
9. 编写 hello.py 文档,在其中输入代码,使计算机输出:“你好,XXX 同学。”其中,请将 XXX 改为自己的姓名。

第5章 Python编程基础

Python 的编程格式丰富多样，本章将系统介绍 Python 的输入输出、运算符、表达式、控制结构以及函数等内容，主要包括以下任务。

任务一：Python 输入与输出应用。

任务二：Python 运算符与表达式。

任务三：Python 的分支应用。

任务四：Python 的循环应用。

任务五：Python 函数应用。

本章教学目标

了解 Python 的基本语法，掌握基本的 Python 编程，能够独立动手编写程序。

5.1 Python 输入与输出应用

本章主要介绍 Python 的编程。Python 的语法结构非常丰富，初学者在学习 Python 时建议以多学多练为主。本节主要介绍 Python 的注释和常用的输入、输出函数的使用。

本章以制作一个简单的 Python 学习系统的完整过程为例，学习 Python 的编程。首先，简单地分析 Python 学习系统有哪些功能，为了使后续的代码更简洁，Python 学习系统的主要功能仅包括实现播放视频、做练习题、自由练习。随着读者编程能力的提升，Python 学习系统可以扩展更多功能。

5.1.1 Python 的基本语法

本节主要介绍 Python 的注释、内置数据类型以及变量的概念和应用。

1. 注释

任何计算机的编程语言都会存在一种非常特殊的文字，计算机不会去识别也不会执行它，但是这段内容可以帮助读者们看懂这个程序是做什么的、怎么实现的，这样的内容为注释。好的注释可以提升代码的可读性。

1) 井号注释

井号注释将“#”放在需要注释的文字开头，以便 Python 解释器识别并跳过该行“#”

后面的文字。

现在读者可以尝试将4.4.1节中提到的第一个程序，加入井号注释。“#”表示从“#”开始到这行结束的文字是注释。

例1，如图5.1所示，参见“源代码/ch5/1.hello.py”。

```
IDLE Shell 3.8.10
File Edit Shell Debug Options Window Help
Python 3.8.10 (tags/v3.8.10:3d8993a, May  3 2021, 11:48:03) [MSC v.1928 64 bit (
AMD64)] on win32
Type "help", "copyright", "credits" or "license()" for more information.
>>> print("Hello, Information technology")    # 第一个程序
Hello, Information technology
>>> |
                                                                  Ln: 5  Col: 4
```

图5.1 运行语句带注释

2）三引号注释

Python中还可以使用三单引号表示多行文本的文档注释或表示多行文本字符串充当代码的引用对象。一对三单引号('''… ''')或者一对三双引号("""…""")之间的内容不属于任何语句，也会被解释器认为是注释。

例2，参见“源代码/ch5/2.comment.py”。

```
1.  '''
2.  This is Multiline String.
3.  It may be programming comments.
4.  '''
5.  print("多行文本注释,可以充当程序代码文档注释")
6.  s ='''
7.  Infomation of Python
8.  Language: Python
9.  characteristic: simple, explicit
10. '''
11. print(s)
```

在这段代码中，程序第1～4行是通过三(单)引号括起来的一段文字，这段文字不属于任何语句，因此Python的解释器认为它是一段注释。

而程序第6～10行里也存在三单引号括起来的一段文字，而这段文字赋值给了变量s，此时这段文字在Python解释器看来，它不是注释，而是一个变量s的引用对象。因此，程序第11行可以输出这个s变量，即输出了这段文字，如图5.2所示。

```
======================= RESTART: E:\源代码\ch5\2.comment.py =====================
===
多行文本注释，可以充当程序代码文档注释

Infomation of Python
Language: Python
characteristic: simple, explicit
```

图5.2 三(单)引号注释代码运行结果

由此可以得出，三引号（包括三单引号和三双引号）可以用于程序的注释；它也可以嵌入语句中，充当多行字符串的引用。

2. 内置数据类型

Python 的数据类型是由赋值决定的，但是 Python 为强类型语言，因此需要学习 Python 的数据类型。下面介绍 Python 的内置数据类型，Python 的内置数据类型通常是基本数据类型。

1）数字

Python 提供整数类型、浮点数类型以及复数类型。

整数类型：包含 0 和正负整数，可以用十进制、二进制、八进制、十六进制表示。例如 5468（十进制）、0x6e（十六进制）。

浮点数类型：浮点数可以用定点小数或科学记数法表示。例如 23.5（定点小数）、1.6e8（科学记数法）。

复数类型：Python 是支持复数类型的，并可以支持复数计算。Python 语言中用 j 表示 $\sqrt{-1}$，例如：6＋3j（复数的实数为 6，复数的虚数为 3j）。

2）字符串

字符串通常用单引号、双引号或三单（双）引号作为界定符，内容可以是字母、数字或符号等，例如'a'、'hello'、'123'、"aaa@bbb.ccc"。

3）布尔型

布尔型数据只有两个：True 和 False，通常是逻辑运算或关系运算的结果，也可以是成员运算或身份运算的结果。例如，3＞5 的结果为 False。

4）空类型

空类型就是空值：None。这个类型可以自动转换为任何其他类型。

3. Python 变量

Python 不需要事先声明变量名和类型，只需要通过赋值即可创建各种类型的变量，Python 的这种特点直接反映它是一种动态类型语言。

Python 的变量是有类型的，而且是强类型，这意味着如果希望将字符串转换为整数，必须通过 int()函数进行转换。Python 的变量通过赋值语句后面的表达式计算出的值决定变量的类型。一旦类型确定了，那么将不能随意改变。

例 3，参见“源代码/ch5/3.variable.py”。

```
>>>t =100                 #将 100 赋值给 t
>>>t
100
>>>type(t)                #显示 t 的类型
<class 'int'>
```

例如将整数 100 赋值给 t，那么，t 这个变量的类型就确定为整数类型了。使用内置函数 type()可以查看变量 t 的类型。

Python 的变量是存储在内存中的。在内存中，Python 的变量是作为一个地址去访问变量的值，如何显示出变量的地址？可以使用内置函数 id()显示变量的值。

```
>>>id(t)               #t 的内存地址
140715236139888
>>>id(k)               #K 的内存地址
2170771568656
>>>id(t) ==id(k)       #比较 K 和 t 的内存地址是否相同
False
```

请思考，如果要判断 t 和 k 的值是否相等，代码如何写？

5.1.2 print 输出应用

Python 使用内置 print 函数进行输出操作，在 Python2 中 print 不是函数，但是却履行着函数的职责。Python3 彻底将 print 改变成了函数。

要输出一段文字，可以将文字放入 print()的括号内，即文字为函数的参数。

下面实现的代码是在本章提到的 Python 学习系统的菜单的输出。输出菜单让用户可以看到 Python 学习系统有哪些功能。

Python 学习系统需要展示给使用者的菜单提示如下。

```
欢迎使用 Python 学习系统
请选择以下功能数字
1.播放学习视频
2.做练习题
3.自由练习
4.结束
```

代码可以这样完成(用其他的完成方式也是可以的，欢迎读者用各种方式完成这样的输出)。

例 4，参见“源代码/ch5/4.print.py”。

```
welcome ='''
欢迎使用 Python 学习系统
请选择以下功能数字
1.播放学习视频
2.做练习题
3.自由练习
4.结束
'''
print(welcome)                #打印多行字符串
```

5.1.3 input 输入应用

在程序运行时，常常需要用户给程序提供用于计算、判断的参数，这时需要采用 input()函数，让用户通过键盘来输入参数。input()的用法如下。

```
variable =input()
```

或者

```
variable =input('prompt line')
```

input 函数返回键盘输入的字符串；因此，variable 的数据类型是字符串，它不能直接参与数字运算，即使输入的是数字。input()函数可以带参数，也可以不带参数。input()函数的参数会输出到屏幕，提示用户输入合适的内容，因此，这个参数通常是字符串类型。

前面提到了 Python 学习系统的菜单输出界面，已经成功地展示了各项功能的菜单，现在用户需要选择相应的菜单，又应该如何做呢？

使用 input 函数来输入信息，只需要增加以下语句。

```
c =input("你的选择是: ")                    #提示用户从键盘输入,并返回键盘输入的字符串
print("你选择的是菜单第" +c +"项")          #打印用户输入的提示
```

注意，这里虽然输入的变量 c 是数字，但是它是字符串类型，如果希望将它当作数字来处理，还需要强制转换它的类型，可以为 int(c)。

上面的例子存在问题。如果使用者无法理解这段提示，或者故意捣乱，输入的是 5 而非 1～4，这时，程序运行结果错误，如图 5.3 所示。

```
欢迎使用Python学习系统
请选择以下功能数字
1.播放学习视频
2.做练习题
3.自由练习
4.结束

你的选择是: 5
你选择的是菜单第5项
```

图 5.3 例 4 的运行结果

事实上，Python 学习系统没有菜单第 5 项，这时程序应该提示错误，但是程序还是“傻傻地”正常地运行。这种情况将在 5.3.1 节进一步改进。

例 5，参见“源代码/ch5/5.input.py”。

```
welcome ='''
欢迎使用 Python 学习系统
请选择以下功能数字
1.播放学习视频
2.做练习题
3.自由练习
4.结束
'''
print(welcome)
c =input("你的选择是: ")
print("你选择的是菜单第" +c +"项")                #打印用户输入的提示
```

5.2 Python 运算符与表达式

Python 语言提供了丰富而且简单的运算符。最主要、最常见的运算符主要有以下几类。

（1）算术运算符：主要是对两个对象进行算术运算，其运算逻辑与数学中的计算概念相似。

（2）赋值运算符：赋值运算符是编程开发中最常用的运算符，即对一个对象进行赋值，将运算符右侧的值赋值给左侧的变量。

（3）比较运算符：比较运算符主要用于对两个对象进行比较，其对象可以是数值也可以是字符串。

（4）逻辑运算符：用于逻辑运算的符号，一般用于判断两个对象的与、或、非的结果，返回一个布尔值，其运算原理与数学中的逻辑运算相同。

（5）位运算符：位运算符对 Python 对象按照二进制方式的每一位的值进行操作，例如，与运算、或运算、移位运算等。

（6）成员运算与身份运算：成员运算判断两个对象是否存在包含关系；身份运算判断是否引用的是同一对象。

当然 Python 还有其他类型的运算符，在后面会进一步学习。为了让读者对 Python 的运算符有初步的认识，现在通过一个案例展示 Python 运算符的运用。

5.2.1 运算符与表达式案例

Python 表达式是由变量、常量、运算符、函数等组成的。它主要帮助程序做相应数字的计算、逻辑判断、关系成员判断、对象判别等。下面看看 Python 的运算符和表达式到底能做什么？

例如，一元二次方程。是否存在两个不相等的实数根、两个相等的实数根或不存在实根是通过式(5.1)的 Δ 值是否大于 0、等于 0、小于 0 来判别的。

$$\Delta = b^2 + 4ac \tag{5.1}$$

求解这两个根需要使用式(5.2)

$$x_1 = \frac{-b + \sqrt{b^2 - 4ac}}{2a}$$

$$x_2 = \frac{-b - \sqrt{b^2 - 4ac}}{2a} \tag{5.2}$$

利用 Python 计算一元二次方程的根，可以这样写 Python 程序。

例 6，参见“源代码/ch5/6.express.py”。

```
import math
a=1                              #赋值参数 a
b=-3                             #赋值参数 b
c=2                              #赋值参数 c
delta =b**2-4*a*c                #计算 delta
```

```
6.  print(delta)                              #打印 delta 的值
7.  x1=(-b+math.sqrt(delta))/(2*a)            #计算 x1
8.  x2=(-b-math.sqrt(delta))/(2*a)            #计算 x2
9.  print(x1,x2)                              #打印 x1,x2 的值
```

此程序因为使用了标准库 math 模块，而 math 模块并不是默认导入的，需要手动导入，因此程序第 1 行就利用 import 语句进行导入。import 语句的语法如下。

```
import  模块名  [as 别名]
```

或

```
from 模块名 import  函数名
```

在例 6 中，直接导入了 math 模块，而没有给 math 模块定义别名。当然可以定义别名，例如，import math as sx。如果这样做了，那么程序第 7～8 行的 math 都要替换为 sx。

在程序中，仅使用了 sqrt()函数，也可以导入从整个模块变为某一个函数，例如 from math import sqrt，这样导入 sqrt()函数后，程序第 7～8 行就要去掉“math.”。

程序第 2～4 行是对一元二次方程的 a、b、c 三个变量进行赋值，a 代表二次项系数，b 代表一次项系数，c 代表常数。

程序第 5 行计算 Δ 的值，这个程序仅显示出了 Δ 的值，并没有做判断。实际上，如果需要判断它是否是实数根，需要如何写这样的表达式呢？只需要将第 6～9 行进行修改，详见 5.3.2～5.3.4 节。

程序第 7～8 行则是用公式计算 x1 和 x2 的值。

在程序最后，记得要让计算机将计算的结果输出，这样程序才算真正地完成了。程序的最后一行输出 x1 和 x2 的值。

如果需要更多的运算符及其功能的详细介绍，可以查看 5.2.2～5.2.5 节。

5.2.2　Python 算术和赋值运算符

Python 吸取了各种语言的优点，运算符非常丰富，甚至还有其他语言没有的运算符。

1. 算术运算符

算术运算符专门用来处理数学的计算问题，当然如果遇到复杂的计算还需要使用 math 模块中的函数，例如 sin、cos 这些函数。

Python 的算术运算符比其他语言丰富，功能强大，如表 5.1 所示。

表 5.1　算术运算符

运算符	描　　述	实　　例
+	加，两个对象相加	a + b(a=10，b=20)输出结果 30，"hello"+"world"计算结果"hello world"
−	减，前一个对象减后一个对象	a − b(a=10，b=20)输出结果−10

续表

运算符	描　述	实　例
*	乘,两个对象相乘,或字符串重复多次	a*b(a=10,b=20)输出结果 200, "a" * 3 计算结果"aaa"
/	除	b / a(a=10,b=20)输出结果 2
%	取模,返回除法的余数	b % a(a=10,b=20)输出结果 0
**	幂	a**b(a=10,b=20)输出结果 100000000000000000000
//	整除,返回商的整数部分	9 // 2 计算结果 4,5.0 // 3 计算结果 1.0

上述脚本可以在 IDLE 的交互式界面中运行尝试体验。

例 7-1,(包括 5.2 节所有的 shell 代码),参见"源代码/ch5/7.operation.py"。

```
>>>a=10
>>>b=20
>>>a+b
30
>>>a-b
-10
>>>a*b
200
>>>b/a
2.0
>>>b%a
0
>>>a**b                     #a 的 b 次方
100000000000000000000
>>>9//2                     #9 整除 2 的商
4
>>>5.0//3                   #5.0 整除 2 的商
1.0
>>>"hello"+"world"          #字符串相连
'helloworld'
>>>"a"*3                    #字符串重复
'aaa'
```

2. 赋值运算符

Python 的赋值运算符通常用来对变量赋值,Python 提供了赋值运算符,详细如表 5.2 所示。

表 5.2　赋值运算符

运算符	描　述	实　例
=	赋值	c = a + b
+=	加法赋值	c += a 相当于 c = c + a

续表

运算符	描　述	实　　例
－＝	减法赋值	c －＝ b 相当于 c ＝ c － b
*＝	乘法赋值	c *＝ a 相当于 c ＝ c * a
/＝	除法赋值	c /＝ b 相当于 c ＝ c / b
%＝	取模赋值	c %＝ a 相当于 c ＝ c % a
**＝	幂赋值	c **＝ a 相当于 c ＝ c ** a
//＝	整除赋值	c //＝ a 相当于 c ＝ c // a

例 7-2，参见“源代码/ch5/7.operation.py”。

```
>>>c =a +b
>>>c
30
>>>c +=a                #将 c+a 的结果赋值给 c
>>>c
40
>>>c -=b                #将 c-b 的结果赋值给 c
>>>c
20
>>>c *=a                #将 c*a 的结果赋值给 c
>>>c
200
>>>c /=b                #将 c/b 的结果赋值给 c
>>>c
10.0
>>>c %=a                #将 c%a 的结果赋值给 c
>>>c
0
>>>c=10
>>>c **=a               #将 c**a 的结果赋值给 c
>>>c
10000000000
>>>c //=a               #将 c//a 的结果赋值给 c
>>>c
1000000000
```

5.2.3　Python 比较运算符

Python 的比较运算符通常是用来比较两个变量或对象(变量的类型可能是数字、字母对象等)的大于、小于、等于等关系的运算符，详细如表 5.3 所示。

表 5.3　比较运算符

运算符	描　　述	实　例
==	判等。这里是双等号区分赋值的等于，其含义也是判断两个对象是否相等	(a == b)
! =	不等，比较两个对象是否不相等	(a ! = b)
>	大于	(a > b)
<	小于	(a < b)
>=	大于或等于	(a >= b)
<=	小于或等于	(a <= b)

例如：3>5 比较大小，所有人都会知道这是不正确，因此这个表达式返回的值就是 False，构造出一个布尔(Boolean)值，Boolean 值只有 True 和 False。

例 7-3，参见“源代码/ch5/7.operation.py”。

```
a=10
b=20
print(a ==b)            #输出 False
print(a !=b)            #输出 True
print(a >b)             #输出 False
print(a <b)             #输出 True
print(a >=b)            #输出 False
print(a <=b)            #输出 True
```

5.2.4　Python 逻辑运算符

Python 的逻辑运算符，通常用来处理多个 Boolean 型变量或常量之间的运算，逻辑运算符的使用如表 5.4 所示。

表 5.4　逻辑运算符

运算符	描　　述	实　例
and	与。如果 x 为 False，那么返回 False；如果 x 为 True，y 为 False，结果依然 False；如果两个都为 True，则为 True	x and y
or	或。如果 x 为 True，那么返回 True；如果 x 为 False，y 为 True，结果依然 True；如果两个都为 False，则返回 False	x or y
not	非。如果 y 为 False，那么返回 True；如果 y 为 True，那么返回 False	not y

参与 and 运算的两个变量 x 和 y 通常是一个 Boolean 型的变量，而 and 表示两个变量值只有都为 True 时，这个表达式的值才为 True，因此，这里简单概括“一假全假，全真才真”。

而 or 运算的两个变量 x 和 y 只要有一个为 True 即可以返回 True，所以，简单概括“一真全真，全假才假”。

例 7-4，参见“源代码/ch5/7.operation.py”。

```
x =True
y =False
print(x and y)              #输出 False
print(x or y)               #输出 True
print(not y)                #输出 True
```

5.2.5　Python 其他运算符

Python 还有其他类型丰富的运算符，这些运算符有位运算符、身份运算符、成员运算符等。统一在这一节进行详细介绍。

其中位运算符是针对二进制位计算的运算符；身份运算符是判断两个对象的身份是否相同，这里主要是指两个对象是否引用了同一个对象地址；成员运算符是判断某个对象是否存在于指定的序列中。序列包括字符串、列表、元组、集合、字典等数据结构，这些内容将在第 6 章进行详细介绍。

Python 的其他运算符及其用法如表 5.5 所示。

表 5.5　其他运算符

类　型	运算符	描　　述	实　　例
位运算符	&	按位与	a & b(a=56,b=13)结果为 8(00001000)
	|	按位或	a | b，结果为 61(00111101)
	^	按位异或	a ^ b，结果为 53(00110101)
	~	按位取反	~ a，结果为 −57(11000111)
	<<	左移运算	b<<1，结果为 26(00011010)
	>>	右移运算	a>>2，结果为 14(00001110)
身份运算符	is	判断两个标识是否引用同一对象	e is d
	is not	判断两个标识是否不是引用同一对象	e is not d
成员运算符	in	判断对象是否在指定的序列中存在	f in d
	not in	判断对象是否在指定的序列中不存在	f not in d

例 7-5，参见“源代码/ch5/7.operation.py”。

```
#---------------位运算符------------
print("---------------位运算符------------")
a=56
b=13
print(bin(a),bin(b))
c =a & b
```

```
print(bin(c))
c =a | b
print(bin(c))
 c =a ^ b
print(bin(c))
c =~ a
print(bin(c))
c =a >>2
print(bin(c))
c =b <<1
print(bin(c))
#---------------身份运算符------------
print("---------------身份运算符------------")
d="object"
e=d
print(e is d)
print(e is not d)
e="object"
print(e is d)
#---------------成员运算符------------
print("---------------成员运算符------------")
f ='e'
print(f in d)
print(f not in d)
```

其运行结果如下。

```
---------------位运算符------------
0b111000 0b1101
0b1000
0b111101
0b110101
-0b111001
0b1110
0b11010
---------------身份运算符------------
True
False
True
---------------成员运算符------------
True
False
```

5.2.6　运算符优先级

各运算符都具有各自的优先级，就如同四则运算需要先乘除后加减一样。优先级决定了运算时哪种运算符先运算，哪种运算符后运算，即决定运算符的先后次序。

每个运算符的优先级有所不同，详见表 5.6。

表 5.6　运算符优先级

运算符	描　述	级　别
**	指数	高
~,+,-	按位取反，正号，负号	↓
*,/,%,//	乘，除，取模和整除	
+,-	加法，减法	
>>,<<	右移左移运算符	
&	位与	
^,|	异或，或	
<=,<,>=,>	大于或等于，大于，小于或等于，小于	
==,!=	等于，不等于	
**=,=,%=,/=,//=,*=,+=,-=	赋值运算符	
is,is not	身份运算符	
in,not in	成员运算符	
not,or,and	逻辑运算符	低

Python 的运算符的优先级也非常严格，Python 又提供了非常丰富的运算符，如何判断运算符优先级到底哪个高哪个低呢？如果细心观察表 5.6，就可以发现它的算术优先级遵循着四则运算的规则，其他的优先级，也是遵守正常逻辑思维的方式，可以看作是四则运算的另一种延伸。

5.3　Python 的分支应用

很多时候程序执行时，需要自动判断应该执行什么内容，而不需要人工干预，这就是计算机最主要的一项能力。程序需要采用 if 语句进行分支判断，根据计算结果自动判断应该执行什么内容。Python 程序依靠代码块的缩进来体现代码之间的包含关系。对于函数定义、选择结构、循环结构这些结构，以 if 语句为例，通常会在 if 语句行尾加上冒号，以及下一行缩进表示这一块 if 条件真的代码块的开始；之后的若干行均缩进相同空格，直到这个代码块结束。同一级别的代码块缩进量必须相同。在默认情况下，同一级代码块的缩进量默认为 4 个空格，Python 严格执行代码缩进规则。

下面先来看一个案例，了解整个分支程序如何实现自动选择。

5.3.1 分支应用案例

回顾 5.1.3 节，开发 Python 学习系统的时候，留下了一个小问题：如果输入错误的话，系统也会直接显示一个错误的数字，换句话说，就是系统程序“傻傻地”接受所有不合理、不合法的输入。这时需要通过条件判断让用户实现分支程序的自动运行。多分支选择是嵌套选择的应用之一。现在就修正之前的小 bug，首先判断输入的内容是否正确，应该如何做呢？

下面的代码就是在输入后进行判断。

```
1. #判断输入的是否为1～4的数字,如果是,打印选择的菜单项序号,否则提示“输入有误,请重新输入”
2. if int(c)>=1 and int(c)<=4:
3.   print("你选择的是菜单第"+c+"项")
4. else:
5.   c=input("你的输入有误,请重新输入,你的选择是：")
```

程序第 2 行通过 if 语句进行条件判断，这里的变量 c 是从键盘输入的字符串，还记得 5.1.3 节的代码吗？条件要求输入的 c 的范围要在 1～4 之间，但是由于 c 是用 input()函数返回的为字符串类型的数据，因此需要先将 c 转为数字，使用了内置函数 int()将输入内容转为整数。

程序第 3 行判断输入的数字是否大于或等于 1 且小于或等于 4。当条件满足时，说明输入是正确的，输出显示输入时的内容。

程序第 4 行 else 语句，表示其后跟着的是条件不满足时，程序需要执行的代码。

程序第 5 行再次要求用户输入数据，这句话是 else 语句的子句，因此有缩进。

程序实现起来非常简单。但其功能非常有限，用户选择的菜单功能并没有实现。因此，Python 学习系统的程序代码需要再次改变。

例 8，参见“源代码/ch5/8.branch.py”。

```
welcome='''
欢迎使用Python学习系统
请选择以下功能数字
1.播放学习视频
2.做练习题
3.自由练习
4.结束
'''
print(welcome)                    #打印多行字符串
c=input("你的选择是：")           #提示用户从键盘输入,并返回键盘输入的字符串
#菜单选择
if int(c)==1:
  print("你选择了观看视频,好好学习,加油!")
elif int(c)==2:
  print("你选择了做练习题,好好学习,加油!")
elif int(c)==3:
```

```
17.     print("你选择了自由练习,好好学习,加油!")
18.  elif int(c)==4:
19.     print("你选择了退出,好好学习,期待你下次访问!")
20.     exit()
21.  else:
22.     c =input("你的输入有误,请重新输入,你的选择是: ")
```

程序第 1～10 行,跟之前 5.1.3 节的内容是一样的。

从程序第 11 行起才是修改的代码。

程序第 12 行判断输入的 c 是不是 1。

程序第 13 行,满足条件时,输出观看视频的提示。

程序第 14 行,elif 是两个单词 else if 的缩写,其后条件 int(c)==2 是在不满足前一个条件的基础上进行判断的。

程序第 15 行,满足 elif 后的条件时,执行的代码,输出做练习的提示。

程序第 16、18 行,分别判断是否选择了菜单 3 和菜单 4。

程序第 17 行,如果选择了菜单 3 输出自由练习的提示。

程序第 19～20 行,如果选择了菜单 4,输入退出提示,并退出。

程序第 21 行,使用 else 语句,以上所有的条件判断都为假时,需要执行下面一行代码。

程序第 22 行,这行代码表示用户没有选择菜单,而是输入了一个不应该出现的字符串,这时就应该再次要求用户输入数据。

整体思路:利用了多分支选择结构对用户输入的菜单一项一项地判断,判断其是否为 1,如果是则调用菜单 1 的功能,这里没有写功能,因此用输出提示表示执行了相应功能。如果不是 1,则判断是否为 2,以此类推,最后如果用户输入的数字都不是 1～4 中的一个,那么说明用户输入的是错误的,让用户重新输入数据。

关于分支的详细应用可以参见 5.3.2～5.3.4 节。

通过上面复杂的分支结构案例,初步认识了条件语句的要素,即条件表达式,会返回 True 或 False,根据这个值决定计算机执行预设好的代码块。条件语句是计算机通过程序预设的条件自动执行相应语句的一种控制语句。计算机需要在不同情况下能自动执行对应代码,就需要这类控制语句。

5.3.2 单分支选择结构

单分支选择控制语句中,最重要的是判断条件,判断条件为真,则执行条件为真时的语句;当条件不成立,判断条件为假的时候,则不执行任何内容。这种分支结构相对简单。其语法结构也相对简单。

语法格式如下。

```
if <判断条件>:
    条件为真时执行的语句
```

程序中流程图是一种可以帮助人们整理思路,并和其他人沟通交流的特有的结构图。

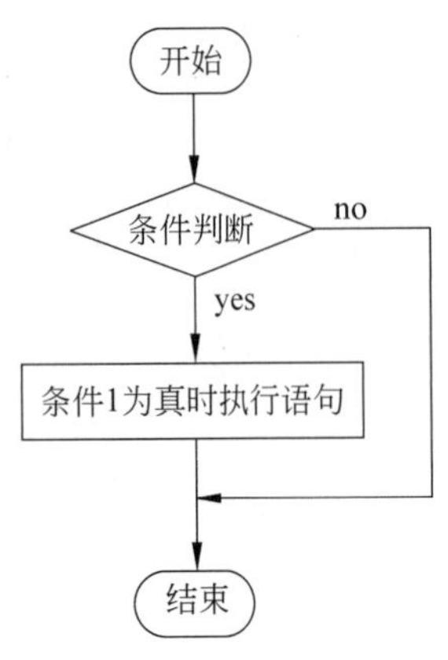

图 5.4 单分支结构流程图

这种结构图中语句代码块通常使用矩形来表示，而条件判断通常用菱形来表示，如图 5.4 所示。

图 5.4 是一个单分支结构的流程图，在流程图中有一个条件判断是一个菱形框，它有三条线与之相连，一条是从“开始”指向它，表示程序从“开始”开始执行，“开始”调用了这个分支结构；另外两条，一条备注了文字 yes，另一条备注了文字 no，备注文字 yes 的那条指向了一个矩形框，这个矩形框表示当满足条件时执行的语句块；而备注文字 no 的那一条线则没有指向任何矩形框，而是跳过矩形框指向了结束，这说明在条件为假的时候不执行任何操作。

还记得在 5.2.1 节中的求解一元二次方程的根的代码了吗？在那个程序中留下了一个判断根的情况的问题，现在再次讨论这个问题，并修改这段代码。正常情况下，求解实数根，需要判断这个方程是否有实数根，如果有则输出求出的实数根。

例 9，参见“源代码/ch5/9.branch1.py”。

```
1.  import math                            #将 math 包含到程序中，以便能调用其中的函数
2.  a=1
3.  b=-3
4.  c=3                                    #给定三个参数
5.  delta =b**2-4*a*c                      #求 delta
6.  if delta>=0:                           #判断 delta 是否大于或等于 0
7.     x1=(-b+math.sqrt(delta))/(2*a)      #解 x1 的值
8.     x2=(-b-math.sqrt(delta))/(2*a)      #解 x2 的值
9.     print(x1,x2)                        #输出 x1,x2
```

在这段代码中，前面 5 行都和前面 5.2.1 节相同。

程序第 6 行开始就是一个典型的单分支结构输出方程的实数根，这里判断 $\Delta \geqslant 0$。如果要让方程存在实数根，那么只有当 $\Delta \geqslant 0$ 时，才有求解的必要。如果 $\Delta < 0$，方程不存在实数根，就不必求解了。

程序第 7～9 行，是在满足条件时才执行的，输出一元二次方程的两个实数根。

程序到此结束了，而 $\Delta < 0$ 时，程序没有任何代码，即不执行任何代码。

5.3.3 双分支选择结构

5.3.2 节提到的单分支选择结构是一个相对简单的选择结构。现在再谈选择结构中的双分支选择结构。双分支选择结构的控制语句在判断条件为真时、执行条件为真时的语句；当条件不成立时，执行 else 下面的语句，else 是否则的意思。在这个结构中，会出现两种语句，其语法结构也相对复杂。

语法格式如下。

```
if <判断条件>:
```

```
    条件为真时执行的语句
else:
    条件为假时执行的语句
```

这种双分支流程结构如图 5.5 所示，图中条件判断的菱形框 yes 标注箭头指向条件为真时执行的语句，而 no 不再是指向结束，而是指向条件为假时执行的语句，形成两个分支。

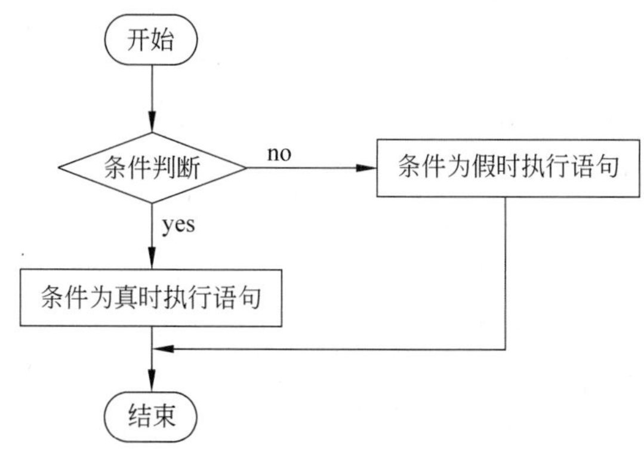

图 5.5 双分支选择结构流程图

5.3.2 节的例 9 中，在方程没有实数根时不做任何处理，这个程序会没有任何提示。如果希望在没有实数根时，这个程序能输出“此方程没有实数根”提示，以便程序能明确告诉用户它已经完成，并给用户一个友好的提示，现在程序又应该怎么写？

例 10，参见“源代码/ch5/10.branch2.py”。

```
1.  import math                              #将 math 包含到程序中，以便能调用其中的函数
2.  a=1
3.  b=-3
4.  c=3                                      #给定三个参数
5.  delta =b * * 2-4 * a * c                 #求 delta
6.  if delta>=0:                             #判断 delta 是否大于或等于 0
7.    x1=(-b+math.sqrt(delta))/(2 * a)       #解 x1 的值
8.    x2=(-b-math.sqrt(delta))/(2 * a)       #解 x2 的值
9.    print(x1,x2)                           #输出 x1,x2
10. else:
11.   print("此方程没有实数根")               #delta 小于 0 输出没有实数根
```

在此程序第 1～9 行与例 9 都是一样的。

程序第 10～11 行就是在写双分支的 else 部分的代码，直接输出“此方程没有实数根”。前面例 9 中对 $\Delta<0$ 时的处理就是什么也不做，但是仔细想想，如果真的什么也不做，没有输出，用户在使用时，遇到这种特殊情况时，什么结果也没有，会不会感觉非常不友好呢？如果 $\Delta<0$ 时，程序输出方程没有实数根的提示，是不是可以让用户非常容易就明白了呢？

这样写代码，如果方程有实数根时会输出两个结果，如果没有实数根的时候，会有“此方程没有实数根”的提示输出，如图 5.6 所示。这样是不是让用户感觉到程序员的关怀和体贴呢？

```
=========== RESTART: E:\源代码\ch5\10.branch2.py ========
===
此方程没有实数根
>>> |
```

图 5.6 例 10 的运行结果

5.3.4 多分支选择结构

在这一节将学习一个结构更为复杂的多分支选择结构的控制语句。这种结构中，通常会判断某个条件，如果条件满足，执行条件为真的语句；如果条件不满足，会进一步判断是否满足另一个条件，从而形成多条件判断来选择执行对应语句块的状态，这种方式比前两节讲到的分支结构更为复杂，应用范围也更广泛。

语法格式如下。

```
if <判断条件 1>:
    条件 1 为真时执行的语句
elif <判断条件 2>:
    条件 2 为真时执行的语句
elif <判断条件 3>:
    条件 3 为真时执行的语句
......
else:
    所有条件都不满足时执行的语句
```

多分支流程结构如图 5.7 所示，图中有多个条件判断，每个条件都有各自的执行语句。当最后一个条件为否的时候，还会有对应需要执行的语句。这种类型或类似这样的多种判断的结构被称为多分支语句。

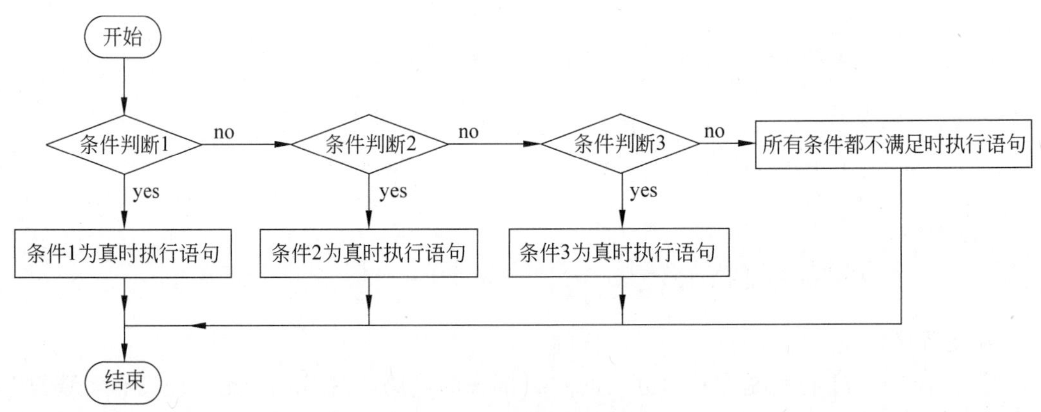

图 5.7 多分支流程结构图

再谈 5.3.3 节中的例 10，方程只考虑了两个实数根和没有实数根的情况，事实上，方程可能出现 x1 等于 x2，得到两个相等的实数根即方程只有一个解的情况，在例 10 中如果方程只有一个解，程序也会“傻傻地”运行输出两个相同的数，单独区分这样的情况，当方程出现唯一解的时候，仅输出一个解，应该怎么做呢？

例 11，参见“源代码/ch5/11.branch3.py”。

```
1.  import math                                 #将 math 包含到程序中，以便能调用其中的函数
2.  a=1
3.  b=-4
4.  c=4                                         #给定三个参数
5.  delta =b * * 2-4 * a * c                    #求 delta
6.  if delta==0:                                #判断 delta 是否等于 0
7.    x1=-b/(2 * a)                             #求 x1
8.    print(x1)                                 #求 x1
9.  elif delta>0:                               #判断 delta 是否大于 0
10.   x1=(-b+math.sqrt(delta))/(2 * a)          #解 x1 的值
11.   x2=(-b-math.sqrt(delta))/(2 * a)          #解 x2 的值
12.   print(x1,x2)                              #输出 x1,x2
13. else:
14.   print("此方程没有实数根")                  #delta 小于 0 输出没有实数根
```

例 10 的第 6～9 行将重新改写，改写成例 11 中的第 6～12 行的内容，这里程序首先判断有两个相等的实数根的情况，并将实数根输出，然后再判断两个不相等的实数根的情况，最后剩下一种情况就是没有实数根。代码运行结果如图 5.8 所示。

```
=========== RESTART: E:\源代码\ch5\11.branch3.py ========
===
2.0
>>>
```

图 5.8　例 11 的运行结果

程序至此，基本上已经可以运行了，但是这个程序每次运行都需要修改程序中的 a、b、c 这 3 个参数。但是用户可能不懂代码，他们不一定知道应该在什么时候，或什么地方修改 a、b、c 这 3 个参数，因此，代码需要进一步完善，让用户自己从键盘输入 a、b、c 的值。这里需要用到 5.1.3 节的 input 函数。

例 12，参见“源代码/ch5/12.branch4.py”。

```
import math                                 #将 math 包含到程序中，以便能调用其中的函数
a=int(input("请输入 a,b,c:"))
b=int(input())
c=int(input())                              #通过键盘给定三个参数
delta =b * * 2-4 * a * c                    #求 delta
if delta==0:                                #判断 delta 是否等于 0
  x1=-b/(2 * a)                             #求 x1
  print(x1)                                 #求 x1
elif delta>0:                               #判断 delta 是否大于 0
  x1=(-b+math.sqrt(delta))/(2 * a)          #解 x1 的值
  x2=(-b-math.sqrt(delta))/(2 * a)          #解 x2 的值
```

```
12.     print(x1,x2)                    #输出 x1,x2
13.   else:
14.     print("此方程没有实数根")       #delta 小于 0 输出没有实数根
```

将程序中的第 2～4 行修改成例 12，这样一个比较完善的一元二次方程求解程序就完成了。

一元二次方程的求解程序，经历例 6 算术运算；例 9 判断有实数根；例 10 处理无实数根的情况；例 11 处理方程有两个相等的实数根的情况；例 12 通过键盘输入 a、b、c 参数。多次修改最终形成一个比较完善的程序。在这个过程中，程序员花费大量的时间调试代码，而不是写代码。代码也经历多次修改。从这一点来看，程序其实是调试出来的，而不是写出来的。初学编程时，发现程序总是不对，让人非常沮丧，但是不要过分担心或害怕，因为所有人在写程序时都会发现自己写的代码总是有错，需要不断调试、需要不断修改，让代码逐渐完善。希望读者能从这个例子中获得编程的启发。

参照这个例子，尝试用 Python 编程实现计算个人所得税。

5.4 Python 的循环应用

其实 Python 还能做更复杂的事情。例如根据条件判断，重复执行某块代码。在这一节将讨论循环这种结构。首先通过一个案例来了解循环，再谈 Python 学习系统。

在 5.3.1 节中，Python 学习系统还是一个非常简单的、功能并不强大的系统，而且也还存在一些小 bug，如果多次运行例 8，就会发现当输入菜单的值不合法时，它会提示重新输入；当用户再次输入时，程序就已经退出了。在下面的案例中继续完善这个小例子。

5.4.1 循环案例

再讨论一下循环。循环就是让计算机重复做一件事，当然这种重复是满足一定条件的重复。通常循环需要一个入口来进入循环，同时需要一个出口来退出循环。初学者在学习这一块的时候，都会非常困惑，因为在写循环的时候，很可能一不小心就陷入了死循环，而且还不知道是什么原因。这是因为为程序设定的出口条件始终没满足，导致循环一直在继续。因此，需要测试循环出口条件是否满足。IDLE 编辑器的 shell 提供了这样一个工具，选择菜单上的 Debug 下的 Debugger 选项，如图 5.9 所示。

当调试打开时，会开启 Debug Control 窗口，如图 5.10 所示。

现在再执行一个 Python 程序，就会从头开始一句一句执行，如果事先设置了断点，那么在这里就可以执行到断点处。

言归正传，讨论一下 5.3.1 节提到的 Python 学习系统的菜单选择。前面提到的 bug 是在输入错误后，再继续输入，但程序没有做任何操作而直接退出。这种方式让用户觉得不太友好，程序退出得有点不太合理。于是如果能找到一种方法，使菜单在选择了一个错误功能后，能继续重新选择菜单，而不是退出，就比较完美了。因此，Python 学习系统程序改为如下代码。

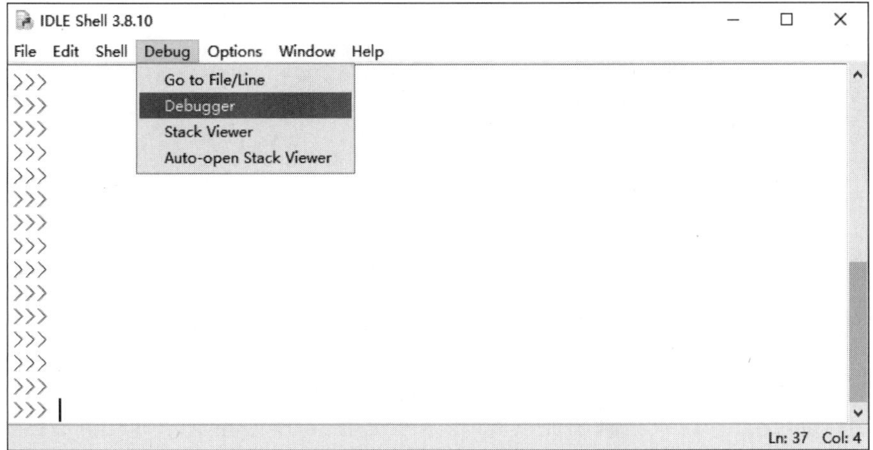

图 5.9 IDLE 的调试菜单下的调试选项

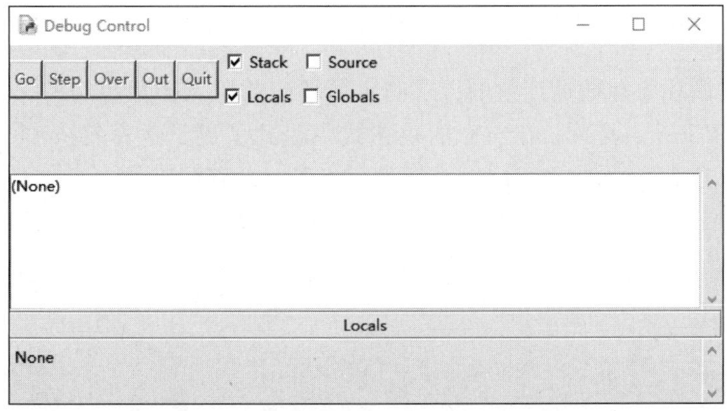

图 5.10 IDLE 的 Debug Control 窗口

例 13,参见"源代码/ch5/13.whileloop.py"。

```
welcome ='''
欢迎使用 Python 学习系统
请选择以下功能数字
1.播放学习视频
2.做练习题
3.自由练习
4.结束
'''
print(welcome)
#菜单选择  修改菜单选择的代码
while(True):
  c =input("你的选择是: ")
  if int(c)==1:
    print("你选择了观看视频,好好学习,加油!")
```

```
15.   elif int(c)==2:
16.     print("你选择了做练习题,好好学习,加油!")
17.   elif int(c)==3:
18.     print("你选择了自由练习,好好学习,加油!")
19.   elif int(c)==4:
20.     print("你选择了退出,好好学习,期待你下次访问!")
21.     exit()
22.   else:
23.     print("你的输入有误,请重新输入。")
```

将程序在第 10 行以后，菜单选择这块代码进行了修改。增加了一个 while 循环，并且设置为了 True，这样程序就一直循环下去（正常情况下，程序循环条件为真非常容易陷入死循环，不过在选择菜单 4 的代码块使用了 exit() 函数将程序退出，即退出循环，避免死循环的出现），如果输入的内容不是数字 4，那么循环就继续。

5.4.2 range 对象应用

为了方便在循环中能通过计数的方式确定循环次数以及循环出口的设定，在开始讲循环之前，首先介绍 range 函数。在前面的表达式中提到了成员运算符 in 的表达式，它是专门用于判断是否是成员的，它和 range 是后面写代码时的好帮手。

首先来看一下 range 函数是如何使用的。range() 可以给 1 个参数，也可以给 2 个参数或 3 个参数。

语法格式如下。

```
range(stop)
```

或

```
range(start, stop[, step])
```

参数说明如下。

stop：表示范围结束值。

start：表示范围起始值。

step：可选，表示步长。

如果 range 函数中只有一个参数，表示默认从 0 开始，步长为 1，到这个参数结束的一个左闭右开区间。也就是，range(20) 表示它的范围是[0,20)，包括 0，不包括 20，步长默认为 1。

如果 range 函数有两个参数或三个参数时，第一个参数为起始值，第二个参数为结束值，第三个参数为步长，即每次递增的数量。当只有两个参数，步长默认为 1。例如，range(4,20) 表示它的范围是[4,20)，包括 4，不包括 20，步长默认为 1。当然，如果写成 range(4,20,2) 表示它的范围是[4,20)，包括 4，不包括 20，步长为 2，即[4,6,8,10,12,14,16,18]。

具体用法见下面的例子。

例 14,参见“源代码/ch5/14.range1.py”。

```
1.  a=3
2.  b=10
3.  c=0                   #设置 3 个参数
4.  txt ='''
5.  a={0}
6.  b={1}
7.  c={2}
8.  a in range(10):{3}
9.  b in range(10):{4}
10.  c in range(10):{5}
11.  '''.format(a,b,c,(a in range(10)),(b in range(10)),(c in range(10)))
12.  #字符格式化,后面 3 个参数: a in range(10) 是判断 a 是否包含在 range(10) 内,range
(10) 的范围指[0,10) 中的整数
13.  print(txt)
```

程序前 3 行分别给 a、b、c 赋值,第 4～11 行的 txt 变量存放了一个字符串,其中通过字符串的 format 格式传递了参数 a、b、c、a in range(10)、b in range(10)、c in range(10)。

详细分析:range(10)表示的数字范围是[0,10),步长为 1 的 range 对象,即[0,1,2,3,4,5,6,7,8,9]。

a=3,说明 a 在 range 对象中存在,因此 a in range(10)是 True。

b=10,说明 b 在 range 对象中不存在,range(10)是不包括数字 10 的,因此 b in range(10)是 False。

c=0,说明 c 是 range 对象的第 1 个元素,因此 c in range(10)是 True。

最后一行输出 txt 字符串,txt 字符串也将结果显示出来,如图 5.11 所示。

```
a=3
b=10
c=0
a in range(10):True
b in range(10):False
c in range(10):True
```

图 5.11 例 14 的运行结果

5.4.3 while 循环

while 循环是一种当型循环,这种循环是先判断循环条件;再执行循环语句,也叫循环体。while 循环和另外一种直到型循环不一样,直到型循环是先执行一次循环体,然后再判断循环条件。因此直到型循环,如果循环条件为假的情况下,循环体会被执行一次,也就是说最少执行 1 次循环体;而当型循环在循环条件为假的情况下,循环体不会被执行,发生循环体执行 0 次的情况。当型循环的循环结构是一个当满足某个条件时,一直执行某段代码的结构。它可以使部分代码反复使用,从而减少代码量。

语法格式如下。

```
while <循环条件>:
  条件为真时执行语句
```

在 while 的流程结构中,如图 5.12 所示,循环条件满足时会执行循环体,并回到循环条

件的判断。只有当循环条件不满足时，退出循环。

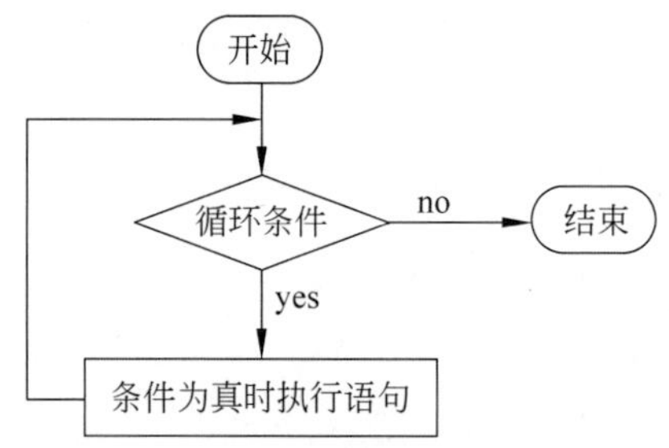

图 5.12 循环结构流程图

回到 5.4.1 节中的 Python 学习系统的案例，虽然使用了循环，但是不论输入正确与否都会循环。实际的需求是，如果输入不正确才需要循环；如果输入正确的菜单选项，则进入相应的功能。那么应该如何修改这个程序呢？

例 15，参见“源代码/ch5/15.whileloop1.py”。

```
1.  welcome ='''
2.  欢迎使用 Python 学习系统
3.  请选择以下功能数字
4.  1.播放学习视频
5.  2.做练习题
6.  3.自由练习
7.  4.结束
8.  '''
9.  print(welcome)
10. c =input("你的选择是: ")
11. #菜单选择,再次修改菜单选择的代码
12. while(int(c)<1 or int(c)>4):
13.   print("你输入有误,请重新选择.")
14.   print(welcome)
15.   c =input("你的选择是: ")
16. if int(c)==1:
17.   print("你选择了观看视频,好好学习,加油!")
18. elif int(c)==2:
19.   print("你选择了做练习题,好好学习,加油!")
20. elif int(c)==3:
21.   print("你选择了自由练习,好好学习,加油!")
22. elif int(c)==4:
23.   print("你选择了退出,好好学习,期待你下次访问!")
24.   exit()
```

程序第 12～15 行首先增加了一块代码用于循环判断。当输入的值不是菜单选择需要的值时，就一直让用户输入，直到输入是正确的。

程序第 16～24 行与例 8 相同，并未做修改，主要处理菜单选项，并执行相应代码。运行

结果如图 5.13 所示。

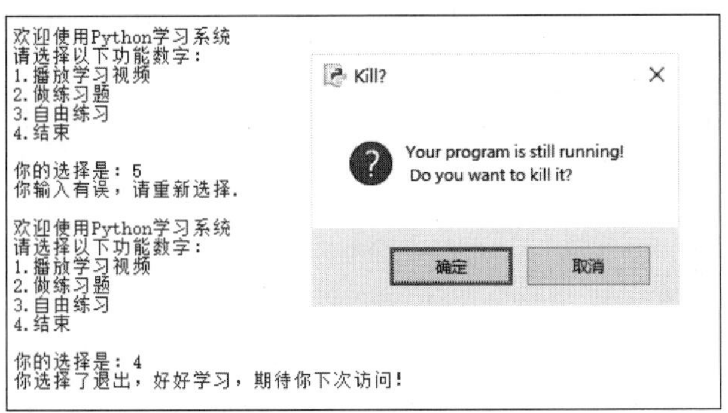

图 5.13 例 15 的运行结果

再回顾一下 while 循环是当型循环,就是循环前判断条件,如果条件满足会执行循环,如果条件不满足,则不执行循环。但是 Python 的 while 循环又提供了一种非常特殊的形式——while…else…结构,这种结构是当循环条件不满足时执行 else 后面的语句,并且仅执行一次。

例如,Python 学习系统在使用时需要开设一个学习账号并登录。每次访问系统时,系统就需要验证账号的真实性。Python 学习系统需要增加一个登录程序,登录程序又需要怎么设计呢?

例 16,参见"源代码/ch5/16.login.py"。

```
1.  import getpass
2.  name="student"
3.  passwd ="asdf"                          #定义用户名和密码
4.  i=0
5.  while(i <3):
6.    username =input("请输入你的用户名: ")
7.    password =getpass.getpass("请输入你的密码: ")
8.    i+=1
9.    if username==name and password==passwd:
10.     print("欢迎{}进入 Pyhon 学习系统".format(username))
11.   else:
12.     print("用户名密码错误,请再试一次!")
13. else:                                   #当三次循环都输入错误,执行下面的语句
14.   print("你尝试太多次了,谢谢使用,再见!")
```

程序第 1 行导入 getpass 模块,此模块让输入的密码不在显示器上显示,通常称这个功能为不回显输入。

程序第 2~3 行用来定义默认用户名及密码。

程序第 4 行,i=0 为循环计数变量初始化。

程序第 5~12 行执行循环,输入用户名和密码,在输入不正确的情况下,会循环 3 次。实际上,无论输入正确与否都会要求输入 3 次,这是因为循环的出口就是这样设定的。如果

想修正这一个无伤大雅的小 bug，可以参见 5.4.5 节。

程序第 13～14 行，当 while 条件不满足时，说明用户输入密码错误次数太多，因此给出提示“你尝试太多次了，谢谢使用，再见！”。

此程序在 IDLE 运行中，由于 IDLE 有程序调试功能，getpass 不能控制屏幕不回显，因此，会产生一个警告，并且显示密码这个输入的字符串；但是在控制台中运行这个程序，程序可以正常运行并且不产生回显，这个警告也就没有出现了。

5.4.4 for 循环

for 循环也是一个当型循环，它主要是通过计数或遍历成员来进行循环，因此，for 循环将大量使用 in 和 range，关于 range 函数的使用规则参见 5.4.2 节。

语法格式如下。

```
for 变量 in 范围:
    循环语句
```

值得注意的是，for 语句这行结束一定要输入冒号“:”。下面来学习 for 语句的应用案例。

例 16 存在一个问题，Python 是一个解释型语言，在 4.1.3 节里提到 Python 的其中一个缺点是代码不能加密，代码是非常容易拿到的。而且密码也没有加密，以明文存放在代码中，这样非常容易让未授权用户拿到密码，进入系统。

现在需要写一个密码加密的程序，这里使用一种很简单的加密方式——恺撒密码加密，解密也很容易。

恺撒密码的原理：给每个字母按字母表的序号作为它们的运算数字，让每个字母序号＋3 以后得到新的序号对应新字母，最后几位字母＋3 会超过 26，对它们进行模 26 操作，于是 x 会变成 a，y 变成 b，z 变成 c，如图 5.14 所示。

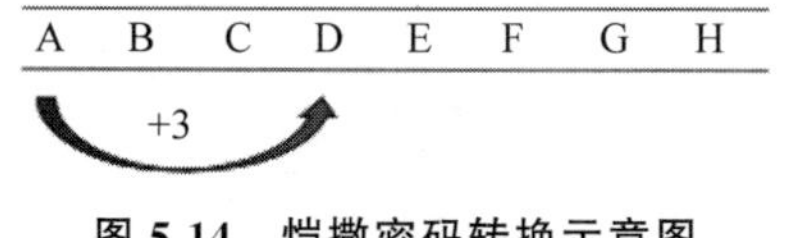

图 5.14 恺撒密码转换示意图

下面先写一个加密程序，将“asdf”密码加密，得出密文。

例 17，参见“源代码/ch5/17.encrypt.py”。

```
1.  passwd ='asdf'
2.  crypto =""
3.  for i in passwd:            #每个字符依次加密并重组字符串得到加密字符串
4.    crypto =crypto +"".join(chr((ord(i)-97+3)%26+97))
5.  print(crypto)
```

程序第 3～4 行通过循环，遍历了 passwd 所有的字母，对每个字母进行如下计算。

首先，求字母的最大序号。这里 ord()是求字母的 ASCII 值，由于小写字母 a 的 ASCII 值为 97，字母的序号就是 ord(i)－97。

然后，每个字母序号＋3 生成新的字母序号，要考虑到最后 3 个字母＋3 后的值超过了字母的最大序号，因此需要与 26 进行模运算，这样可以成功转换为字母“a”“b”“c”的序号，当然将其他字母进行模 26 运算也不会改变其值的。

最后，在加密计算完成后，需要将序号还原成 ASCII，此时只需要在序号的基础上加上 97 即可得出字母的 ASCII 值，再用 chr()函数将 ASCII 码值转换为字母。

以上就完成了一个字母的加密工作。实际上，最终应该得出一个由加密后的字母组成的字符串，因此，需要将运算后的字母连起来。程序这里使用了 join()函数，这个函数是字符串对象的内置函数，将字符串对象充当连接符号来连接函数参数给出的字符串或列表。整个操作到此结束。

这里使用了内置函数 chr()、ord()、字符串对象的 join()函数，这些函数的具体用法可以查看 Python 帮助，使用内置函数 help()查看。

程序第 5 行，输出密文，这时得到的密码是 dvgi。

下面结合例 16、例 17 的代码，修正登录程序中的用户密码处理。

例 18，参见“源代码/ch5/18.login2.py”。

```
1.  import getpass
2.  name="student"
3.  passwd ="dvgi"                                   #定义用户名和密码
4.  i=0
5.  while(i <3):
6.    username =input("请输入你的用户名: ")
7.    password =getpass.getpass("请输入你的密码: ")     #读取用户输入的用户名和密码
8.    i+=1
9.    ''' 这里是密码处理的地方,有两种处理方式:
10.       1.将输入的密码加密后与 passwd 比较(这样就非常简单,直接拿加密的代码过来即可)
11.       2.将原始密码解密后与 password 比较(这样写需要再次调试)
12.       这里选择了第 1 种方式,有兴趣的同学自己补充解密代码吧
13.   '''
14.   crypto =""
15.   for j in password:
16.     crypto =crypto +"".join(chr((ord(j)-97+3)%26+97))
17.   if username==name and crypto==passwd:
                                         #身份识别,判断输入的用户名和密码是否正确
18.     print("欢迎{}进入 Pyhon 学习系统".format(username))
19.   else:
20.     print("用户名密码错误,请再试一次!")
21. else:                                    #当三次循环都输入错误,执行下面的语句
22.   print("你尝试太多次了,谢谢使用,再见!")
```

程序第 3 行密码的字母已经修改为加密后的密文了。

程序第 9～13 行是程序注释，这里给出了两个方案，方案 1：将用户输入的密码加密和密文比较；方案 2：密文解密后与用户输入的密码比较。这里采用方案 1 实现。这两个方案无明显优劣区别。

程序第 14～16 行进行加密，代码可以参考例 17 的第 2～4 行。代码的详细思路参见例 17。

这样运行后，登录程序里找到的密码不再是明文，按照找到的 passwd 输入一定不能登录成功。这样是不是显得登录程序更高级一些了呢？

但是不得不承认，我们写的代码还是有许许多多的问题，这些问题会在后续的章节中慢慢改进。

5.4.5 break 和 continue

在循环中，最常见的是计数循环：循环到一定次数后，就退出。但是问题来了，某些时候，程序并不需要执行那么多次，例如，判断是否为素数的循环，如果这个数能被 n 整除时，循环其实就应该退出了，但是在计数循环中，这个条件似乎并不能让循环退出。因此需要优化代码，可是出现了一个无法预测循环次数的情况。

当出现循环过程中某一特殊条件满足，需要退出循环时，可以在代码中使用 break；当循环过程中的某次循环，在满足某一特殊条件时，需要提前结束当前循环，进入下一次循环，可以使用 continue。

回顾 5.4.3 节，例 16 登录时就存在这个问题，即循环输入用户名和密码，无论输入正确与否，它都会循环 3 次。事实上，如果输入的用户名和密码都正确的情况下，需要给出欢迎语，并退出循环。在本节里，将修改登录程序使登录看起来更正常一些，当输入的用户名和密码都正确时，使用 break 强制跳转出循环。登录程序就正常了。

例 19，参见“源代码/ch5/19.login3.py”。

```
import getpass
name="student"
passwd ="dvgi"                                           #定义用户名和密码
i=0
while(i <3):
    username =input("请输入你的用户名：")
    password =getpass.getpass("请输入你的密码：")  #读取用户输入的用户名和密码
    i+=1
    ''' 这里是密码处理的地方，有两种处理方式：
      1.将输入的密码加密后与 passwd 比较(这样就非常简单，直接拿加密的代码过来即可)
      2.将原始密码解密后与 password 比较(这样写需要再次调试)
      这里选择了第 1 种方式，有兴趣的同学自己补充解密代码吧
    '''
    crypto =""
    for j in password:
        crypto =crypto +"".join(chr((ord(j)-97+3)%26+97))
    if username==name and crypto==passwd:
                                    #身份识别，判断输入的用户名和密码是否正确
        print("欢迎{}进入 Pyhon 学习系统".format(username))
        break
    else:
        print("用户名密码错误，请再试一次！")
```

```
22.  else:                                    #当三次循环都输入错误,执行下面的语句
23.      print("你尝试太多次了,谢谢使用,再见!")
```

此程序仅在例18的基础上增加了一行代码,参见程序第19行,即登录验证成功时,给出提示并使用break跳出循环。现在再运行程序,就正常多了。

5.5　Python函数应用

随着Python学习的深入,程序代码也慢慢变长了,现在读者们是不是发现代码太长,好难读,也很难理解呢?好吧,我们非常希望代码简单一点,便于人们读懂,并易于理解。但是,事与愿违,很多情况下,程序代码都是非常长的。由于代码太长又有循环判断等结构,不容易阅读和理解,如果能有一种方式将程序代码切割成一小段一小段的,便于阅读和理解就好了。在这一节介绍一个新的内容:函数,用来帮助程序员划分代码,帮助读懂代码和理解代码。

现在先思考一下,Python学习系统的代码是不是越来越长?如果能分割出登录、密码加密、菜单访问等功能的代码,是不是阅读起来就容易很多了呢?这会便于后续继续修改代码,也方便了解需要在什么地方修改。

5.5.1　函数案例

Python学习系统现在还只有一个菜单,而每个功能都没有实现。如果每个功能的开发都是一个人写,这样会非常慢;如果几个人一起协同完成这样的系统,同时也实现代码的复用,这样可以提高效率。其实这件事应该是项目经理们应该做的事情,就是把工作划分,代码划分,分配给多人来共同完成。目前先来了解一下函数如何将Python学习系统的代码进行改造。请体会:虽然运行效果和之前没有什么区别,但是代码在阅读的时候是不是会更容易理解呢?

例20,参见“源代码/ch5/20.Pythonsystem1.0.py”。

```
import getpass
name="student"
passwd ="dvgi"               #定义用户名和密码
##首先将加密的程序用函数定义出来
def encrypto(password):
  crypto =""
  for j in password:
    crypto =crypto +"".join(chr((ord(j)-97+3)%26+97))
  return crypto
##播放视频
def playvideo():
  pass                        #待开发,用pass语句过掉这段代码。今后希望其他人补充完整
##做练习题
def doexercise():
```

```
    pass              #待开发
##自由练习
def freeexercise():
    pass              #待开发
##选择菜单
def menu():
    welcome ='''
    欢迎使用 Python 学习系统
    请选择以下功能数字
    1.播放学习视频
    2.做练习题
    3.自由练习
    4.结束
    '''
    print(welcome)
    c =input("你的选择是：")
    #菜单选择
    while(int(c)<1 or int(c)>4):
        print("你输入有误,请重新选择.")
        print(welcome)
        c =input("你的选择是：")
    if int(c)==1:
        print("你选择了观看视频,好好学习,加油!")
        playvideo()
    elif int(c)==2:
        print("你选择了做练习题,好好学习,加油!")
        doexercise()
    elif int(c)==3:
        print("你选择了自由练习,好好学习,加油!")
        freeexercise()
    elif int(c)==4:
        print("你选择了退出,好好学习,期待你下次访问!")
        exit()
##登录系统
def login():
    i=0
    while(i <3):
        username =input("请输入你的用户名：")
        password =getpass.getpass("请输入你的密码：")
        i+=1
        if username==name and encrypto(password)==passwd:
            print("欢迎{}进入 Python 学习系统".format(username))
            menu()
            break
```

```
59.       else:
60.         print("用户名密码错误,请再试一次!")
61.     else:
62.       print("你尝试太多次了,谢谢使用,再见!")
63.   ##主函数
64.   def main():
65.     login()
66.   main()
```

现在程序代码看起来非常长,但是,不要被它吓到,其实函数已经将代码分隔成不同段落,现在就分块来读代码。

程序第 5～10 行是密码加密的函数,详见例 17。

程序第 11～12 行是播放视频的函数,这个函数暂时没有实现,因此,使用 pass 语句,pass 表示不做任何事情,仅用作占位符。使用 pass,通常是在这个函数需要开发,但是又没来得及写出代码就需要交付调试的情况下使用。值得一提的是,C、Java 允许存在空函数,但是 Python 不允许存在空函数,必须使用 pass 这个关键字占位。

程序第 14～15 行和程序第 17～18 行,分别是做练习题的函数和自由练习的函数,同样使用了 pass 语句,占位。

程序第 20～47 行是 menu()函数,专门处理菜单选择。这里菜单选择部分加入了对应的 playvideo()、doexercise()、freeexercise()函数的调用,见例 15。

程序第 49～62 行是 login()函数,专门处理用户登录的验证。程序第 55 行调用了 5～10 行的密码加密 encrypto()函数;程序第 57 行,在验证了用户名和密码并通过后,调用 menu()菜单选择函数,见例 19。

程序第 64～65 行是 main()函数的定义,它是主程序,它直接调用 login 函数。由此可以看出整个 Python 学习系统的流程如图 5.15 所示。

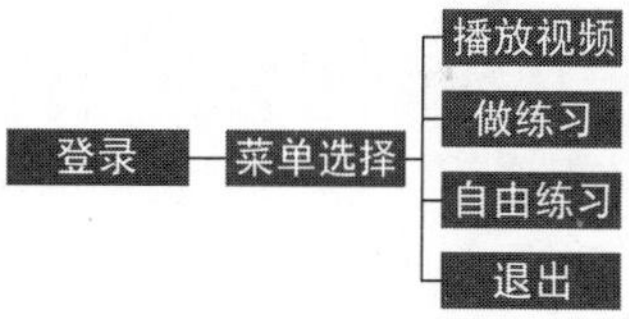

程序第 66 行,就是整个程序的入口,从 main()函数开始执行。

登录 → 菜单选择 → 播放视频 / 做练习 / 自由练习 / 退出

图 5.15 Python 学习系统的流程图

函数详细的应用参见 5.5.2～5.5.4 节。

5.5.2 函数的定义

在 Python 中,函数需要先定义,然后才能调用。定义函数的语法非常简单,使用 def 这个关键字,后面跟着函数名称,代表函数的标志是函数名后面的一对小括号(),括号中是函数的形参,没有形参也是可以的。

语法格式如下。

```
def funcname([参数列表]):
  statement
```

例如,如果进一步完善 Python 学习系统的例子,让程序变得可读,并且可以高效地分隔,让更多人参与进来协同写一些代码。下面来介绍如何将例 19 的代码的密码加密部分改造为函数实现形成例 21，进而改造登录、菜单选择等函数成为例 20 的中间过程。

例 21，参见“源代码/ch5/21.login4.py”。

```
1.  import getpass
2.  ##首先将加密的程序用函数定义出来
3.  def encrypto(password):
4.      crypto = ""
5.      for j in password:
6.          crypto = crypto + "".join(chr((ord(j) - 97+3) %26+97))
7.      return crypto
8.  #下面是登录程序,也可以自己改造成函数
9.  name="student"
10. passwd = "dvgi"
11. i=0
12. while(i <3):
13.     username = input("请输入你的用户名: ")
14.     password = getpass.getpass("请输入你的密码: ")
15.     i+=1
16.     if username==name and encrypto(password)==passwd:
17.         print("欢迎{}进入 Python 学习系统".format(username))
18.         break
19.     else:
20.         print("用户名密码错误,请再试一次!")
21. else:
22.     print("你尝试太多次了,谢谢使用,再见!")
```

程序第 3～7 行将密码明文加密为密文的程序改为加密函数。

程序第 16 行调用加密函数进行密码判断。

这样写一个简短的函数，让主程序看起来似乎和没有加密前的代码是一样的。让人们在读取主程序的时候，不被太多干扰打搅。

在这里，只写了一个函数，其实登录的程序也可以改造成一个函数，这个改造参见例 20。

5.5.3 形参与实参

函数在定义时，有两个概念必须要学习：形式参数和实际参数。形式参数是放在函数的小括号()内的变量名，简称形参。与之相对应的实际参数，是在函数调用时，在函数的小括号()内的变量，简称实参。形参和实参是两个完全不同概念，而且是初学者最容易混淆的两个概念。

形参与实参的区别在于，形参出现在函数定义时，它没有具体的值，只有在调用时，实参会把自身的值传递给形参，这时形参就有了具体的值，但是形参和实参之间是单向传递的，只能是从实参将值传递到形参，不能是形参传递给实参。可以通过例 22 观察形参和实参之间是如何传递参数的。

例 22，参见“源代码/ch5/22.argumentsandparameters.py”。

```
1.  ##形参与实参
2.  def changed(a,b):
3.    #形参在内存中是指向实参地址的
4.    print("形参 a 的地址{},b 的地址{}".format(id(a),id(b)))
5.    t=a
6.    a=b
7.    b=t                    #交换形参实际上是内存地址的交换,而不是地址中值的交换
8.    print("交换后,形参 a 的地址{},b 的地址{}".format(id(a),id(b)))
9.    print("inner changed,a={},b={}".format(a,b))
10. a=3
11. b=4                      #实参在内存中是存在地址的
12. print("实参 a 的地址{},b 的地址{}".format(id(a),id(b)))
13. changed(a,b)
14. print("outer changed,a={},b={}".format(a,b))
```

程序第 2～9 行定义了函数 changed()，负责将形参交换并输出交换前的地址和交换后的地址和值。

程序第 10～11 行，给出两个变量并赋值，这两个变量将用于传递参数给 changed 函数的形参，因此可以称为实参。

程序第 12 行在调用函数 changed()前输出两个实参的地址。

程序第 13 行调用函数 changed()。

程序第 14 行再次输出这两个实参的值，便于考察形参和实参是否传递了参数，以及如何传递参数。

这个程序运行结果如下。

```
实参 a 的地址 140705104992080,b 的地址 140705104992112
形参 a 的地址 140705104992080,b 的地址 140705104992112
交换后,形参 a 的地址 140705104992112,b 的地址 140705104992080
inner changed,a=4,b=3
outer changed,a=3,b=4
```

很明显，这里两个形参确实是交换了，但是两个实参没有改变。这说明，实参可以将值传递给形参，但是形参在做出交换之后，并没有将值传递给实参。

5.5.4 return 语句

在 5.5.3 节提到，形参不能将自己的值传递给实参，那么函数中计算的结果如何给到调用者呢？这里提供了 return 语句，函数的计算结果可以用 return 返回。

语法格式如下。

```
return
```

或

```
return 变量对象
```

return 语句用来从函数中返回并结束函数的执行。同时 return 语句返回其后的变量值给调用者。在调用函数时，一定要注意有没有返回值，如果函数存在返回值，那么调用时可以将其赋值给变量；如果没有返回值，那么函数只能用于过程调用，不能赋值给变量。

例 23，参见“源代码/ch5/23.retensentence.py”。

```
1.  def max(a,b):
2.    if a>=b:
3.      return a
4.    else:
5.      return b
6.  def min(a,b):
7.    if a<b:
8.      return a
9.    else:
10.     return b
11. a=int(input("请输入 a,b: "))
12. b=int(input())
13. print("max={max},min={min}".format(max=max(a,b),min=min(a,b)))
```

程序第 1～5 行定义的函数 max()，通过比较返回 a 和 b 中较大的变量。

程序第 6～10 行定义的函数 min()，通过比较返回 a 和 b 中较小的变量。

程序第 11、12 行输入 a、b 的值。

程序第 13 行调用了 max()和 min()，这样可以成功地将函数运算得到的结果返回给主程序。

Python 的基本编程就介绍到这里，学完这一章，可以用 Python 完成简单的内容。当然 Python 还有许多更为高级的语法和应用，例如交换两个变量的值，Python 支持 a，b＝b，a 这样的交换赋值法等，有兴趣的读者可以查阅相关资料。

习题 5

1. 你知道哪几类运算符？它们是如何使用的？
2. 判断：在程序中变量是指这个量的值是可以改变的。
3. Python 中 input()函数的返回值类型是什么？
4. Python 程序结构有哪三大结构？
5. Python 函数中的形参和实参的参数是如何传递的？
6. 算术表达式 15//4 和 24％7 的结果是什么？
7. 请写出 if 语句的语法格式。
8. 请写出 while 语句的语法格式。
9. 请写出 for 语句的语法格式。

Python数据结构

本章介绍 Python 的数据结构,数据结构是通过某种方式组织在一起的数据元素的集合,这些数据元素可以是数字或字符,可以是其他数据结构。Python 的数据结构有六种:Number(数值)、String(字符串)、List(列表)、Tuple(元组)、Dictionary(字典)、Set(集合)。

这里重点介绍除 Number 基础数据结构之外的其他几种数据结构。主要内容包括:

任务一:字符串的应用。

任务二:列表的应用。

任务三:元组的应用。

任务四:集合的应用。

任务五:字典的应用。

任务六:综合应用案例。

本章教学目标

了解 Python 丰富的数据结构,掌握基本的 Python 数据结构的应用方法。

6.1 字符串的应用

Python 中字符串由单引号、双引号、三引号括起来的零个或多个字符构成。例如'abc',"123",'''beautiful is better than ugly''',这些都是字符串。字符串在程序中有着非常重要的作用,它可以显示程序当前运行状况、计算结果以及必要说明,还可以利用字符串对程序进行调试等。

6.1.1 字符串和操作符

字符串是不可变的有序序列,字符串一旦被定义后不可以修改。对字符串中某个字符进行修改时会报错。字符串的修改通常是采用另外创建一个字符串的方式;Python 的字符串是一个由多个字符组成的有序序列,字符的个数即为字符串的长度。因此字符串是有序的且不可变的。例如:

```
str1='ababcd'
str2='123456'
```

字符串可以是符号和文字(例如姓名、编号等)、加载到内存中的文本文件内容、URL 地址等。

字符串的操作非常丰富,有创建字符串、字符串连接、字符串重复、字符串切片等。常见的字符串基本操作列表如表 6.1 所示。

表 6.1 字符串基本操作列表

操　　作	解　　释
S=''	空字符串
S="my pen"	双引号,与单引号相同
S='my\npen'	格式化字符(将在后文介绍具体的字符)
s='''hello Python this is multiline text'''	三引号,多行文本
s=r'\temp\spam'	原始字符串(不转义)
b=b'sp\xc4m'	字节字符串
u=u'你好,中国'	Unicode 字符串
S1 + S2 S * 3	连接 重复
s[2] s[0:2] len(s)	索引 切片 长度

6.1.2 字符串格式化

1. 转义字符

单引号和双引号在字符串中的应用。

```
s='你的 100 米跑短跑成绩为 10.63"'
```

这个字符串中,存在双引号,因此,可以用一对单引号括起来。

常见的字符串中都会存在以上问题。双引号、特殊符号(special characters)等都会出现在字符串中,这些字符串中的特殊字符往往代表特殊的意思,但是这些字符串中的特殊意义字符应该表达特殊含义还是仅表达一个普通字符呢?会产生歧义的情况下,计算机在读取过程中会出现错误。

因此,用转义字符(escape sequences)来表示特殊字符,转义字符“\”以及其后的一个或多个字符组合替换为目标字符串对象中的单个字符,该字符串对象具有将转义字符序列转为指定的二进制值的作用。常见的转义字符见表 6.2。

表 6.2 转义字符列表

转义字符	含 义
\n	回车换行,代表 ASCII 码 10
\t	相当于按下 Tab 键,横向调到下一个表格开始的地方
\b	退格(Backspace)
\'	表示是文中的单引号,不是结束字符串的单引号
\"	表示是文中的双引号,不是结束字符串的双引号
\\	表示是文中的反斜杠,不是转义字符串
\xhh	hh 是一个十六进制数,表示一个字符
\ooo	ooo 是一个八进制数,表示一个字符
\uhhhh	hhhh 是两位十六进制字节,表示一个 Unicode 字符

下面通过转义字符来制作简单表格。

例 1-1,参见"源代码/ch6/1.stringshell.py"。

```
>>>s ='name\tage\nTom \t25\nJerry\t22\n'
>>>print(s)
Name    age
Tom     25
Jerry   22
```

字符串 s 中使用了\t、\n 这两个转义字符,分别表示 Tab 和换行。因此,这个字符串最后输出的结果是一个简易的表格：其中 name 和 age 之间存在一个 Tab 键,age 后是换行;同样地,Tom 和 25 之间以及 Jerry 和 22 之间也有一个 Tab 键,数字 25 和 22 后面都有换行。

例 1-2 的程序非常经典,就是在程序中使用路径,Windows 操作系统的文件夹路径使用反斜杠"\"分隔每个文件夹。但是由于反斜杠在 Python 的字符串中是转义符(其他语言例如 C 语言、Java 语言也是这样),因此,反斜杠和其后字母结合容易产生一个特殊含义的字符。

例 1-2,参见"源代码/ch6/1.stringshell.py"。

```
>>>path="c:\new\text"
>>>print(path)
c:
ew ext
>>>path=r"c:\new\text"
>>>print(path)
c:\new\text
```

Windows 操作系统中的路径字符串为"c:\new\text",其中的反斜杠转换了其后字母 n

和 t 的值，使字符串变成了换行和 Tab 键。因此输出的“c:”后面不是反斜杠，而是换行，同理，\t 也被转为了 Tab 键的含义。这个反斜杠在这里不能再作为转义符号，在 Python 中如果不希望这样的转义发生，那么可以有两种处理方式：一是给每个反斜杠都再加上一个反斜杠，使它成为"c:\\new\\text"的字符串；二是可以在这个字符串前加字母 r，像这样，r"c:\new\text"表达原始字符串，其中的反斜杠将不再表示转义。如例 1-2 第 7 行的输出那样。

2. 字符串格式化

这一节介绍字符串中的参数的处理方式。在字符串中，除了某些特殊符号在特殊情况下存在于字符串中需要处理以外，其实，还需要处理在字符串中的参数。例如，在 Python 学习系统中登录之后显示访问人数，访问人数是由程序调用某个函数后给出的，假设用变量 p 存放。当然，字符串格式化是一个很好的解决方案，但是不用字符串格式化也能解决这个问题。

例 1-3，参见“源代码/ch6/1.stringshell.py”。

```
>>>p=25
>>>print("欢迎使用 Python 学习系统,您是第"+str(p)+"位访问者")
```

输出结果。

```
欢迎使用 Python 学习系统,您是第 25 位访问者
```

这样写代码，存在一个最大的问题，就是引号太多，而且加号也太多。如果多几个这样的参数，多几组引号，容易漏掉许多符号，产生错误，而且也不利于检查符号配对或符号错误。但是如果有了格式字符、格式化字符串，就方便多了。使用带参数的字符串时可以用%d 或%s 来表示一个参数，常见的格式字符如表 6.3 所示。

表 6.3　格式字符

格式字符	说　明
%s	字符串（采用 str()显示）
%r	字符串（采用 repr()显示，即元素字符串）
%c	单个字符
%d	十进制整数
%i	（自动转换为）十进制整数
%o	八进制整数
%x	十六进制整数
%f 或%F	浮点数
%e	指数（基底写为 e）
%E	指数（基底写为 E）
%g	指数（e）或浮点数（根据显示长度）
%G	指数（E）或浮点数（根据显示长度）
%%	字符'%'

Python 中提供的一种带参数的字符串表示法，其主要格式如下。

```
"带%参数格式的字符串"%(参数, ...)
```

前面是带参数格式的字符串，其中包括%s、%d 等，需要设置参数时，给出合适的类型的格式字符，字符串结尾使用百分号和括号，将相应的参数值放入其中。

这仅仅是其中一种参数代入法，Python 还提供了连接和参数格式符以外的 format()函数形式，这种形式中字符串中需要存放的参数使用大括号“{}”括起来，括号内可以什么都不填，也可以填序号或填名称等。在字符串对象上使用字符串的内置函数 format，引用格式如下。

```
"带{参数}的字符串".format([参数名 1=]"参数 1",[参数名 2=]"参数 2")
```

Python 提供的字符串格式化的方式非常丰富，见例 2-1。

例 2-1，参见“源代码/ch6/2.stringformat.py”。

```
name='Trace Ma'
age=40
job='teacher'
salary=8000
print("简单拼接")
info ='''
------info of ''' +name +'''---------
name: ''' +name +'''
age: ''' +str(age) +'''
job: ''' +job +'''
salary: ''' +str(salary) +'''
'''
print(info)
print("格式化输出 1")
info ='''
------info of %s---------
name: %s
age: %d
job: %s
salary: %f
'''%(name, name, age, job, salary)
print(info)
print("格式化输出 2")
info ='''
------info of {_name}---------
name: {_name}
age: {_age}
```

```
28. job: {_job}
29. salary: {_salary}
30. '''.format(_name=name,
31.            _age=age,
32.            _job=job,
33.            _salary=salary)
34. print(info)
35. print("格式化输出 3")
36. info = '''
37. ------info of {0}---------
38. name: {0}
39. age: {1}
40. job: {2}
41.  salary: {3}
42. '''.format(name, age, job, salary)
43. print(info)
```

在这个程序中提供了 4 种带参数的字符串的输出方式。

第 1 种方式参见第 6～12 行，这种方式就是简单的拼接方式。

第 2 种方式参见第 15～21 行，是使用%的格式化输出。

第 3 种方式采用参数命名格式 format 函数实现，即在字符串的大括号内做参数命名。因此 format()函数的参数需要指明命名，参见代码第 24～33 行。

第 4 种方式是以 format 函数默认序号的方式实现的字符串格式化，format 函数根据序号顺序给定参数值，参见代码第 36～42 行。

对于以上几种，读者可以自由选用自己习惯的方式。

6.1.3 字符串内置函数

Python 的字符串是一种对象，这种对象存在自己的内置函数，Python 为字符串设置了许多内置函数，常见的函数及说明如表 6.4 所示。

表 6.4 字符串内置函数清单

字符串内置函数	说　明	用　例

find()	查找子字符串	>>> a="hello world "
		>>> a.find('or')
		7

rstrip()	移除结尾的空格	>>> a="hello world "
		>>> a.rstrip()
		'hello world'
		>>>

replace()	替换子字符串	>>> a="hello world "
		>>> a.replace("or","OR")
		'hello wORld '

续表

字符串内置函数	说　明	用　例
split()	将字符串按分隔符拆分	>>> a.split(' ') ['hello', 'world', '']

isdigit()	判断字符串是否为数字	>>> a = "123456"
		>>> a.isdigit()
		True

lower()	转换为小写字母	>>> a="HELLO WORLD"
		>>> a.lower()
		'hello world'

endswith()	判断结尾	>>> a.endswith('d')
		False
		>>> a.endswith('D')
		True

join()	加入分隔符	>>> strlist=['A','B','C']
		>>> ' hello '.join(strlist)
		'A hello B hello C'

encode()	字符串编码	>>> b=a.encode("utf-8")
		>>> b
		b'HELLO WORLD'

decode()	字符串解码	>>> b.decode("utf-8") 'HELLO WORLD'

当然还有其他的内置函数，具体可以查看帮助，例如 dir(a)，它将显示出 a 的所有内置函数和常量，如果 a 为字符串，显示见例 2-2。

例 2-2，参见“源代码/ch6/1.stringshell.py”。

```
>>>dir(a)
['__add__', '__class__', '__contains__', '__delattr__', '__dir__', '__doc__',
'__eq__', '__format__', '__ge__', '__getattribute__', '__getitem__', '__
getnewargs__', '__gt__', '__hash__', '__init__', '__init_subclass__', '__iter
__', '__le__', '__len__', '__lt__', '__mod__', '__mul__', '__ne__', '__new__',
'__reduce__', '__reduce_ex__', '__repr__', '__rmod__', '__rmul__', '__
setattr__', '__sizeof__', '__str__', '__subclasshook__', 'cAPItalize',
'casefold', 'center', 'count', 'encode', 'endswith', 'expandtabs', 'find',
'format', 'format_map', 'index', 'isalnum', 'isalpha', 'isASCII', 'isdecimal',
'isdigit', 'isidentifier', 'islower', 'isnumeric', 'isprintable', 'isspace',
'istitle', 'isupper', 'join', 'ljust', 'lower', 'lstrip', 'maketrans', 'partition',
'replace', 'rfind', 'rindex', 'rjust', 'rpartition', 'rsplit', 'rstrip', 'split',
'splitlines', 'startswith', 'strip', 'swapcase', 'title', 'translate',
'upper', 'zfill']
```

字符串 a 的内置函数全部被显示出来了，如果希望查看某个具体函数的帮助信息，可以使用 help()函数，这个函数会显示相应对象相应函数的使用帮助信息。

6.2 列表的应用

列表是 Python 的一种序列，是包含若干元素的连续内存空间。列表是一个有序的、可变的、连续的序列。列表和数组不太一样，在其他计算机语言中的一种常见数据结构叫数组，例如 C 语言、Java 语言。这些语言中的数组是一组连续的、元素类型相同的序列；而 Python 提供的列表也是一组连续的序列，但是元素的数据类型不一定相同。

6.2.1 列表的应用案例

首先看在一个案例中列表是怎么应用的，详细的用法可以参见 6.2.2～6.2.5 节。

前面提到为 Python 学习系统设计了用户登录、欢迎词提示，以及菜单制作，但是由于应该有多个用户，程序需要记录每个用户登录的账号，而用于存储记录用户名的数据结构可以以列表的形式来实现。

例 3，参见“源代码/ch6/3.Pythonsystem1.1.py”。

```
import getpass
#用户名列表
names=["student","Alice","Bob","Judy","Mike","Shelly"]
passwd ="dvgi"
##首先用函数定义加密的程序
def encrypto(password):
  crypto =""
  for j in password:
    crypto =crypto +"".join(chr((ord(j)-97+3)%26+97))
  return crypto
##播放视频
def playvideo():
  pass
##播放视频
def doexercise():
  pass
##播放视频
def freeexercise():
  pass
##选择菜单
def menu():
  welcome ='''
  请选择以下功能数字:
  1.播放学习视频
  2.做练习题
  3.自由练习
  4.结束
```

```
    '''
    print(welcome)
    i=0
    #菜单选择
    while(i<3):
        i+=1
        c =input("你的选择是: ")
        if int(c)==1:
            print("你选择了观看视频,好好学习,加油!")
            playvideo()
        elif int(c)==2:
            print("你选择了做练习题,好好学习,加油!")
            doexercise()
        elif int(c)==3:
            print("你选择了自由练习,好好学习,加油!")
            freeexercise()
        elif int(c)==4:
            print("你选择了退出,好好学习,期待你下次访问!")
            exit()
        else:
            print("你的输入有误,请重新选择.")
    else:
        print("你用的时间太长,休息一会吧,谢谢使用!")
        exit()
##登录系统
def login():
    i=0
    while(i <3):
        username =input("请输入你的用户名: ")
        password =getpass.getpass("请输入你的密码: ")
        i+=1
##     if username==name and encrypto(password)==passwd:
##     修改用户匹配方式
        if username in names and encrypto(password)==passwd:
            print("欢迎{}进入 Python 学习系统".format(username))
            menu()
            break
        else:
            print("用户名或密码错误,请再试一次!")
    else:
        print("你尝试太多次了,谢谢使用,再见!")
##主函数
def main():
    login()
```

这个程序仅在第 5 章的例 20 的基础上修改了两条语句。一条是在第 3 行，由原来的字符串改为了字符串列表。另一条是在第 61 行，为了方便比较，笔者把第 5 章例 20 原先的代码以注释的形式保留下来，方便对比，这行代码在程序的第 59 行。这两种代码的唯一的区别是条件判断，第 5 章的例 20 判断用户名字符串是否相等；而这个例子中，判断用户名是否存在于字符串列表 names 中，使用的是成员运算符 in。

这样修改后，系统变为多用户的 Python 学习系统，每个用户有自己的专属账号。

6.2.2 列表的创建与删除

列表的应用非常广泛，定义列表的常用方式通常是直接赋值或使用 list() 函数。直接赋值是使用中括号“[]”将元素括起来，而列表中的元素之间使用逗号“,”分隔。

例 4-1，参见“源代码/ch6/4.listshell.py”。

```
>>>l =[]                                #定义空列表
>>>l
[]
>>>l =[123,'aa',12.3, {}]               #定义一个一维列表
>>>l
[123, 'aa', 12.3, {}]
>>>l =['Bob', 40,['dev', 'mgr']]        #定义一个多维列表
>>>l
['Bob', 40, ['dev', 'mgr']]
>>>l =list('Hello')                     #用 list 内置函数定义一个列表
>>>l
['H', 'e', 'l', 'l', 'o']
>>>l =list(range(-4,4))                 #用 list 和 range 内置函数定义列表
>>>l
[-4, -3, -2, -1, 0, 1, 2, 3]
```

在这个例子中，列表采用直接赋值或 list 函数的方式创建，同时列表中的每个元素的类型都不一样，以 l = ['Bob', 40,['dev', 'mgr']]为例，l[0]的元素是'Bob'，数据类型为字符串；l[1]的元素是 40，数据类型为数字中的整数；l[2]的元素是['dev','mgr']，数据类型是列表。

Python 语言也和 Java 语言一样有自动回收机制，因此在列表创建后，通常情况下不需要关心列表的删除。但是，Python 依然提供了 del 函数用于回收列表。使用 del(listname) 可以删除列表，del(l[3])则表示删除列表中的第 3 个元素。

例 4-2，参见“源代码/ch6/4.listshell.py”。

```
>>>del(l)
>>>l
Traceback (most recent call last):
  File "<pyshell#72>", line 1, in <module>
    l
NameError: name 'l' is not defined
```

在这个例子中，在列表被删除后，再次引用列表时就会报错。

6.2.3　列表元素的添加和删除

列表创建后，其中的元素可以修改，也可以添加和删除。添加列表中的元素可以使用 append、extend、insert 函数。append 表示追加，从尾部追加元素；extend 表示扩展，从尾部增加一个列表；insert 函数表示插入元素，它有两个参数，第 1 个参数是索引的位置（即插入的位置），第 2 个参数是元素的值。

例 4-3，参见“源代码/ch6/4.listshell.py”。

```
>>>l =list(range(0,10))
>>>l
[0, 1, 2, 3, 4, 5, 6, 7, 8, 9]
>>>l.append(11)                   #在列表的最后追加数字 11
>>>l
[0, 1, 2, 3, 4, 5, 6, 7, 8, 9, 11]
>>>l.extend([10.11,12])           #在列表的最后增加列表
>>>l
[0, 1, 2, 3, 4, 5, 6, 7, 8, 9, 11, 10.11, 12]
>>>l.insert(5,13)                 #在列表中指定的位置 5 插入数字 13
>>>l
[0, 1, 2, 3, 4, 13, 5, 6, 7, 8, 9, 11, 10.11, 12]
```

列表中通过函数可以删除列表中某一特定元素或最末的元素。删除列表中的元素通常使用 remove()、pop()等内置函数。不带参数的 pop()函数，表示删除最末的元素；pop()函数如果有参数，参数代表列表删除索引指向的元素。remove()函数中间有参数，可以删除列表中第一次出现的元素。

例 4-4，参见“源代码/ch6/4.listshell.py”。

```
>>>l=list(range(5,20))
>>>l.clear()
>>>l
[]
>>>l=[5, 6, 8, 9, 7, 12, 7, 14, 10, 16, 17, 18]
>>>l.pop()                 #弹出并访问最后一个元素
18
>>>l
[5, 6, 8, 9, 7, 12, 7, 14, 10, 16, 17]
>>>l.pop(3)                #弹出并访问第 3 个元素
9
>>>l
[5, 6, 8, 7, 12, 7, 14, 10, 16, 17]
>>>l.remove(7)             #删除第一次出现 7 的元素
>>>l
[5, 6, 8, 12, 7, 14, 10, 16, 17]
```

6.2.4 列表的运算

列表在 Python 中可以使用运算符“+”和“ * ”，加号“+”表示两个列表相连运算，星号“ * ”表示列表重复。另外，还有许多关于 list 的内置函数，例如，len()函数可以计算列表、元组、字符串等数据类型的长度。

例 4-5，参见“源代码/ch6/4.listshell.py”。

```
>>>l                                    #原始列表
[0, 1, 2, 3, 5, 6, 7, 9]
>>>len(l)                               #列表长度
8
>>>l+l                                  #列表相加
[0, 1, 2, 3, 5, 6, 7, 9, 0, 1, 2, 3, 5, 6, 7, 9]
>>>l * 3                                #列表乘法
[0, 1, 2, 3, 5, 6, 7, 9, 0, 1, 2, 3, 5, 6, 7, 9, 0, 1, 2, 3, 5, 6, 7, 9]
>>>3 in l                               #判断 3 是否为列表中的元素
True
>>>for x in l:                          #循环打印 l 列表中的元素
       print(x)
0
1
2
3
5
6
7
9
>>>l =[x * * 2 for x in range(8)]       #生成列表的推导式
>>>l
[0, 1, 4, 9, 16, 25, 36, 49]
```

值得注意的是，字符串和列表看起来似乎是一样的，都是由字符组成的。但是实际上，两者存在区别：字符串属于流结构，是连贯的，它的结构紧密，因此不能修改其中的某个元素；而字符列表中的单个字符元素独立存在，并且允许修改其中任何一个元素。

例 4-6，参见“源代码/ch6/4.listshell.py”。

```
>>>s ="ABCDE"                 #字符串
>>>l =list(s)                 #字符列表
>>>print(s,l)                 #输出字符串和字符列表
ABCDE ['A', 'B', 'C', 'D', 'E']
>>>l[2] ='c'                  #修改列表中的元素
>>>s[2] ='c'                  #修改字符串中的元素，这样做会报错
Traceback (most recent call last):
  File "<pyshell#119>", line 1, in <module>
```

```
    s[2] = 'c'
TypeError: 'str' object does not support item assignment
```

这个例子充分说明了字符串和列表的区别：①列表是单个独立元素的组合，而字符串是引号内的一串字符；②列表可以修改其中的元素，而字符串内的元素不能修改。

6.2.5 列表的切片

切片是Python对有序序列非常重要的操作之一，使用对象为列表、元组、字符串、range对象等类型。切片使用2个冒号分隔3个数字，格式如下。

```
[start: stop: step]
```

参数如下。

start：切片开始位置(默认为0)。

stop：切片结束位置(不包含，默认列表长度)。

step：切片步长(默认为1)，可省略，省略时后一个冒号也省略。

这个切片类似range()函数的3个参数，它们有着相同的特性，都表示半闭半开区间，即[start，stop)的区间。这个区间有个特点，就是开始的值可达，而结束的值不可达，可以将这种方式形象地称呼为"顾头不顾尾"。

切片的这3个参数是可以省略的，例如，step省略，则表示默认值1；start省略，表示从0开始；当然也有stop省略的情况，表示默认切片到列表结尾。

切片的应用如下。

例4-7，参见"源代码/ch6/4.listshell.py"。

```
>>>names =["Alice","Bob","Trudy","Jerry","Tom","Tracy"]     #定义一个列表
>>>len(names)                         #返回列表长度
6
>>>names[1:4]                         #切取names列表序号为1到3之间的元素
['Bob', 'Trudy', 'Jerry']
>>>names[:3]                          #切取names列表序号为0到2之间的元素
['Alice', 'Bob', 'Trudy']
>>>names[3:]                          #切取names列表序号为3到结束之间的元素
['Jerry', 'Tom', 'Tracy']
```

start、stop是序列的序号，通常这些序号都是大于0的数，但是Python提供了一个非常特别的序数要求，就是这些序数可以是负数，负数序号表示从序列的最后一个元素开始逆序记录，因此负号表示逆序，绝对值表示逆序的序号，如图6.1所示。

例4-8为序号为负数的列表切片应用，参见"源代码/ch6/4.listshell.py"。

```
>>>names[3:-1]                #切片起始位是3,结束位为最后一个
['Jerry', 'Tom']
>>>names[::-1]                #切片起始位是0,结束位为全部长度,步长为-1(将列表倒序)
```

```
4.  ['Tracy', 'Tom', 'Jerry', 'Trudy', 'Bob', 'Alice']
5.  >>>names[-1::-1]
                    #切片起始位是最后一个元素,结束位为全部长度,步长为-1(将列表倒序)
6.  ['Tracy', 'Tom', 'Jerry', 'Trudy', 'Bob', 'Alice']
```

切片序号以及省略表示

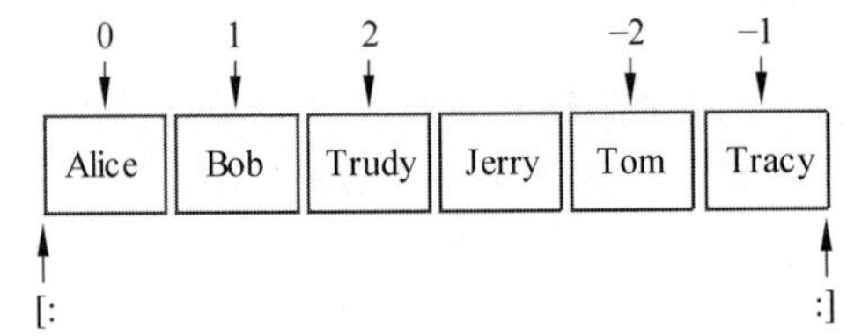

图 6.1　切片序号以及省略表示

上面是一些负数做切片序号的用法，其中有很多非常有趣的地方。

程序第 1 行，对 names 进行了[3：－1]的切片，此时表示从序号 3 的元素开始到倒数第 2 个元素，由于－1 的元素是不可达的，所以切片到倒数第 2 个元素。这一点可以从第 2 行看出。

程序第 3 行 names[：：－1]，它的 start 和 stop 都是空，只有 step 为－1，说明逆序显示 names 列表。

程序第 5 行 names[－1：：－1]，它的 start 是－1，代表从最后一个元素开始；stop 值为空，默认整个字符串；步长为－1，代表它是向后退着走的。和第 3 行程序表达的含义一样，也是逆序显示 names 列表。从第 4 行和第 6 行的结果可以看出，names 是倒过来输出的。

如果 names[－1：：]这样写，那么 step 默认为 1，就只有最后一个元素被输出，因此，如果想让整个列表逆序显示，就需要给定步长值 step 为－1。

6.3　元组的应用

元组是与列表类似的有序序列，但是元组不能修改，这是它与列表最大的区别。元组和字符串都是不能改变的。元组创建很简单，可以使用直接赋值法，也可以使用 tuple()函数。直接赋值法使用小括号“()”将元素括起来，并且用逗号“，”隔开。

6.3.1　元组的应用案例

首先通过一个简单的例子来查看元组的应用，元组的详细应用参见 6.3.2～6.3.3 节。

元组的特点就是不能修改，这也给元组加上了一层保护，防止程序在意外情况下修改元组。

例 5，参见“源代码/ch6/5.base36th.py”。

```
ch =('a','b','c','d','e','f','g','h','i','j','k','l','m','n','o','p',
     'q','r','s','t','u','v','w','x','y','z','0','1','2','3','4','5',
     '6','7','8','9')
```

```
4.  ##输入一个字符串
5.  code =input('输入一个字符串')
6.  t=0
7.  ##将字符串转换为一个长整数
8.  for i in code:
9.      t =t * 256 +ord(i)
10. s =''
11. ##三十六进制转换
12. while(t!=0):
13.     s =s.join(ch[t%len(ch)]+' ').rstrip() #插入分隔符,第一个在开头,第二个在结尾
14.     t=t//len(ch)
15. print(s)
```

这是一个 36 进制编码,当然也可以根据这个原理编写其他进制的编码。

程序第 1~3 行定义了一个长度为 36 的元组 ch。ch 是三十六进制位上的基数符号。

程序第 5 行从键盘输入一个字符串,用来转换为三十六进制。

程序第 8~9 行将字符串转换成一个长整数。

程序第 12~14 行将每一个三十六进制的值逆序存放到 s 中。

程序第 15 行是输出结果。

6.3.2 元组的创建与删除

元组的创建过程类似列表,唯一的区别是列表使用中括号,但是元组使用的是小括号。注意一种特殊的处理情况,就是当元组中只有一个元素的时候,它需要在元素后加上逗号","来表示这是一个元组而不是表达式。

例 6-1,参见"源代码/ch6/6.tupleshell.py"。

```
>>>t =()                    #定义空元组
>>>t
()
>>>t =(1,)                  #定义长度为 1 的元组,必须加上逗号
>>>t
(1,)
>>>t =(1)                   #定义长度为 1 的元组,必须加上逗号,如果不加,系统会识别错误
>>>t
1
>>>type(t)                  #定义长度为 1 的元组,系统识别为整数类型
<class 'int'>
>>>t =(0,'Pi',1.3,6)        #定义长度为 4 的元组
>>>t
(0, 'Pi', 1.3, 6)
>>>t =0,'Pi',1.3,6          #定义长度为 4 的元组(省略括号方式)
>>>t
(0, 'Pi', 1.3, 6)
```

```
>>>t =1,2                     #定义长度为 2 的元组(省略括号方式)
>>>t
(1, 2)
>>>t =(1,2,(4,5))             #定义二维的元组
>>>t
(1, 2, (4, 5))
>>>t =tuple('hello')          #用 tuple 函数定义的元组
>>>t
('h', 'e', 'l', 'l', 'o')
```

删除元组也使用 del 函数，值得注意的是，元组不能修改，因此列表中的 append()、insert()、pop()等函数在元组中是不存在的。

例 6-2，参见“源代码/ch6/6.tupleshell.py”。

```
>>>del(t)          #删除元组 t
```

6.3.3 元组的访问

元组的访问和列表类似，可以使用序号的方式来访问。切片同样适用于元组。列表中的 index()、count()等函数用于访问列表，同样在元组中也存在这些函数，用于访问元组。

例 6-3，参见“源代码/ch6/6.tupleshell.py”。

```
>>>t =tuple('hello')                #创建元组
>>>t[3]                             #访问下标为 3 的元素
'l'
>>>t[2]                             #访问下标为 2 的元素
'l'
>>>t[1:3]                           #访问下标为 1、2 的元素
('e', 'l')
>>>len(t)                           #元组长度
5
>>>t2 =tuple('dev')                 #创建 t2 元组
>>>t +t2                            #元组相加
('h', 'e', 'l', 'l', 'o', 'd', 'e', 'v')
>>>t * 3                            #元组重复
('h', 'e', 'l', 'l', 'o', 'h', 'e', 'l', 'l', 'o', 'h', 'e', 'l', 'l', 'o')
>>>for x in t:                      #循环访问元组元素
  print(x)
h
e
l
l
o
```

```
>>>'i' in t                                    #判断 i 是否为 t 的元素
False
>>>'e' in t                                    #判断 e 是否为 t 的元素
True
>>>t.index('l')                                #查找元素 l 并返回下标
2
>>>t.count('l')                                #查找元素 l 并返回下标
2
```

6.4 集合的应用

集合是 Python 中的一种无序的、不能重复的数据类型，这种类型在存储时采用 hash 的方式，使它没有重复的内容，并且其内容不保持输入的顺序，而是按照存储的顺序。

6.4.1 集合的应用案例

集合应用的详细内容参见 6.4.2～6.4.3 节。集合应用的例子有很多，例如，在随机生成的一组数中，计算每个数的重复率。

集合是一个数学概念，集合有 3 个主要特征。①集合具有某种特定性质的对象，例如，班级包括全班所有同学，那么可以说班级就是一个集合，这个集合包含了属于这个班级里的所有成员。②集合中的元素不可重复，同样在班级中，每一位同学都是班级中的一员，但是不能说某个同学是这个班级中的“两员”，由此可知集合中的元素都不能重复。③集合的元素没有顺序，也就是说班级中的每个同学都没有必须排在某个同学之前或必须排在某个同学之后这样的顺序要求。

下面通过一个例子来展示集合的应用，例如一个学生可以加入几个社团，而社团也有许多学生，现在希望找出同时加入某两个社团的学生。

例 7，参见“源代码/ch6/7.setcount.py”。

```
1.  art_set =set(['Alice','Judy','Alex','Queen','Mike','Johnny'])
2.  dance_set =set(['Alice','Tracy','Jack','Danna','Mike','Johnny'])
3.  ##同时加入美术社团和舞蹈社团的学生
4.  print('两个社团都加入的学生有：',art_set&dance_set)
5.  ##只加入了其中一个社团的学生
6.  print('只加入了其中一个社团的学生',art_set^dance_set)
```

设置艺术社团 art_set 的成员和舞蹈社团 dance_set 的成员，如果希望找到同时参加了这两个社团的同学，可以使用“&”交集运算符来计算，如果只想找出仅参加了一个社团的同学，可以使用“^”对称差集运算符来计算。参见程序第 4 行和第 6 行。

6.4.2 集合的创建与删除

Python 支持直接赋值和 set()函数两种方式创建集合。

直接赋值使用大括号“{}”将集合成员括起来，而集合中的元素之间用逗号“，”分隔开。

例 8-1，参见“源代码/ch6/8.setshell.py”。

```
>>>a={3,5}                    #创建集合，使用一对“{}”来创建集合
>>>a
{3, 5}
>>>a2=set(range(5,13))        #创建集合，使用 set 和 range 函数创建集合
>>>a2
{5, 6, 7, 8, 9, 10, 11, 12}
>>>b =set([1,3,5,7,9])        #创建集合，使用列表创建集合
>>>b
{1, 3, 5, 7, 9}
>>>x=set()                    #创建空集合
>>>x
set()
```

集合在 Python 数据结构中是无序的、不重复的序列。因此在例 8-2 的创建方式中，会看到很多无序和去重的处理。

例 8-2，参见“源代码/ch6/8.setshell.py”。

```
1.  >>>c=set('hello')             #利用字符串创建集合
2.  >>>c
3.  {'h', 'e', 'o', 'l'}          #得到没有重复字母的集合(自动去掉重复的元素)
4.  >>>import random              #导入随机数对象，以便后面代码使用
5.  >>>d ={random.randint(1,100) for i in range(20)}        #利用推导式创建集合
6.  >>>d                          #显示这个集合
7.  {6, 11, 12, 13, 22, 26, 29, 40, 44, 45, 51, 56, 57, 61, 67, 71, 72, 90, 94, 100}
8.  >>>len(d)                     #集合的长度，这里显示 20，说明随机数没有重复
9.  20
10. >>>d ={random.randint(1,10) for i in range(20)}       #再次通过推导式创建集合，
    #这里创建集合，调整了随机数的范围，使随机数能重复
11. >>>d                          #显示这个集合，这次明显看到这个集合短很多
12. {1, 2, 3, 4, 6, 7, 8, 9}
13. >>>len(d)                     #集合长度，也明显没有 20 这个长度
14. 8
```

程序第 1 行用“hello”创建集合，“hello”中有两个“l”，由于集合没有重复元素，因此这个创建的集合 c 实际上只有 4 个元素。正如程序第 3 行显示的元素就只有 4 个。细心观察会发现这个集合的字母顺序和前面给的顺序不一样，说明集合是无序的。在学习过程中一定要注意这一点，有的同学在学习的过程中发现自己创建的集合和老师创建的集合显示出来的顺序不一样，就感觉自己是不是错了，其实并没有错。这是由于集合的无序性而产生的现象。

程序第 4 行导入 random 模块，这个模块专门用于随机数的处理。

程序第 5 行，使用推导式创建 20 个范围为 1～100 的随机数加入集合，因此，第 7 行会列出这 20 个随机数，但是这些随机数产生的顺序是不确定的。

程序第 10 行，再次使用推导式创建 20 个范围为 1～10 的随机数加入集合，这时会产生重复数，因此，产生的新的集合 d 就短了许多，参见第 12 行。

对于集合元素的增加和删除操作，可以使用 add()函数增加一个元素，使用 pop()弹出并删除已有元素，使用 remove()删除指定的元素。

例 8-3，参见“源代码/ch6/8.setshell.py”。

```
1.  >>>a                    #显示 a 集合中的内容
2.  {3, 5}
3.  >>>dir(a)               #显示 a 的所有内置函数及常量
4.  ['__and__', '__class__', '__contains__', '__delattr__', '__dir__', '__doc__', '__eq__', '__format__', '__ge__', '__getattribute__', '__gt__', '__hash__', '__iand__', '__init__', '__init_subclass__', '__ior__', '__isub__', '__iter__', '__ixor__', '__le__', '__len__', '__lt__', '__ne__', '__new__', '__or__', '__rand__', '__reduce__', '__reduce_ex__', '__repr__', '__ror__', '__rsub__', '__rxor__', '__setattr__', '__sizeof__', '__str__', '__sub__', '__subclasshook__', '__xor__', 'add', 'clear', 'copy', 'difference', 'difference_update', 'discard', 'intersection', 'intersection_update', 'isdisjoint', 'issubset', 'issuperset', 'pop', 'remove', 'symmetric_difference', 'symmetric_difference_update', 'union', 'update']
5.  >>>a.add(4)             #增加元素 4
6.  >>>a
7.  {3, 4, 5}
8.  >>>a.add(5)             #增加已存在的元素 5
9.  >>>a
10. {3, 4, 5}
11. >>>a.add(1)             #增加元素 1
12. >>>a
13. {1, 3, 4, 5}
14. >>>a.pop(3)             #pop()不接收参数
15. Traceback (most recent call last):
16.   File "<pyshell#91>", line 1, in <module>
17.     a.pop(3)
18. TypeError: pop() takes no arguments (1 given)
19. >>>a.pop()              #删除并返回一个元素
20. 1
21. >>>a.remove(3)          #删除指定的元素
22. >>>a
23. {4, 5}
```

程序第 1 行显示 a 变量的值。

程序第 2 行显示一个集合。如何判断这是集合？因为两个元素是用大括号“{}”括起来的。这时可以查看 a 的内置函数。

程序第 3 行使用了 dir()函数查看集合的内置函数，结果参见第 4 行。

由于集合中具有无序性，所以从尾部追加就显得没有意义了，因此集合中没有 append()、

extend()这些函数，同时 insert()函数指定插入位置的这种插入方式也不适用于集合了。给集合增加一个元素可以使用 add()函数，参见程序第 5、8、11 行。

集合中可以使用 pop()函数，但是 pop()不能指定某个位置的元素弹出，只能删除并返回一个元素(这个元素可能是随机的)，参见程序第 14 和 19 行。

删除一个元素可以使用 remove()函数，参见程序第 21 行，a 集合中剩下的元素参见第 23 行。

6.4.3 集合的并交差运算

元组和集合的概念来源于数学，因为 Python 的创始人 Guido 是一个应用数学领域的专家，他比较擅长将数学中的一些概念以程序代码实现。因此，集合在数学中的并集、交集、差集在 Python 中均有实现方法，如表 6.5 所示。

表 6.5 集合的并交差

运算符	说明	实例

|	并集
	A B
		>>> a = set(range(1,10))
		>>> b = set(range(7,15))
		>>> a
		{1, 2, 3, 4, 5, 6, 7, 8, 9}
		>>> b
		{7, 8, 9, 10, 11, 12, 13, 14}
		>>> a|b
		{1, 2, 3, 4, 5, 6, 7, 8, 9, 10, 11, 12, 13, 14}

&	交集 A B	>>> a&b {8, 9, 7}

−	差集 A−B
	A B
	B−A
	A B
		>>> a−b
		{1, 2, 3, 4, 5, 6}
		>>> b−a
		{10, 11, 12, 13, 14}

续表

运算符	说　明	实　例
^	对称差集	`>>> a^b` `{1, 2, 3, 4, 5, 6, 10, 11, 12, 13, 14}`

`<`	比较子集	`>>> a<b`
		`False`
		`>>> c=set(range(9,12))`
		`>>> c<b`
		`True`

6.5　字典的应用

字典是一个特殊的数据类型。如果列表是有序序列，那么字典可以认为是无序集合，它们的主要区别在于，字典中的元素被称为条目(item)，而条目中有键(key)和值(value)两类，字典中的条目可以通过键来获取。

6.5.1　字典的应用案例

再谈 Python 学习系统。学习字典之后，可以轻而易举地发现用户名和密码是一个有效的键-值对，这个结构和字典太像了，如果可以通过字典的结构来完善多用户的 Python 学习系统，使每个用户都有自己独立的密码，就太完美了。下面就来修改用户登录程序，给每个用户都增加一个独立密码，使这个用户和密码成为一个键-值对。

字典的具体操作参见 6.5.2～6.5.3 节。

例 9，参见“源代码/ch6/9.Pythonsystem1.2.py”。

```
import getpass
#用户名列表
names=["student","Alice","Bob","Judy","Mike","Shelly"]
#密码列表
passwds =["dvgi","dvgi","dvgi","dvgi","dvgi","dvgi"]
#生成字典
d =dict(zip(names,passwds))
##首先将加密的程序用函数定义出来
def encrypto(password):
    crypto =""
    for j in password:
        crypto =crypto +"".join(chr((ord(j)-97+3)%26+97))
    return crypto
```

```
##播放视频
def playvideo():
  pass
##播放视频
def doexercise():
  pass
##播放视频
def freeexercise():
  pass
##选择菜单
def menu():
  welcome ='''
  请选择以下功能数字：
  1.播放学习视频
  2.做练习题
  3.自由练习
  4.结束
  '''
  print(welcome)
  i=0
  #菜单选择
  while(i<3):
    i+=1
    c =input("你的选择是：")
    if int(c)==1:
      print("你选择了观看视频,好好学习,加油!")
      playvideo()
    elif int(c)==2:
      print("你选择了做练习题,好好学习,加油!")
      doexercise()
    elif int(c)==3:
      print("你选择了自由练习,好好学习,加油!")
      freeexercise()
    elif int(c)==4:
      print("你选择了退出,好好学习,期待你下次访问!")
      exit()
    else:
      print("你的输入有误,请重新输入.")
  else:
    print("你用的时间太长,休息一会吧,谢谢使用!")
    exit()
##登录系统
def login():
  i=0
```

```
58.    while(i <3):
59.      username =input("请输入你的用户名: ")
60.      password =getpass.getpass("请输入你的密码: ")
61.      i+=1
62.  ##   if username==name and encrypto(password)==passwd:
63.  ##   修改用户匹配方式
64.  ##   if username in names and encrypto(password)==passwd:
65.  ##   使用字典后的代码
66.      if username in d.keys():
67.        if d[username]==encrypto(password):
68.          print("欢迎{}进入 Python 学习系统".format(username))
69.          menu()
70.          break
71.      else:
72.        print("用户名密码错误,请再试一次!")
73.    else:
74.      print("你尝试太多次了,谢谢使用,再见!")
75.  ##主函数
76.  def main():
77.    login()
78.  main()
```

程序第 3 行、第 5 行以及第 7 行分别是创建用户列表、密码列表以及创建字典 d,其中包含了{'student': 'dvgi', 'Alice': 'dvgi', 'Bob': 'dvgi', 'Judy': 'dvgi', 'Mike': 'dvgi', 'Shelly': 'dvgi'}这些用户密码键-值对。

程序其他部分基本不变,仅在程序第 66 行对字典类型的用户密码进行处理。为了方便用户查看,这里保留了用户判别的两种不同方式,参见第 62 行和第 64 行,这两种方式在第 5 章例 20 和本章例 3 中使用过。

这个功能可以让用户使用个性化的密码,那么问题来了,程序似乎缺少了用户修改密码的功能,现在如果让读者自己增加这个功能,如何实现呢?

这个问题留给读者思考。

6.5.2 字典的创建与删除

Python 提供了多种创建字典的方法,其中最简单的是直接赋值。

语法格式如下。

```
variable ={ key1 : value1,
         key2 : value2,
         key3 : value3 }
```

创建字典使用大括号"{}"将所有的条目括起来,每个条目之间用逗号","分隔,而每个条目是一个 key(键)-value(值)对,条目的键值之间用冒号":"分隔,字典中的键可以是字符串、数字等数据类型,字典中的值可以是字符串、数字、列表、元组等多种数据类型,在字典中，键不可以变，不可以重复，但是值可以改变而且能重复。

也可以使用 dict()函数创建字典。如果使用 dict()创建字典，常用 zip()函数将两个列表相同序号的元素一一对应，这样就像极了字典的键-值对结构，因此这两个函数经常一起使用。

例 10-1，参见“源代码/ch6/10.dictshell.py”。

```
>>>d ={}                                #创建空字典
>>>d
{}
>>>d ={'name':"Bob","age":40}           #用“{}”创建字典
>>>d
{'name': 'Bob', 'age': 40}
>>>empl ={"market_manage":{'name':'Bob',"age":40},'CEO':{'Name':'Toddy',
'age':52}}                              #用“{}”创建多维字典
>>>e
{'market_manage': {'name': 'Bob', 'age': 40}, 'CEO': {'Name': 'Toddy', 'age':
52}}
>>>d =dict([('name', 'Toddy'), ('age', 51)]) #用 dict()函数和列表参数创建字典
>>>d
{'name': 'Toddy', 'age': 51}
>>>d =dict(name='Toddy', age=40)    #用 dict()函数和赋值参数法创建字典
>>>d
{'name': 'Toddy', 'age': 40}
>>>names =["Alice","Bob","Trudy","Jerry","Tom","Tracy"]
>>>ages =[23,40,35,46,52,39]
>>>d =dict(zip(names,ages))             #用 dict()函数、键列表和值列表创建字典
>>>d
{'Alice': 23, 'Bob': 40, 'Trudy': 35, 'Jerry': 46, 'Tom': 52, 'Tracy': 39}
```

删除字典只需要用 del()函数。

例 10-2，参见“源代码/ch6/10.dictshell.py”。

```
>>>del(d)                  #删除字典对象
```

字典中的 key 从某种意义上来讲与集合相近，不能重复，但是与集合的区别在于集合的元素可以修改，而 key 不能修改。字典中的值就没有太多要求，可以修改。

6.5.3 字典元素的读取

字典元素通常是通过键来访问的，访问方式也有许多种。字典元素的访问可以通过字典项的 key 来访问，可以直接使用“字典名[key]”来获得这个字典中 key 对应的值。

例 10-3，参见“源代码/ch6/10.dictshell.py”。

```
>>>d
{'Alice': 23, 'Bob': 40, 'Trudy': 35, 'Jerry': 46, 'Tom': 52, 'Tracy': 39}
>>>d['Alice']                #键名访问
```

```
23
>>>empl
{'market_manage': {'name': 'Bob', 'age': 40}, 'CEO': {'Name': 'Toddy', 'age':
52}}
>>>empl['CEO']['Name']        #二维字典键名访问
'Toddy'
>>>'age' in empl              #判断键是否存在字典中,这里失败是因为 empl 只有
                              #'market_manage'和'CEO'两个键名
False
>>>'age' in empl['CEO']       #判断键是否存在字典中,这里结果为 True 是由于 empl
                              #['CEO']也是字典,并且这个字典中存在'age'这个键
True
>>>empl.keys()                #读取字典中的所有键
dict_keys(['market_manage', 'CEO'])
>>>empl.values()              #读取字典中的所有值
dict_values([{'name': 'Bob', 'age': 40}, {'Name': 'Toddy', 'age': 52}])
>>>empl.items()               #读取字典中的所有键和值
dict_items([('market_manage', {'name': 'Bob', 'age': 40}), ('CEO', {'Name':
'Toddy', 'age': 52})])
>>>empl.get('CEO')            #获取 empl['CEO']的值
{'Name': 'Toddy', 'age': 52}
>>>empl.setdefault('engineer_manange')   #增加一个名为'engineer_manange'的
                                         #字典项,值默认为空
>>>empl                       #字典中刚才增加的项已经显示出来了
{'market_manage': {'name': 'Bob', 'age': 40}, 'CEO': {'Name': 'Toddy', 'age':
52}, 'engineer_manange': None}
>>>empl.pop('engineer_manange')       #删除键名为'engineer_manange'的字典项
>>>empl
{'market_manage': {'name': 'Bob', 'age': 40}, 'CEO': {'Name': 'Toddy', 'age':
52}}
>>>len(empl)                  #字典长度
2
```

字典的访问还可以通过 keys()函数获取字典中所有的键,可以通过 values()函数获取字典中所有的值,也可以通过 items()函数获取字典中所有的项。有兴趣的读者可以自己尝试。

6.6 综合应用案例

本章学习了字符串、列表、元组、集合以及字典这些数据类型,它们都有各自的特点。同时这几种数据类型在 Python 中都是序列,说明它们也有共同点。它们的区别和共同点如表 6.6 所示。

表 6.6　几种数据结构的比较

特　性	字符串	列　表	元　组	集　合	字　　典
有序	是	是	是	否	否(有些参考书说,字典结构中的元素是有序的)
元素类型	一样	不一样	不一样	不一样	不一样
顺序存储	是	是	是	否	是
元素复杂度	简单	简单	简单	简单	双元素,键和值
修改	不可以	可以	不可以	可以	可以
重复	可以	可以	可以	不可以	键不可以

下面来看看这些序列的综合应用案例。

想要知道英语单词中哪些是常用单词,哪些不是常用单词,需要在英文单词中找出这个词出现的频率。下面看一个实现词频统计的例子,以英文短文 *The Zen of Python* 为例进行词频统计。

例 11,参见"源代码/ch6/11.wordscount.py"。

```
text ='''The Zen of Python, by Tim Peters.
Beautiful is better than ugly.
Explicit is better than implicit.
Simple is better than complex.
Complex is better than complicated.
Flat is better than nested.
Sparse is better than dense.
Readability counts.
Special cases aren't special enough to break the rules.
Although practicality beats purity.
Errors should never pass silently.
Unless explicitly silenced.
In the face of ambiguity, refuse the temptation to guess.
There should be one--and preferably only one --obvious way to do it.
Although that way may not be obvious at first unless you're Dutch.
Now is better than never.
Although never is often better than *right* now.
If the implementation is hard to explain, it's a bad idea.
If the implementation is easy to explain, it may be a good idea.
Namespaces are one honking great idea --let's do more of those!'''
##首先将这段文字预处理,全部转换为小写字母,对其中的标点符号转为空格(便于词频分隔)
def getText(text):
  text =text.lower()
  for ch in '!"#$%&()*+,-./:;<=>?@[\\]^_‘{|}～':
    text =text.replace(ch, "")
```

```
26.     return text
27.   ##分隔出一个一个的单词
28.   txt =getText(text)
29.   words =txt.split()
30.   counts ={}
31.   ##循环统计词语出现次数
32.   for word in words:
33.     if word not in counts:          #第一次出现的单词要加入字典的键值中
34.       counts.setdefault(word,0)
35.     counts[word] =counts[word]+1   #计数
36.   items =list(counts.items())       #转成列表,方便排序
37.   items.sort(key =lambda X:X[1], reverse =True)
38.   for i in range(10):              #输出 top10 的单词
39.     word, count =items[i]
40.     print("{0:<10}{1:>5}".format(word, count))
```

程序第 1～20 行提供了 *The Zen of Python* 这首诗的全文,以便统计这首诗中出现的单词的频率。

程序第 22～26 行将这首诗中所有的标点符号都替换成了空字符。这里的前提是英文书写格式规范。保险起见应该是替换为空格,出现多个连续的重复空格后再消除。

程序第 28 行调用函数,去掉字符串中的标点符号,对字符串进行预处理。

程序第 29 行使用 split()函数,将预处理完的字符串 txt 中的单词一个一个提取出来生成 words 列表。

程序第 30 行创建一个 counts 字典,这个字典将处理单词出现的次数的记录。

程序第 32～35 行将 words 列表中的每个单词都取出来,判断是否存在于 counts 字典中,如果不存在,则添加这个单词作为键,0 作为它的值。如果单词存在于这个字段中可以不做这一步,然后对单词进行加 1 计数。

程序第 36 行将 counts 的 items 转为列表,这样方便排序。

程序第 37 行对 items 排序,排序条件按 item 的元素中的第 1 项来排序,x[0]里存放的是单词,肯定不能用 x[0]排序,x[1]里存放的是统计的单词个数,应该用它来排序,同时排序方式使用逆序排列 reverse = True,从高到低排序。

程序第 38～40 行取出排好序的前 10 个单词和单词出现的次数,然后输出。

这样输出了前 10 的高频词。请读者思考如何能输出全部的词频呢?

习题 6

1. Python3.x 的 range()函数有什么样的功能? 返回什么值?
2. 表达式[3] in [1,2,3,4]的值和表达式 3 in [1,2,3,4]的值一样吗? 为什么?
3. 对于列表 arr=[1,2,3,4,5,6,7],利用切片 arr[3:100]可能的值是什么?
4. 编写代码,使用筛选法查找并输出 1～100 的素数。

5. 写一个程序，生成 20 个随机数列表，然后将前 10 个元素升序排列，后 10 个元素降序排列并输出。

6. 请简述集合的特点。

7. 请简述字典的特点。

8. 请简述字符串、列表、元组、集合以及字典之间的区别和共同点。

Python图形处理

本章主要学习 Python 图像处理方法，其中 Turtle 是非常著名的图像处理工具，主要内容包括：

任务一：Turtle 绘图。

任务二：OpenGL 图形编程。

任务三：Pillow 图像处理。

本章教学目标

掌握 Turtle 编程，了解 Python 的 OpenGL 图形编程和 Pillow 图像处理。

7.1 Turtle 绘图

7.1.1 Turtle 简介

Turtle（海龟）简单易学，它通过海龟（光标）在屏幕上留下的痕迹来绘制图形，在 Python 的 Turtle 帮助中给了一个可爱的小例子。

例 1，参见“源代码/ch7/1.turtle_sunshine.py”。

```
from turtle import *
color('red', 'yellow')
begin_fill()
while True:
  forward(200)
  left(170)
  if abs(pos()) <1:
    break
end_fill()
done()
```

这个程序不长，仅有 10 行代码，其中用到了颜色 color()函数、填充 begin_fill()、end_fill()函数、向前移动 forward()函数、左转 left()函数以及位置 pos()函数。详细的教程请参见 7.1.3 节。

最后的效果如图 7.1 所示。

7.1.2 Turtle 案例赏析

Turtle 是采用行进轨迹绘制各种图像和图案的一种入门级绘图工具，Turtle 能绘制的内容案例如下。

1. 拦截导弹

军事打击导弹拦截图的绘制如图 7.2 所示。难点在于需要体现随机性，有拦截失败的情况，也有拦截成功的情况，当然大部分是成功的。

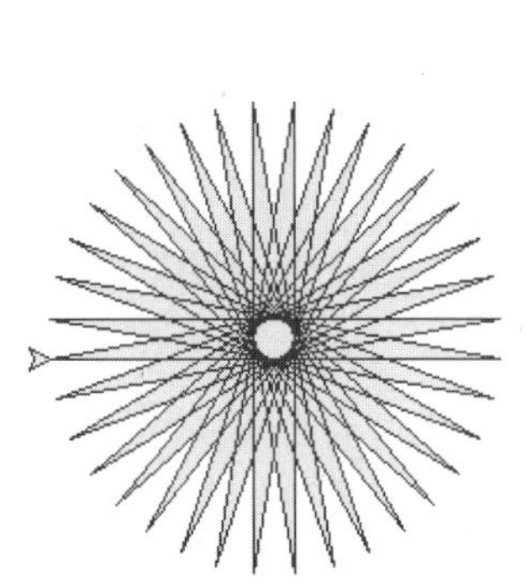

图 7.1 sunshine 运行效果图

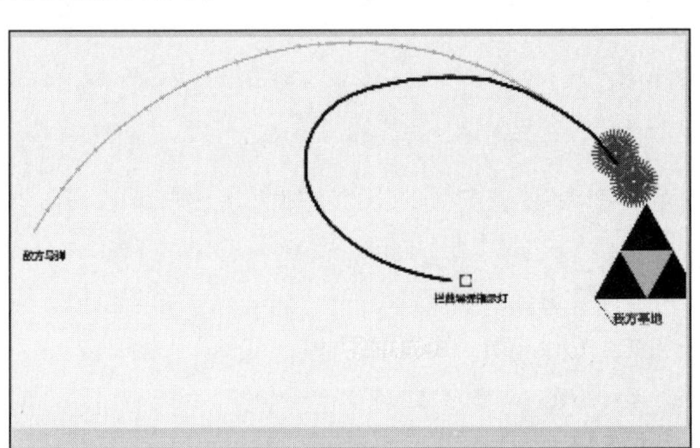

图 7.2 军事导弹拦截图

2. 罗小黑

罗小黑是一只可爱的黑猫，它有着神秘的身份，它还会神奇的魔法，吸引了观众的眼球，它呆萌的样子，竟然可以通过 Turtle 绘画出来，如图 7.3 所示。

3. 空中的织草

在唯美的构图下，绘制空中的织草如图 7.4 所示，读者们是否能通过学习 Turtle，绘制出更漂亮的图片呢？

图 7.3 Turtle 绘制的罗小黑

图 7.4 空中的织草

4. 五星红旗

看到国旗是不是非常熟悉呢？每个中国人心中都有这样一面国旗，这是中国的国旗。

例 2,参见"源代码/ch7/fivestarflag.py"。

```
#五星红旗绘制
import turtle
import random
def star(z):
  p.begin_fill()
  p.color("yellow")
  for i in range(5):
    p.forward(z)
    p.right(180-180/5)
  p.end_fill()
p=turtle.Turtle()
turtle.bgcolor("red")
turtle.title("我爱五星红旗!")
turtle.setup(width=900,height=600,startx=0,starty=0)
p.penup()
p.goto(-350,180)
p.pendown()
star(200)
p.left(50)
p.penup()
p.goto(-250,140)
for i in range(4):
  p.right(22)
  p.fd(200)
  p.pendown()
  star(50)
  p.penup()
  p.goto(-250,140)
turtle.done()
```

5. 机器猫

可爱的机器猫如图 7.5 所示,将我们直接带回儿时的记忆,看着这个可爱的大头,想想它那大大的肚子里到底有多少新奇的玩意?

图 7.5　机器猫

例 3，参见“源代码/ch7/dingdangcat.py”。

```
import turtle as t
#t.speed(5)
t.pensize(8)
t.hideturtle()
t.screensize(500, 500, bg='white')
#猫脸
t.fillcolor('#00A1E8')
t.begin_fill()
t.circle(120)
t.end_fill()
t.pensize(3)
t.fillcolor('white')
t.begin_fill()
t.circle(100)
t.end_fill()
t.pu()
t.home()
t.goto(0, 134)
t.pd()
t.pensize(4)
t.fillcolor("#EA0014")
t.begin_fill()
t.circle(18)
t.end_fill()
t.pu()
t.goto(7, 155)
t.pensize(2)
t.color('white', 'white')
t.pd()
t.begin_fill()
t.circle(4)
t.end_fill()
t.pu()
t.goto(-30, 160)
t.pensize(4)
t.pd()
t.color('black', 'white')
t.begin_fill()
a =0.4
for i in range(120):
  if 0 <=i <30 or 60 <=i <90:
    a =a +0.08
    t.lt(3)            #向左转 3°
```

```
        t.fd(a)                 #向前走 a 的步长
    else:
        a =a -0.08
        t.lt(3)
        t.fd(a)
t.end_fill()
t.pu()
t.goto(30, 160)
t.pensize(4)
t.pd()
t.color('black', 'white')
t.begin_fill()
for i in range(120):
    if 0 <=i <30 or 60 <=i <90:
        a =a +0.08
        t.lt(3)                 #向左转 3°
        t.fd(a)                 #向前走 a 的步长
    else:
        a =a -0.08
        t.lt(3)
        t.fd(a)
t.end_fill()
t.pu()
t.goto(-38, 190)
t.pensize(8)
t.pd()
t.right(-30)
t.forward(15)
t.right(70)
t.forward(15)
t.pu()
t.goto(15, 185)
t.pensize(4)
t.pd()
t.color('black', 'black')
t.begin_fill()
t.circle(13)
t.end_fill()
t.pu()
t.goto(13, 190)
t.pensize(2)
t.pd()
t.color('white', 'white')
t.begin_fill()
```

```
t.circle(5)
t.end_fill()
t.pu()
t.home()
t.goto(0, 134)
t.pensize(4)
t.pencolor('black')
t.pd()
t.right(90)
t.forward(40)
t.pu()
t.home()
t.goto(0, 124)
t.pensize(3)
t.pencolor('black')
t.pd()
t.left(10)
t.forward(80)
t.pu()
t.home()
t.goto(0, 114)
t.pensize(3)
t.pencolor('black')
t.pd()
t.left(6)
t.forward(80)
t.pu()
t.home()
t.goto(0, 104)
t.pensize(3)
t.pencolor('black')
t.pd()
t.left(0)
t.forward(80)
#左边的胡子
t.pu()
t.home()
t.goto(0, 124)
t.pensize(3)
t.pencolor('black')
t.pd()
t.left(170)
t.forward(80)
t.pu()
```

```
t.home()
t.goto(0, 114)
t.pensize(3)
t.pencolor('black')
t.pd()
t.left(174)
t.forward(80)
t.pu()
t.home()
t.goto(0, 104)
t.pensize(3)
t.pencolor('black')
t.pd()
t.left(180)
t.forward(80)
t.pu()
t.goto(-70, 70)
t.pd()
t.color('black', 'red')
t.pensize(6)
t.seth(-60)
t.begin_fill()
t.circle(80, 40)
t.circle(80, 80)
t.end_fill()
t.pu()
t.home()
t.goto(-80, 70)
t.pd()
t.forward(160)
t.pu()
t.home()
t.goto(-50, 50)
t.pd()
t.pensize(1)
t.fillcolor("#eb6e1a")
t.seth(40)
t.begin_fill()
t.circle(-40, 40)
t.circle(-40, 40)
t.seth(40)
t.circle(-40, 40)
t.circle(-40, 40)
t.seth(220)
t.circle(-80, 40)
t.circle(-80, 40)
t.end_fill()
```

```
#领带
t.pu()
t.goto(-70, 12)
t.pensize(14)
t.pencolor('red')
t.pd()
t.seth(-20)
t.circle(200, 30)
t.circle(200, 10)
#铃铛
t.pu()
t.goto(0, -46)
t.pd()
t.pensize(3)
t.color("black", '#f8d102')
t.begin_fill()
t.circle(25)
t.end_fill()
t.pu()
t.goto(-5, -40)
t.pd()
t.pensize(2)
t.color("black", '#79675d')
t.begin_fill()
t.circle(5)
t.end_fill()
t.pensize(3)
t.right(115)
t.forward(7)
t.mainloop()
```

6. 玫瑰花

一朵玫瑰花如图 7.6 所示，原来可以用 Turtle 绘制这么优美的曲线。

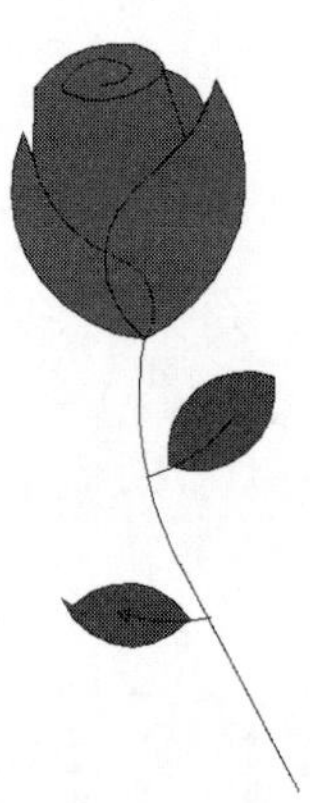

图 7.6　玫瑰花

例 4，参见“源代码/ch7/rose.py”。

```
import turtle as t

#定义一个曲线绘制函数
def DegreeCurve(n, r, d=1):
  for i in range(n):
    t.left(d)
    t.circle(r, abs(d))
#初始位置设定
s =0.2 #size
t.setup(450 * 5 * s, 750 * 5 * s)
t.pencolor("black")
t.fillcolor("red")
t.speed(100)
t.penup()
t.goto(0, 900 * s)
t.pendown()
#绘制花朵形状
t.begin_fill()
t.circle(200 * s,30)
DegreeCurve(60, 50 * s)
t.circle(200 * s,30)
DegreeCurve(4, 100 * s)
t.circle(200 * s,50)
DegreeCurve(50, 50 * s)
t.circle(350 * s,65)
DegreeCurve(40, 70 * s)
t.circle(150 * s,50)
DegreeCurve(20, 50 * s, -1)
t.circle(400 * s,60)
DegreeCurve(18, 50 * s)
t.fd(250 * s)
t.right(150)
t.circle(-500 * s,12)
t.left(140)
t.circle(550 * s,110)
t.left(27)
t.circle(650 * s,100)
t.left(130)
t.circle(-300 * s,20)
t.right(123)
t.circle(220 * s,57)
t.end_fill()
#绘制花枝形状
t.left(120)
```

```
t.fd(280 * s)
t.left(115)
t.circle(300 * s,33)
t.left(180)
t.circle(-300 * s,33)
DegreeCurve(70, 225 * s, -1)
t.circle(350 * s,104)
t.left(90)
t.circle(200 * s,105)
t.circle(-500 * s,63)
t.penup()
t.goto(170 * s,-30 * s)
t.pendown()
t.left(160)
DegreeCurve(20, 2500 * s)
DegreeCurve(220, 250 * s, -1)
#绘制一个绿色叶子
t.fillcolor('green')
t.penup()
t.goto(670 * s,-180 * s)
t.pendown()
t.right(140)
t.begin_fill()
t.circle(300 * s,120)
t.left(60)
t.circle(300 * s,120)
t.end_fill()
t.penup()
t.goto(180 * s,-550 * s)
t.pendown()
t.right(85)
t.circle(600 * s,40)
#绘制另一个绿色叶子
t.penup()
t.goto(-150 * s,-1000 * s)
t.pendown()
t.begin_fill()
t.rt(120)
t.circle(300 * s,115)
t.left(75)
t.circle(300 * s,100)
t.end_fill()
t.penup()
t.goto(430 * s,-1070 * s)
```

```
t.pendown()
t.right(30)
t.circle(-600 * s,35)
t.done()
```

7.1.3　Turtle 编程

前面展示了 Turtle 绘制的图案，这一节将详细介绍如何使用 Turtle 编程。Turtle 模块提供了非常多的函数来绘制图案，常用函数如表 7.1 所示。

表 7.1　Turtle 常见函数

函　数	说　明	用　法

forward(distance)
fd(distance)
	向前移动 distance 距离	>>> turtle.fd(100)
		>>> turtle.position()
		(100.00,0.00)

back(distance)
bk(distance)
backward(distance)
	向后移动 distance 距离	>>> turtle.bk(30)
		>>> turtle.position()
		(70.00,0.00)

right(angle)
rt(angle)
	向右转 angle 度	>>> turtle.heading()
		0.0
		>>> turtle.right(45)
		>>> turtle.heading()
		315.0

left(angle) lt(angle)	向左转 angle 度	

goto(x,y=None)
setpos(x,y=None)
setposition(x,y=None)
	Turtle 移动到指定的坐标位置，如果 Turtle 的笔是放下的，那么画线，不改变 Turtle 的方向
	注，这里 y=None，说明 x 是一个坐标元组，包含 x，y
		>>> tp = turtle.pos()
		>>> tp
		(70.00,0.00)
		>>> turtle.setpos(60,30)
		>>> turtle.pos()
		(60.00,30.00)
		>>> turtle.setpos((20,80))
		>>> turtle.pos()
		(20.00,80.00)
		>>> turtle.setpos(tp)
		>>> turtle.pos()
		(70.00,0.00)

setx(x)	设置 x 轴坐标	
sety(y)	设置 y 轴坐标	
setheading(toangle)	设置海龟方向	
seth(toangle) home()	海龟回到原点并且方向 0°	
circle(radius,extent=None,steps=None)	以 radius 为半径画圆，extent 是圆弧的角度	>>> turtle.circle(50,180)
dot(size=None, * color)	画点	>>> turtle.dot(size=10)

续表

<table>
<tr><th>函　　数</th><th>说　　明</th><th>用　　法</th></tr>
<tr><td>stamp()</td><td>在画布上留下 Turtle 的光标印，并返回 stampid</td><td rowspan="3">>>> turtle.color("blue")
>>> astamp = turtle.stamp()
>>> turtle.fd(50)
>>> turtle.position()
(200.00,−0.00)
>>> turtle.clearstamp(astamp)</td></tr>
<tr><td>clearstamp(stamp_id)</td><td>清除指定 stampid 的光标印</td></tr>
<tr><td>clearstamps()</td><td>清除所有的 stamp 光标印</td></tr>
<tr><td>undo()</td><td>撤销之前的移动</td><td>>>> for i in range(4):
　　turtle.fd(50)
　　turtle.lt(80)
>>> for i in range(8):
　　turtle.undo()</td></tr>
<tr><td>speed(speed=None)</td><td>Turtle 移动的整数值：最快为 0，正常为 6，快速为 10，最慢为 1，如果没有参数表示显示当前速度</td><td>>>> turtle.speed()
3
>>> turtle.speed('normal')
>>> turtle.speed()
6</td></tr>
<tr><td>position()
pos()</td><td>返回 Turtle 的坐标(x,y)</td><td rowspan="6">>>> turtle.pos()
(105.36,106.07)
>>> turtle.xcor()
105.35533905932742
>>> turtle.ycor()
106.06601717798215
>>> turtle.heading()
135.0
>>> turtle.distance((0,0))
149.49831928254528
>>> turtle.towards((0,0))
225.1925950346</td></tr>
<tr><td>xcor()</td><td>返回 x 轴坐标</td></tr>
<tr><td>ycor()</td><td>返回 y 轴坐标</td></tr>
<tr><td>heading()</td><td>调整海龟的方向</td></tr>
<tr><td>distance(x,y=None)</td><td>测量坐标(x,y)到海龟的距离</td></tr>
<tr><td>towards(x,y=None)</td><td>返回从海龟位置到(x,y)、向量或其他海龟指定位置的直线之间的角度</td></tr>
<tr><td>pendown()
pd()
down()</td><td>下笔，当移动时画图</td><td rowspan="5">>>> turtle.pu()
>>> turtle.goto((0,0))
>>> turtle.pd()
>>> for i in range(5):
　　turtle.fd(100)
　　turtle.lt(72)</td></tr>
<tr><td>penup()
pu()
up()</td><td>提笔，当移动时不画图</td></tr>
<tr><td>pensize(width=None)
width(width=None)</td><td>笔的粗细</td></tr>
<tr><td>pen(pen=None,** pendict)</td><td>返回笔的属性或设置笔的属性</td></tr>
<tr><td>isdown()</td><td>判断是否下笔</td></tr>
</table>

续表

函　　数	说　　明	用　　法
pencolor(* args)	返回已设置的笔颜色	>>> turtle.color("red") >>> turtle.circle(30)
pencolor()	无参数,返回当前颜色	
pencolor(colorstring)	参数 colorstring 可以是"red"、"yellow"、"blue"或"#33cc8c"	
pencolor ((r, g, b)) 或 pencolor(r,g,b)	(r,g,b)为红绿蓝三色组,每个颜色范围:0～255	
fillcolor(* args)	填充颜色函数,参数设置参考 pencolor	
color(* args)	等同于 pencolor	

filling()	判断是否填充	>>> turtle.filling()
		False
		>>> turtle.begin_fill()
		>>> turtle.color("yellow")
		>>> turtle.circle(20)
		>>> turtle.end_fill()

begin_fill() end_fill()	开始填充 结束填充	
reset() clear()	删除 Turtle 的画,重新回到原点,设置为默认值	>>> turtle.reset()

hideturtle()
ht()
	隐藏 Turtle 光标	>>> turtle.hideturtle()
		>>> turtle.showturtle()
		>>> turtle.isvisible()
		True

showturtle() st()	显示 Turtle 光标	
isvisible()	判断 Turtle 是否可见	

注:表 7.1 中的 shell 代码参见"源代码/ch7/2.turtleshell.py"。

Turtle 编程之旅现在开始,一起到 Turtle 的海洋里畅游吧。

1. 简笔画小房子

例 5,参见"源代码/ch7/3.turtle_house.py"。

```
from turtle import *                #导入 Turtle 所有函数
import math                         #导入数学类
up()
bk(141)
down()
for j in range(4):                  #绘制 4 个小房子,因为这 4 个是重复的,所以用循环
    color("red")
    begin_fill()
    left(45)                        #调整角度
    fd(50)                          #房顶的三角形的第一条边
    right(90)                       #调整角度
```

```
12.    fd(50)                          #绘制第二条边
13.    left(225)                       #调整角度
14.    for i in range(4):
15.      fd(math.sqrt(2) * 50)         #画正方形的四条边,计算这四条边长度
16.      if i==0:
17.        end_fill()
18.        color("green")
19.        #begin_fill()
20.      left(90)
21.    right(180)                      #调整海龟的方向,让它可以继续画下一个房子
22.    #end_fill()
```

程序第 1 行导入 Turtle 模块里的所有函数，这样导入的好处是可以直接使用 Turtle 中的函数，如果使用 import turtle 仅导入 Turtle 模块，那么所有的函数都需要加上模块名来使用，如 turtle.left(45)。

程序第 2 行导入 math 模块，因为后面计算房子的正方形边长需要使用 math 模块中的 sqrt()函数。

程序第 3～5 行，up()函数表示提起笔，这样后面的移动将不在画布上显示轨迹，bk()函数是为了让房子看起来在画布中间而移动的，down()函数表示放下笔，这样后面移动的轨迹会留在屏幕上。

程序第 6～21 行，绘制 4 个房子，做了 4 次循环，其中程序第 7 行是设置颜色，程序第 8 行设置填充开始，程序第 9～10 行，将 Turtle 头向左转 45°，前进 50，这样绘制了一条斜上 45°的线段，程序第 11～12 行，将 Turtle 头向右转 90°前进 50，这样就绘制出了斜下 45°的线段，至此已经绘制出如"^"的图案。程序第 13 行将 Turtle 头向左转了 225°，这样 Turtle 头就调整了方向。

程序第 14～20 行，主要完成绘制下面的正方形。其中程序第 15 行绘制正方形的一条边，循环第一次，绘制的既是三角形的底边又是正方形的顶边，由于三角形需要填充，而正方形的颜色需要改为绿色，因此程序第 16～19 行对第一次循环做了判断，如果是第一次循环，需要结束填充，并设置颜色为绿色。程序第 20 行向左转 90°。这样绘制下一条线时，就可以与前一条线垂直。

程序第 21 行为了调整 Turtle 头的方向，让它可以继续绘制下一个房子，由于绘制完最后一条线，Turtle 头向上，向左转了 90°后，Turtle 头会向左，而 Turtle 头应该向右，因此右转 180°。

当然如果希望将绿色的正方形也填充，可以去掉程序第 19 行和第 22 行的注释。

运行结果如图 7.7 所示。

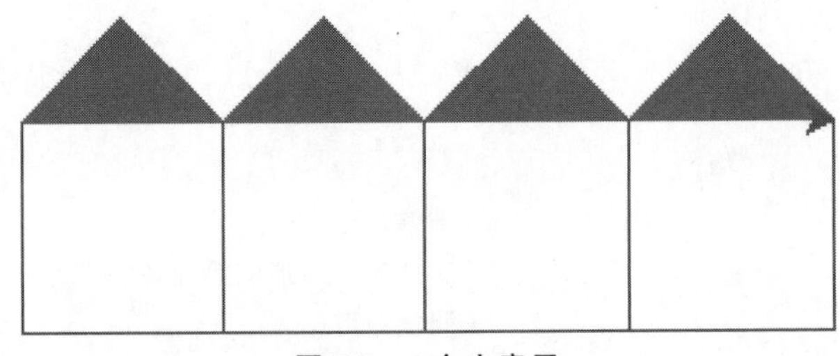

图 7.7　4 个小房子

2. 绘制小蛇

例 6，参见“源代码/ch7/4.snake.py”。

```
1.  from turtle import *
2.  import math
3.  pensize(18)                      #设置笔的 18 粗
4.  color("blue")                    #设置颜色为蓝色
5.  up()                             #提笔，下面的动作不画出来
6.  bk(350)                          #后退 350
7.  down()                           #落笔，开始作画
8.  fd(50)                           #画蛇尾
9.  for j in range(5):
10.   for i in range(0,360,30):
11.     goto(i/3+120*j-300,15*math.sin(math.pi*i/180))
12. #绘制 5 个正弦图形做蛇身体
13. fd(50)                           #画蛇脖子
14. circle(20,180)                   #画蛇脖子的弯
15. fd(20)                           #画蛇头
16. (x,y)=pos()
17. setpos((x+5,y))
18. color("black")
19. pensize(7)
20. dot()                            #画蛇眼睛
21. right(45)
22. fd(2)
23. color("white")
24. pensize(1)
25. dot()
26. hideturtle()                     #隐藏光标
```

程序第 1～2 行导入 Turtle 的所有函数和 math 模块。

程序第 3 行设置笔的粗细，这里设了 18，表示笔非常粗。

程序第 4 行设置颜色为蓝色。

程序第 5～7 行，提笔后退然后落笔，调整小蛇的起始位置，这样做便于小蛇在屏幕中间，不会偏向一边。

程序第 8 行，绘制蛇的尾部。

程序第 9～11 行，绘制 5 个完整周期的正弦函数图像，充当小蛇的身体。

程序第 13 行绘制小蛇的脖子连着身体直的那部分。

程序第 14 行，绘制脖子的弯弧线。

程序第 15 行，绘制蛇头的部分。

程序第 16～17 行设置 Turtle 的实际坐标(眼睛的坐标)。

程序第 18 行设置颜色为黑色，程序第 19 行设置笔的粗细，程序第 20 行绘制眼睛的黑色眼眶，程序第 21～22 行调节 Turtle 眼睛中白色反光的坐标位置，程序第 23 行设置颜色

为白色，程序第 24 行设置笔的粗细，程序第 25 行绘制白色光点，程序第 26 行隐藏 Turtle 的光标。

运行效果如图 7.8 所示。

图 7.8　Python 小蛇

3. 神奇的雪花

案例代码比较长，而且采用递归调用的方式绘制。读者暂不需要深入理解，仅将其当作一个案例展示。

例 7，参见“源代码/ch7/5.snowflower.py”。

```
1.  import turtle
2.  def koch(size, n):
3.    if n ==0:
4.      turtle.fd(size)                    #level 为 0 则前进 size
5.    else:
6.      for angle in [0, 60, -120, 60]:    #角度变化为 0,60,-120,60
7.        turtle.left(angle)               #level 不为 0,则左转相应角度
8.        koch(size/3, n-1)                #递归调用时 level-1,size 除以 3
9.  def main():
10.   turtle.setup(600,600)                #设置画布 600 * 600
11.   turtle.speed(0)                      #设置速度最快
12.   turtle.penup()                       #提笔
13.   turtle.goto(-200, 100)               #定位
14.   turtle.pendown()                     #落笔,开始绘图
15.   turtle.pensize(2)                    #笔宽为 2
16.   level =5                             #绘制 5 级
17.   koch(400,level)                      #调用 koch 绘制长城线
18.   turtle.right(120)                    #右转 120°
19.   koch(400,level)                      #调用 koch 绘制长城线
20.   turtle.right(120)                    #左转 120°
21.   koch(400,level)                      #调用 koch 绘制长城线
22.   turtle.hideturtle()
23. main()
```

此程序有两个函数，一个是 main()函数，另一个是 koch()函数，其中 koch()函数每次都调用了自身这样可以绘制出长城线。

koch()函数是一条线段，而雪花需要 3 条线段才可能绘制完成。为了绘制出完整的雪花，这 3 条线段绘制在 0°、120°和 240°转向角度上，参见程序的第 18 行和第 20 行。

此程序用到了递归调用，每次调用自身，即可有规律地重复出雪花的图案，运行结果如图 7.9 所示。

下面具体分析这个长城线是如何绘制的，一起来分析一下程序第 2～8 行。

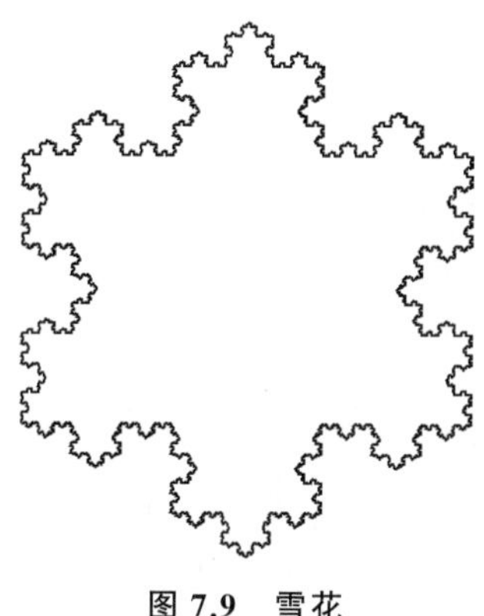

图 7.9　雪花

这里设置了 level 为 5，程序递归调用层数太多，为了方便理解，将 level 改为 3，这样调用的层数虽然仍多，但是足够理解递归调用。首先要知道递归调用是调用自身的函数，这种函数和循环类似，需要给一个跳出规则，否则它永远无穷尽地调用自身，消耗系统资源，而且还不能返回正确的结果。

递归调用的 koch()函数，可以看到当 level 值为 0 时，这个程序是有真正动作的，就是向前移动 size 距离。其实这就是 koch()函数的出口，当 level 为 0 时，函数正确返回。

而其他情况，koch()都是调用自身的，当 level 为 3 时，它调用了 koch(size/3,2)。如果初始 size 为 300，那么就调用 koch(100,2)，此时，koch()依然会调用 koch(33,1)，而 koch(33,1)则调用 koch(11,0)，此时，koch()才开始绘制一条向前的直线，前进 11。程序到此回溯再来考虑 Turtle 的方向，Turtle 的方向是由 for 循环改变的，因此在 0°、60°、−120°、60°这几个方向上都有调用，而每个方向上又因为每次递归调用而再次出现 4 个转向，因此转向非常多。只要记住，在每次产生递归调用的时候会产生 4 个转向，那么有 n 层就转向 $4n$，就可以看到密集的小长城线了。现在将 level 值分别设为 1、2、3、4、5，看看绘制出来的图案吧，如图 7.10 所示。

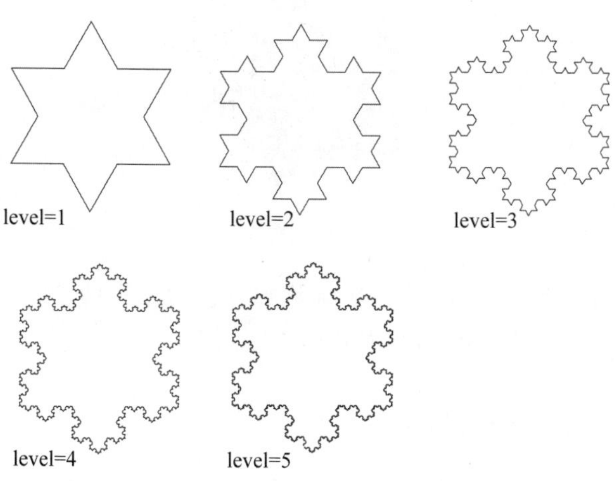

图 7.10　level 级别不同图案

4. 五瓣花

例 8，参见“源代码/ch7/6.flower.py”。

```
1.  from turtle import *
2.  import math
3.  speed(0)                        #设置速度为最快
4.  down()                          #落笔，绘图
5.  for j in range(0,360,72):
6.    k=0                           #设颜色初始值
7.    seth(j)                       #设置方向
8.    fd(-10 * math.pi * 72/180)    #花瓣偏移量
9.    for i in range(10):
10.     color(1,k,k)                #花瓣颜色渐变
11.     k+=0.1
12.     begin_fill()                #花瓣填充颜色
13.     circle(10-i)                #绘制花瓣
14.     end_fill()
15.     fd(1)                       #构造花瓣形状的位移
16.   home()                        #回到原点
```

程序第 3 行设置速度，因为这里的小花是手动填充的，因此，绘制小花的时间非常长，为了避免漫长地等待，采用了最快的速度。

程序的第 4 行，落笔。

程序第 5～16 行，这个循环是为了绘制 5 个花瓣，其中程序第 6～8 行设置方向，设置花瓣绘制起始点的偏移；程序第 9～15 行采用渐进的方式绘制花瓣的颜色。

运行效果如图 7.11 所示。

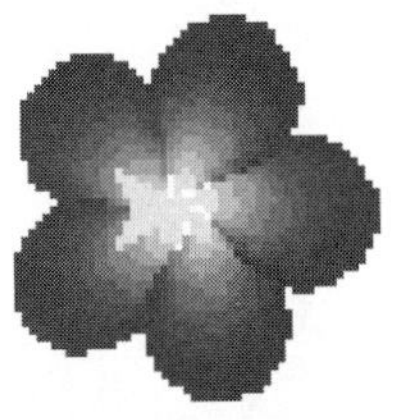

图 7.11　五瓣花

一朵花太孤单了，读者能多画几朵吗？能添加黄色的花蕊吗？

好玩的 Turtle 就介绍到这里了，下面开始新的知识。

*7.2　OpenGL 图形编程

OpenGL 是开放式图形库，它是用于渲染 2D、3D 矢量图形的跨语言、跨平台的应用程序编程接口。OpenGL API 虽是为了计算机视觉技术的研究提供辅助，但在发展过程中也催生了各种计算机平台上的应用功能以及设备上的许多应用程序。OpenGL 独立于视窗操

作系统以及操作系统平台,可以进行多种不同领域的开发和内容创作。简而言之,它可以帮助研发人员在 PC、工作站、超级计算机以及各种工控机等硬件设备上实现高性能、高要求的图形处理软件的开发。

Python 也有一个 OpenGL 的拓展库,它封装了 OpenGL API,支持图形编程,在使用之前请安装 OpenGL 的 Python 轮子 PyOpenGL。

官网推荐下载两个包,安装命令如下。

```
pip install PyOpenGL PyOpenGL_accelerate
```

*7.2.1 创建图形编程框架

PyOpenGL 是一个面向对象的 API,因此需要创建编程框架。创建编程框架主要步骤如下(以 demo 茶壶为例)。

1) 初始化窗体的属性

```
#窗体初始化
glutInit()
#设置显示模式:单缓冲和 RGBA 色彩模式
glutInitDisplayMode(GLUT_SINGLE | GLUT_RGBA)
#设置窗口大小
glutInitWindowsize(400, 400)
#设置窗体的标题
glutCreateWindows(b"test")
```

当然可以使用 glutInitDisplayMode(GLUT_RGBA | GLUT_DOUBLE | GL_DEPTH)。

这句表达的是图像通过颜色和深度表示,以双缓存的方式缓存图片,这样可以使动态图像显示更流畅。

glutCreateWindows(b"test")参数中的字符串必须是字节流的形式,否则会报错。

2) 绘制图形

```
#绘制三维茶壶
glutWireTeapot(0.5)
```

3) 保存图像(不停刷新)

```
#刷新
glFlush()
gLoadIdentity()
```

4) 进一步调整

根据自己的需要初始化窗体颜色、背景、旋转、曲线平滑等渲染效果,如表 7.2 所示。

表 7.2 常用颜色、背景、旋转曲线等设置函数

函 数	功 能	调 用
glClearColor()	设置背景颜色，参数颜色为RGBA，范围 0～1	glClearColor(0.0,0.0,0.0,0.0)
glClearDepth()	设置深度范围(0～10)	glClearDepth(1.0)
glEnable()	光滑渲染	glEnable(GLBLEND) glShadeModel(GLSMOOTH) glEnable(GLPOINTSMOOTH) glEnable(GLLINESMOOTH) glEnable(GLPOLYGONSMOOTH) glMatrixMode(GL_PROJECTION)
glHint()	反走样，也称抗锯齿	glHint(GLPOINTSMOOTHHINT,GLNICEST) glHint(GLLINESMOOTHHINT,GLNICEST) glHint(GLPOLYGONSMOOTHHINT,GLFASTEST) glLoadIdentity()

在这里使用的是茶壶小例子，只需要设置背景颜色。

```
#设置背景颜色为黑色
glClearColor(0.0,0.0,0.0,0.0)
```

5）消息处理主循环

```
glutMainLoop()
```

以上为调用 OpenGL API 编写图形最主要的设置。真正调用绘制图形，通常使用自定义的 Draw()函数。

下面看一个简单的小例子。

例 9，参见“源代码/ch7/7.pot.py”。

```
from OpenGL.GL import *
from OpenGL.GLU import *
from OpenGL.GLUT import *
def Draw():
    glClear(GL_COLOR_BUFFER_BIT)
    #设置旋转，四个参数分别是：角度，x 轴，y 轴和 z 轴(0 表示不旋转，1 表示旋转)
    glRotatef(0.5, 0, 1, 0)
    #绘制三维茶壶
    glutWireTeapot(0.5)
    #刷新
    glFlush()
#窗体初始化
glutInit()
#设置显示模式：单缓冲和 RGBA 色彩模式
```

```
15.  glutInitDisplayMode(GLUT_SINGLE | GLUT_RGBA)
16.  #设置窗口大小
17.  glutInitWindowsize(400, 400)
18.  #设置窗体的标题
19.  glutCreateWindows(b"test")
20.  #回调 Draw,重画
21.  glutDisplayFunc(Draw)
22.  glutIDLEFunc(Draw)
23.  #消息处理主循环
24.  glutMainLoop()
25.  if __name__=='__main__':
26.    Draw()
```

程序第 12～19 行，初始化窗体的属性。

程序第 21～22 行，回调自定义的 Draw()绘制图案，并保持图案在屏幕上不断刷新，重画。

程序第 4～11 行，绘制茶壶。这里调用绘制茶壶的 demo，绘制的茶壶如何让其动起来。这里使用了 glRotatef 函数使其绕 y 轴旋转，然后绘制了茶壶调用 glutWireTeapot()函数。并且使用 glFlush()函数刷新绘制的图案。

图 7.12　三维茶壶(demo)

程序第 24 行，使用 glutMainLoop()函数启动消息处理主循环，这样就可以处理键盘、鼠标等事件消息的响应了。在这个代码中没有这些事件响应，因此这个消息处理的循环没有多大用处，但是后面介绍鼠标键盘消息处理时这个函数必须存在。为了防止自己写代码时漏掉这个函数，因此每个程序都先加上它。

图形编程的代码会非常长，而且要非常细致，否则就会让实际效果与预期效果不一样。

运行结果如图 7.12 所示。

*7.2.2　绘制文字、图形

1. 绘制文字

文字绘制主要使用 glutBitmapCharacter()函数，这个函数有两个参数，一个是 font，另一个是字符的 ASCII 码。注意一下，如果输入的是字符串，那么字符串有多长，glutBitmapCharacter()函数就要调用多少次，因为 glutBitmapCharacter()函数一次只输出一个字符。glutBitmapCharacter()函数的 font 用来设置字符的字体，可以取以下数值(以下注明其中两个参数，其他情况类似)。

```
GLUTBITMAP8BY13
GLUTBITMAP9BY15
GLUTBITMAPTIMESROMAN10(字体: TIMES_ROMAN 大小: 10)
```

```
GLUTBITMAPTIMESROMAN24(字体: TIMES_ROMAN 大小: 24)
GLUTBITMAPHELVETICA_10
GLUTBITMAPHELVETICA_12
GLUTBITMAPHELVETICA_18
```

用 OpenGL 绘制文字有点大材小用，但是学习还是必要的。

例 10，参见“源代码/ch7/8.showtext.py”。

```
from OpenGL.GL import *
from OpenGL.GLU import *
from OpenGL.GLUT import *
def Draw():
    glClear(GL_COLOR_BUFFER_BIT | GL_DEPTH_BUFFER_BIT)
    glLoadIdentity()
    glColor3f(0,1,1)
    #设置图形的位置
    glTranslatef(-2.0,0.0,-8.0)
    #设置坐标位置
    glRasterPos2f(0.0, 0.0)
    #s 存放需要显示的字符
    s='Hello world'
    #gluBimapCharacter(font, ASCII),其中 font 可以取以下任意一个数值 font=[GLUT_BITMAP_8_BY_13,GLUT_BITMAP_9_BY_15,GLUT_BITMAP_HELVETICA_18]
    #循环遍历每个字符并显示
    for ch in s:
        glutBitmapCharacter(GLUT_BITMAP_HELVETICA_18, ord(ch))
    glutSwapBuffers()
def initGL(width,height):
    #设置背景为黑色
    glClearColor(0.0,0.0,0.0,0.0)
    #设置 Depth 缓冲值 1.0
    glClearDepth(1.0)
    #设置深度缓冲的模式为 GL_EQUAL
    glDepthFunc(GL_LESS)
    #设置点阵模式为 GL_PROJECTION
    glMatrixMode(GL_PROJECTION)
    #设置透视投影矩阵
    gluPerspective(45.0,float(width)/float(height),0.1,100.0)
    #设置点阵模式为 GL_MODELVIEW
    glMatrixMode(GL_MODELVIEW)
#窗体初始化
glutInit()
#设置显示模式为双缓冲和 RGBA 色彩模式
```

```
35. glutInitDisplayMode(GLUT_DOUBLE | GLUT_RGBA | GL_DEPTH)
36. #设置窗口大小
37. glutInitWindowsize(400, 400)
38. #设置窗体的标题
39. glutCreateWindows(b"text example")
40. #初始化图像各种参数
41. initGL(400,400)
42. #回调 Draw,重画
43. glutDisplayFunc(Draw)
44. glutIDLEFunc(Draw)
45. #消息处理主循环
46. glutMainLoop()
47. if __name__=='__main__':
48.   Draw()
```

程序从 33 行开始运行，第 33～39 行初始化窗体的属性。

程序第 41 行，对窗口初始化调用 initGL()函数，这个函数是自定义的，专门处理图形或文字背景框的设置，参见程序第 19～31 行。程序第 21 行清除背景颜色。程序第 23 行设置深度。程序第 25～31 行，分别设置了深度缓冲、点阵(矩阵)模式、透视投影矩阵等。

程序第 43～44 行，回调自定义的 Draw()函数绘制图案，并保持图案在屏幕上不断刷新，重画。

程序第 4～18 行定义 Draw()函数，其中主要的是第 13 行给定字符串，第 15～16 行遍历字符串，逐个字符输出。第 14 行是一个注释，它给出了函数 gluBimapCharacter()的使用方法。

2. 绘制图形

用 OpenGL 绘制图形的函数时需要调用 glBegin(mode)和 glEnd()，其中 mode 表示绘制图形的类型，常见的取值如表 7.3 所示。

表 7.3 mode 的取值

取值	说明	取值	说明
GL_POINTS	绘制点	GLTRIANGLESTRIP	绘制三角形串
GL_LINES	绘制直线	GLTRIANGLEFAN	绘制三角扇形
GLLINESTRIP	绘制连续直线，不封闭	GL_QUADS	绘制四边形
GLLINELOOP	绘制封闭连续直线	GLQUADSTRIP	绘制四边形串
GL_TRIANGLES	绘制三角形	GL_POLYGON	绘制多边形

使用 glVertex2f()函数设置各种形状的顶点信息，让计算机绘制出不同类型的图形。根据这几个函数，可以绘制出简单的图形，看看下面的例子。

例 11，参见“源代码/ch7/9.fourshape.py”。

```
1. from OpenGL.GL import *
2. from OpenGL.GLU import *
```

```
from OpenGL.GLUT import *
def init():
    #背景为黑色
    glClearColor(0.0, 0.0, 0.0, 0.0)
    #设为二维平面图像
    gluOrtho2D(-1.0, 1.0, -1.0, 1.0)
def drawFunc():
    glClear(GL_COLOR_BUFFER_BIT)
    #先画一横一竖两条直线,将平面分为 4 个区域
    glBegin(GL_LINES)                    #设置绘制图片为线条,以下为两条线条的两个端点
    glVertex2f(-1.0, 0.0)
    glVertex2f(1.0, 0.0)
    glVertex2f(0.0, 1.0)
    glVertex2f(0.0, -1.0)
    glEnd()
    #右上部分的 3 个点
    glPointSize(5.0)
    glBegin(GL_POINTS)                   #设置绘制图片为点,以下为 3 个不同颜色的点
    glColor3f(1.0, 0.0, 0.0)
    glVertex2f(0.3, 0.3)
    glColor3f(0.0, 1.0, 0.0)
    glVertex2f(0.6, 0.6)
    glColor3f(0.0, 0.0, 1.0)
    glVertex2f(0.9, 0.9)
    glEnd()
    #左上部分
    glColor3f(1.0, 1.0, 0)
    glBegin(GL_QUADS)                    #设置绘制图形为正方形,以下为正方形的 4 个顶点
    glVertex2f(-0.2, 0.2)
    glVertex2f(-0.2, 0.5)
    glVertex2f(-0.5, 0.5)
    glVertex2f(-0.5, 0.2)
    glEnd()
    #左下部分
    glColor3f(0.0, 1.0, 1.0)
    glPolygonMode(GL_FRONT, GL_LINE)     #设置绘制图形背景前景线条
    glPolygonMode(GL_BACK, GL_FILL)      #设置绘制图形背景填充
    glBegin(GL_POLYGON)                  #设置图像为多边形
    glVertex2f(-0.5, -0.1)
    glVertex2f(-0.8, -0.3)
    glVertex2f(-0.8, -0.6)
    glVertex2f(-0.5, -0.8)
    glVertex2f(-0.2, -0.6)
    glVertex2f(-0.2, -0.3)
```

```
47.     glEnd()
48.     #右下部分
49.     glPolygonMode(GL_FRONT, GL_FILL)          #设置绘制图形背景前景填充
50.     glPolygonMode(GL_BACK, GL_LINE)           #设置绘制图形背景线条
51.     glBegin(GL_POLYGON)                       #设置图像为多边形
52.     glVertex2f(0.5, -0.1)
53.     glVertex2f(0.2, -0.3)
54.     glVertex2f(0.2, -0.6)
55.     glVertex2f(0.5, -0.8)
56.     glVertex2f(0.8, -0.6)
57.     glVertex2f(0.8, -0.3)
58.     glEnd()
59.     glFlush()
60. glutInit()
61. glutInitDisplayMode(GLUT_RGBA|GLUT_SINGLE)
62. #创建图形窗体
63. glutInitWindowsize(400, 400)
64. glutCreateWindows(b"Sencond")
65. #回调绘图函数
66. glutDisplayFunc(drawFunc)
67. init()
68. #消息循环
69. glutMainLoop()
```

程序从第 60 行开始运行，程序第 60～64 行初始化。

程序第 66 行负责回调自定义的绘制函数。

程序第 67 行，调用图形自定义 init()函数，用来设置背景颜色和二维平面图像类型。

程序第 69 行，消息循环。

程序的主体跟前面介绍的是一样的。只有绘制的 drawFunc()函数，和前面介绍的有差别，下面一起来看看 drawFunc()函数。程序第 9～59 行，绘制图案。这个图案比较复杂，有 4 个区域，并且每个区域都有 1 种图形。

程序第 12～19 行，绘制一条横线和一条竖线，横线是 x 轴坐标从 -1 到 $+1$，y 轴坐标为 0；同样竖线是 x 轴坐标为 0，y 轴坐标从 -1 到 $+1$，将绘图区域分成 4 块。

程序第 19～27 行，使用 glPointSize()函数设置点的大小，使用 glColor3f()函数设置点的颜色，点的颜色依次是红色、绿色和蓝色。glVertex2f()函数提供点的坐标，分别是(0.3，0.3)、(0.6，0.6)、(0.9，0.9)，在左上区域中这 3 点可以连成一条直线，直线与水平轴夹角为 45°。

程序第 29～35 行，绘制的正方形，颜色调为了黄色(红色＋绿色)，分别给出了这个正方形的 4 个顶点。

程序第 37～47 行，绘制一个填充背景色的六边形图案。

程序第 49～59 行，绘制一个不填充背景色的六边形图案。

运行出来的结果如图 7.13 所示。

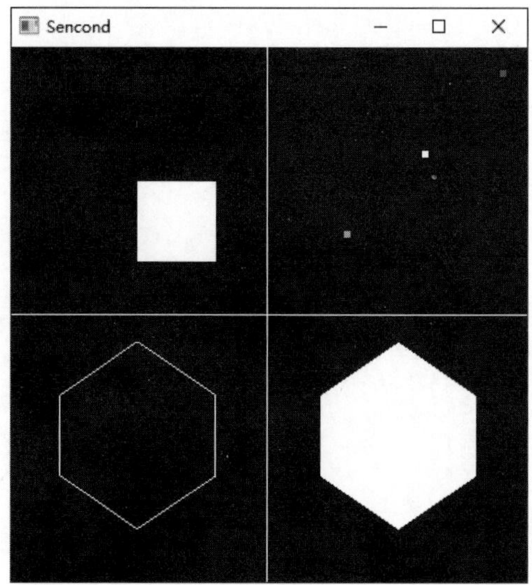

图 7.13　绘制 4 种形状

*7.2.3　键盘和鼠标消息处理

使用 OpenGL 绘制图像时，如何让键盘控制图像的一些变换呢？

通常利用键盘和鼠标来处理消息，利用回调函数 glutKeyboardFunc()和 glutMouseFunc()调用自定义的消息处理函数，系统会在显示的过程中自动监听键盘和鼠标。

再谈例 9 的茶壶程序，这个程序中增加两个函数 keyboard()和 myMouse()，分别处理键盘消息和鼠标消息，然后在主程序中增加键盘和鼠标的消息回调实现鼠标和键盘的交互，即可处理鼠标和键盘的消息。

例 12，参见“源代码/ch7/10.teapot.py”。

```
from OpenGL.GL import *
from OpenGL.GLU import *
from OpenGL.GLUT import *
#增加内容
global size
size=0.5
#键盘处理
def keyboard(input="a",x=0,y=0):
    global size
    if(input==b'w'):
        size+=0.1          #放大
    if(input==b's'):
        size-=0.1          #缩小
    if(size<0.1):
        size=0.1
```

```
16.     glutPostRedisplay()
17.   #通过指定参数默认值,来设置参数类型
18.   def myMouse(button=0,state=0,x=0,y=0):
19.     if(state==GLUT_DOWN):
20.       print(x,y)
21.   #绘制茶壶
22.   def Draw():
23.     glClear(GL_COLOR_BUFFER_BIT)
24.     #设置旋转,4个参数分别是:角度(表示旋转一次的角度大小)、x轴坐标、y轴坐标和z轴
        #坐标(0表示不旋转,1表示旋转)
25.     glRotatef(0.1, 0, 1, 0)
26.     #绘制三维茶壶
27.     glutWireTeapot(size)              #由原来的0.5,变为变量
28.     #刷新
29.     glFlush()
30.   #窗体初始化
31.   glutInit()
32.   #设置显示模式:单缓冲和RGBA色彩模式
33.   glutInitDisplayMode(GLUT_SINGLE | GLUT_RGBA)
34.   #设置窗口大小
35.   glutInitWindowsize(400, 400)
36.   #设置窗体的标题
37.   glutCreateWindows(b"test")
38.   #回调Draw,重画
39.   glutDisplayFunc(Draw)
40.   glutIDLEFunc(Draw)
41.   #增加键盘和鼠标交互的回调
42.   glutKeyboardFunc(keyboard)        #键盘交互
43.   glutMouseFunc(myMouse)            #鼠标交互
44.   #消息处理主循环
45.   glutMainLoop()
46.   if __name__=='__main__':
47.     Draw()
```

这段代码从第22行之后的内容都是之前例9中出现过的,唯一有变化的是第42～43行,这里使用glutKeyboardFunc()和glutMouseFunc()两个函数分别回调自定义的keyboard()和myMouse()函数。

程序第8～16行是自定义的keyboard()函数,这个函数中对键盘返回的“w”“s”消息进行处理,w字母表示放大图形,s表示缩小图形,处理完成后重画图形来体现这一变化,函数glutPostRedisplay()负责重画,重画时size将改变。

程序第18～20行自定义myMouse()函数,这个函数主要获取鼠标单击的坐标,并将坐标输出。

运行结果如图7.14所示。

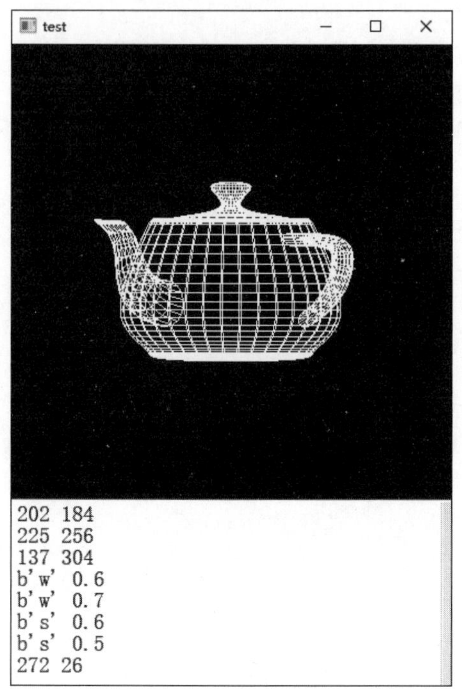

图 7.14 旋转茶壶(带键盘鼠标控制)

*7.3 Pillow 图像处理

Pillow 是 Python 的第三方库。在 Python2 中,PIL(Python Imaging Library)是一个非常好用的图像处理库,但是 PIL 不支持 Python3。因此,Alex Clark 等提供了 Pillow,可以在 Python3 中使用。

*7.3.1 图像处理模块简介

Pillow 是一个 Python 图像处理的扩展模块,支持多种图像格式,提供非常强大的图像处理功能。在 PIL 中主要提供 Image、ImageChops、ImageColor、ImageDraw、ImagePath、ImageFile、ImageEnhance 和 PSDraw 以及其他一些模块来支持图像的处理,如果想通过 Python3 调用,则需要安装 Pillow。

安装 Pillow 使用如下命令。

```
pip install pillow
```

Python 导入 PIL 可以使用如下命令。

```
import PIL
```

这里需要说明一下,Pillow 是针对 Python3,而 PIL 是 Python2 的库,安装了 Pillow 后,Pillow 提供了一种跟 Python2 兼容的导入形式。因此如果使用 import pillow 将不能正确导入 Pillow 的扩展库。

*7.3.2 使用 Pillow

Pillow 可以对图像进行处理。直接选择 Jupyter Notebook 中运行。

例 13,参见"源代码/ch7/11.imageapplication.ipynb"。

1. 绘制正方形

```
#首先导入 PIL 里的 Image 包
from PIL import Image
#创建图像,使用如下代码
#创建一个正方形,颜色为(255,0,255)
img = Image.new(mode='RGBA', size=(100, 100), color=(255, 0, 255))
img.show()
```

生成正方形如图 7.15 所示。

图 7.15 绘制正方形

2. 获取图片信息

Pillow 真正强大的是它处理图形的能力。

打开一幅图片,显示图片属性。

```
#打开一幅图片,显示图片信息
image = Image.open("E:\\源代码\\ch7\\westlake.jpg")
print('宽度(px): {},高度(px):{}'.format(image.width, image.height))
print('尺寸(px): ', image.size)
print("颜色模式: ", image.mode)
print('格式(扩展名): ', image.format)
#print('类别: ', image.category)
print('只读(1 为只读): ', image.readonly)
print('字典信息: ', image.info)
image.show()
```

当打开一幅图片时,可以获取它的尺寸(size)、颜色模式(mode)、是否只读(readonly)以及图像信息(info)等,程序输出结果如下。

```
宽度(px): 2560,高度(px):1280
尺寸(px): (2560, 1280)
颜色模式: RGB
格式(扩展名): JPEG
只读(1 为只读): 1
字典信息: {'jfif': 257, 'jfif_version': (1, 1), 'jfif_unit': 0, 'jfif_density': (1, 1)}
```

程序第 10 行 image.show()显示图片，程序运行显示的图片如图 7.16 所示。

图 7.16　运行样图(杭州西湖)

3. 裁剪图片

如果将图片中的小船裁剪下来，首先需要知道小船方框的右上和左下坐标，这个可以在图像编辑软件中通过鼠标定位。

```
1.  #裁剪图片
2.  img_crop =image.crop(box=(1420,860,1740,1190))    #这里的坐标可以通过编辑图像确定
3.  img_crop.show()
4.  #还可以通过复制粘贴;操作图片
5.  img_copy =img_crop.copy()
6.  #image.paste(img_copy, (0, 1740-1420))
7.  #image.show()
```

程序第 2 行裁剪指定坐标位置的图片。

程序第 3 行显示裁剪的图片，截取出图片中的小船，如图 7.17 所示。

程序第 5 行将剪切下来的图片复制到 img_copy 中，复制到新的变量中方便对复制的图片进行处理。

4. 复制粘贴

修改图片大小，复制、粘贴图片。

图 7.17　处理图片截取小舟

```
1.  #调整图片大小
2.  width, height =img_copy.size
3.  img_copy =img_copy.resize((int(width/2),int(height/2)))
4.  image.paste(img_copy, (0, 0))
5.  image.show()
```

程序第 2 行获取复制图像的高度和宽度。

程序第 3 行，重新设置程序的高度和宽度，分别为原来的一半，这样使图像缩小到原来的 1/4。

程序第 4 行将缩小的图像粘贴到 image 中，并且设置了粘贴位置是(0,0)。

程序第 5 行显示 image 图像，如图 7.18 所示。

图 7.18　复制图片显示效果

5. 旋转图片

```
#旋转图片
image.rotate(45).save('E:\\源代码\\ch7\\westlake_1.jpg')
#完整图片拓展属性为 True
image.rotate(45, expand=True).save('E:\\源代码\\ch7\\westlake_2.jpg')
```

程序第 2 行将图片旋转 45°并保存，当图片超出 image 尺寸时不扩展尺寸。
程序第 4 行将图片旋转 45°，但是当图片超出 image 尺寸时扩展尺寸。
运行旋转代码得到的两幅图片如图 7.19 所示。

图 7.19　通过旋转设置后的效果图

6. 翻转图片

```
1.  #镜像翻转
2.  import warnings
3.  image.transpose(Image.Transpose.FLIP_LEFT_RIGHT).save("E:\\源代码\\ch7\\
    horizontal.jpg")
4.  image.transpose(Image.Transpose.FLIP_TOP_BOTTOM).save("E:\\源代码\\ch7\\
vertical.jpg")
```

程序第 3 行使用水平翻转。
程序第 4 行使用垂直翻转。
两种翻转图片的效果如图 7.20 所示。

垂直翻转

图 7.20　水平或垂直翻转图片效果

7. 灰度图片的转换

```
1.  #图像模式转换
2.  image.convert("L").save("E:\\源代码\\ch7\\gray.jpg")
```

程序第 2 行将图像转换为灰度图像，效果如图 7.21 所示。

图 7.21 灰度处理后的效果图

*7.3.3 生成验证码

验证码是网络中身份验证非常重要的一项功能，可以有效阻止恶意用户越权访问和非法获取数据，可以有效防止隐私泄露。下面通过一个例子体验验证码图片的生成。

例 14，参见“源代码/ch7/12.checkcode0.py”。

```
import random
import string
from PIL import Image, ImageDraw, ImageFont
#定义全局变量，方便传参
global characters
#选中验证码中可能出现的字符集，这里选取了字母和数字，62 个字符充当随机字符的字符集
characters =string.ASCII_letters +string.digits
#选取随机字符
def selectedCharacters(length):
  '''length: 随机字符长度'''
  global charactors
  result =''
  for i in range(length):
    result+=random.choice(characters)
  return result
#选取颜色，这里的颜色是真彩 24 位的，分为红、绿、蓝三色，每个颜色范围都是 0~255
def getColor():
  #利用随机数产生 3 个 0~255 的数，把这三个数分别赋给 r(红色)、g(绿色)、b(蓝色)
  r=random.randint(0,255)
  g=random.randint(0,255)
  b=random.randint(0,255)
  return (r,g,b)
```

```
23. #设置初始参数：尺寸、字符长度、背景颜色等
24. size = (200,100)
25. charactorsNumber = 6
26. bgcolor = (255,255,255)
27. #创建图片,这个图片只显示字母,没有干扰内容
28. imageTemp = Image.new('RGB',size,bgcolor)
29. #为图片设置字体
30. font = ImageFont.truetype('c:\\Windows\\fonts\\Timesbd.TTF',48)
31. #创建绘制图片对象
32. draw = ImageDraw.Draw(imageTemp)
33. #生成 6 个随机字符
34. text = selectedCharacters(charactorsNumber)
35. #获取绘制字符图像的尺寸
36. width, height = draw.textsize(text, font)
37. offset = 2
38. #绘制字符,为了提升字符识别难度,调整字符高度
39. for i in range(charactorsNumber):
40.   offset += width//charactorsNumber
41.   position = (offset,(size[1]-height)//2+random.randint(-10,10))
42.   draw.text(xy=position,text=text[i],font=font,fill=getColor())
43. imageTemp.show()
```

程序第 1～3 行，导入所需要的模块。

程序第 5 行，定义一个全局变量 characters，它是由字母和数字组成的字符集，也就是验证码的字符集。

程序第 7 行，使用 string 模块中的 ASCII_letters 和 digits 组合 characters 字符集。

程序第 9～15 行，定义函数 selectedCharacters()，专门从 characters 字符集中随机选取指定长度的字符构造成字符串。

程序第 17～22 行，定义 getColor()函数，专门随机选择红、绿、蓝三种颜色分量值，并调整这三种颜色的分量值，使它们可以组合出一种颜色。

程序第 24 行，设置图片的尺寸大小(size)为(200，100)。

程序第 25 行，设置验证码字符串的长度。

程序第 26 行，设置背景颜色(bgcolor)为白色(255，255，255)。

程序第 28 行，创建一个图像对象，使用 RGB(红绿蓝)三色的颜色模式，尺寸大小为(200，100)，背景为白色(255，255，255)。

程序第 30 行，定义图像的文字字体 Timesbd.TTF(如果 Windows\fonts 下没有这个文件，可以更换其他文件)和字号 48。

程序第 32 行，创建绘制对象。

程序第 34 行，生成随机字符，这里调用了 selectedCharacters()函数。

程序第 36 行，获得绘制字符的宽和高。

程序第 37 行，设置偏移量 offset 为 2。

程序第 39～42 行，循环计算每个字符的起始坐标，并绘制字符。

程序第 43 行，显示图像。

这样就可以完成验证码的图片生成了，运行结果如图 7.22 所示。

图 7.22　清晰验证码图片

然而随着人工智能的发展，这种图片中的字母非常容易被机器识别，为了增加人工智能识别验证码的难度，可以采用增加干扰线条和点或其他方式，使图片变得比较难以被机器识别。

在上面的基础上，再创建一幅图片，让这幅图片以上面绘制的字母为基础，增加干扰点、干扰线、干扰弧线，使得图片难以被机器识别。

例 15，参见"源代码/ch7/13.checkcode.py"。

```
import random
import string
from PIL import Image, ImageDraw, ImageFont
#定义全局变量,方便传参
global characters
#选中验证码中可能出现的字符集,这里选取了字母和数字,62个字符充当随机字符的字符集
characters =string.ASCII_letters +string.digits
#选取随机字符
def selectedCharacters(length):
    '''length: 随机字符长度'''
    global charactors
    result =''
    for i in range(length):
        result+=random.choice(characters)
    return result
#选取颜色,这里的颜色是真彩24位的,分为红、绿、蓝三色,每个颜色范围都是0~255
def getColor():
    #利用随机数产生3个0~255的数,把这三个数分别赋给r(红色)、g(绿色)、b(蓝色)
    r=random.randint(0,255)
    g=random.randint(0,255)
    b=random.randint(0,255)
    return (r,g,b)
#设置初始参数,包括尺寸、字符长度、背景颜色等
size =(200,100)
charactorsNumber =6
bgcolor =(255,255,255)
#创建图片,这个图片只显示字母,没有干扰内容
imageTemp =Image.new('RGB',size,bgcolor)
#为图片设置字体
font =ImageFont.truetype('c:\\Windows\\fonts\\Timesbd.TTF',48)
```

```
#创建绘制图片对象
draw = ImageDraw.Draw(imageTemp)
#生成 6 个随机字符
text = selectedCharacters(charactorsNumber)
#获取绘制字符图像的尺寸
width, height = draw.textsize(text, font)
offset = 2
#绘制字符,为了提升字符识别难度,调整字符高度
for i in range(charactorsNumber):
    offset += width//charactorsNumber
    position = (offset, (size[1]-height)//2+random.randint(-10,10))
    draw.text(xy=position,text=text[i],font=font,fill=getColor())
#imageTemp.show()
#真实的验证码图像对象,其中包括干扰点、线等
imageFinal = Image.new('RGB',size,bgcolor)
pixelsFinal = imageFinal.load()
pixelsTemp = imageTemp.load()
for y in range(0,size[1]):
    offset = random.randint(-1,1)
    for x in range(0,size[0]):
        newx = x+offset
        if newx >= size[0]:
            newx = size[0]-1
        elif newx < 0:
            newx = 0
        pixelsFinal[newx,y]=pixelsTemp[x,y]
#创建 draw 对象,用于绘制新的干扰项
draw = ImageDraw.Draw(imageFinal)
#在图片上绘制 50%的彩色点利用随机数生成,这里假设随机数是非常均匀的
for i in range(int(size[0] * size[1] * 0.5)):
    draw.point((random.randint(0,size[0]),random.randint(0,size[1])),fill = getColor())
#在图片上绘制彩色线条,线条的起始点和结束点均随机产生
for i in range(8):
    start = (0, random.randint(0,size[1]-1))
    end = (size[0],random.randint(0,size[1]-1))
    draw.line([start,end],fill=getColor(),width=1)
#在图片上绘制彩色弧线,这个弧线的圆心半径是随机的
for i in range(8):
    start = (-50, -50)
    end = (size[0]+10,random.randint(0,size[1]+10))
    draw.arc(start+end, 0, 360, fill=getColor())
#保存这个图片到计算机当前目录
imageFinal.save('result.png')
#显示图片
imageFinal.show()
```

程序前面 42 行,与例 12 相同,即生成无干扰的验证码图片。

程序第 43 行被注释掉了,此时还不能显示图片。

程序第 45～73 行,绘制点、弧线、直线等干扰图案,提升机器识别验证码的难度。

运行结果如图 7.23 所示。

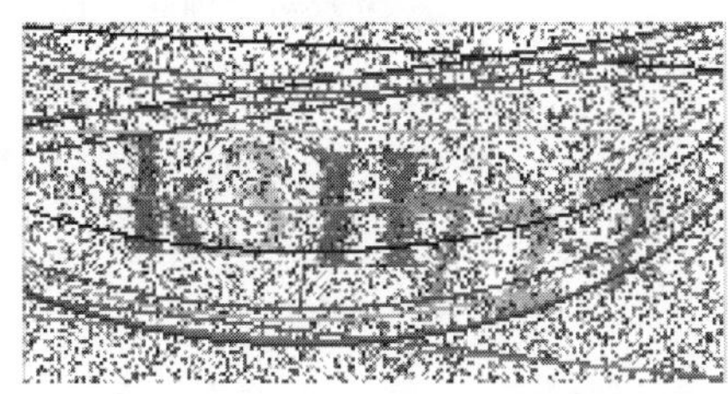

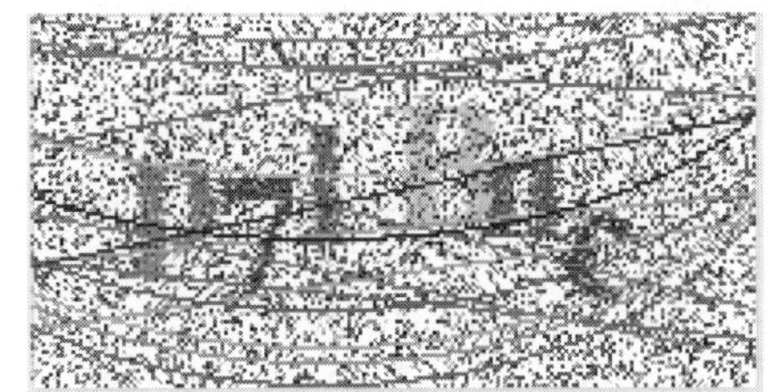

图 7.23 带干扰点线的验证码图片

*7.3.4 Pillow 素描

一个美丽的风景画是怎样变成艺术家笔下的素描的？如图 7.24 所示,读者们是不是非常好奇呢？

图 7.24 风景画变素描效果

其实用 Python 实现这一功能非常容易,代码不多。下面就来用代码将风景变成素描。这个程序用到了 Pillow 和 numpy 两个包。先将图片灰度化,然后分别取横纵图像梯度,处理光源对 x 轴、y 轴的影响,将光源归一,重构图像即可完成,这一段看起来非常复杂的操作,就是用下面这段代码实现的。读者也可以更换图片尝试,只需要将程序第 6 行 im = Image.open('fcity.jpg').convert('L')中的 fcity.jpg 换成其他图片的文件名。

```
1.  from PIL import Image
2.  import numpy as np
3.  vec_el =np.pi/2.2                          #光源的俯视角度,弧度值为π/2.2
4.  vec_az =np.pi/4.                           #光源的方位角度,弧度值为π/4
5.  depth =10.                                 #0～100
6.  im =Image.open('fcity.jpg').convert('L')
7.  a =np.asarray(im).astype('float')
8.  grad =np.gradient(a)                       #取图像灰度的梯度值
9.  grad_x, grad_y =grad                       #分别取横纵图像梯度值
```

```
grad_x =grad_x * depth/100.
grad_y =grad_y * depth/100.
dx =np.cos(vec_el) * np.cos(vec_az)                #光源对 x 轴的影响
dy =np.cos(vec_el) * np.sin(vec_az)                #光源对 y 轴的影响
dz =np.sin(vec_el)                                 #光源对 z 轴的影响
A =np.sqrt(grad_x * * 2 +grad_y * * 2 +1.)
uni_x =grad_x/A
uni_y =grad_y/A
uni_z =1./A
a2 =255 * (dx * uni_x +dy * uni_y +dz * uni_z)     #光源归一化
a2 =a2.clip(0,255)
im2 =Image.fromarray(a2.astype('uint8'))           #重构图像
im2.save('fcityHandDraw.jpg')
```

习题 7

1. Python 的 Turtle 是什么？有哪些功能？
2. 在调用 Turtle 库函数前，必须写什么内容？它起什么作用？
3. Turtle 中的 left、right 函数有什么作用？
4. Turtle 中的 up、down 函数有什么作用？
5. Turtle 中的 color 函数有什么作用？
6. 什么是 OpenGL API？
7. 在 Python3 中安装 Pillow 后，如何导入该模块？
8. 绘制太极图案，如图 7.25 所示。
9. 绘制图案，如图 7.26 所示。

图 7.25 太极图

图 7.26 曲回长方形

Python与爬虫

网络爬虫(web crawler)有时候也叫网络蜘蛛(web spider),它是指这样一类程序——它们可以自动连接到互联网的站点,读取页面中的内容或存放在网络上的各种信息,并按某种策略对目标信息进行采集,主要内容包括:

任务一:爬虫案例。

任务二:正则表达式。

任务三:requests 库的使用。

任务四:BeautifulSoup 库的使用。

任务五:Scrapy 框架。

本章教学目标

了解 Python 的爬虫编写,掌握基本的 Python 的常用的 re 和 requests 扩展库的使用。

*8.1 爬虫案例

网络爬虫,简称爬虫,又称网络蜘蛛、网络机器人。它是一种按照一定规则自动请求网站并提取网页数据的程序或脚本。网络爬虫就是模拟真人浏览互联网行为的程序。这个程序可以代替真人自动请求互联网中的服务器,并接收从互联网的服务器返回的数据。

请读者们在使用爬虫工具时,严格遵守国家相关法律法规,包括《中华人民共和国刑法》《中华人民共和国网络安全法》(2017 年 6 月 1 日实施)、《中华人民共和国密码法》(2020 年 1 月 1 日实施)、《中华人民共和国个人信息保护法》(2021 年 11 月 1 日起实施)等法律法规,遵守爬取信息的行业准则,正确使用爬虫。

*8.1.1 爬虫行业准则之一

在爬虫行业里,有一项必须遵守的行业准则,就是首先解读 robots.txt 文档,请在爬取目标网站之前,先打开该网站下的 robots.txt。robots.txt 是网站给出来的,它写明自己的资源是否允许被爬取,即自己网站下的目录哪些目录是可以爬取的,哪些是不可以爬取的,或者爬取对象包括哪些爬虫或者排除哪些爬虫。

文件的结构通常如下。

```
User-agent: *
Disallow: /wap/
Disallow: /iframe/
Disallow: /temp/
```

其中，User-agent 为客户端代理，例如谷歌、百度这些大型爬虫都有自己的标识，“*”表示允许所有的客户端。Disallow 表示不允许访问的内容。

再看一个例子，以限制百度爬虫为例。

```
User-agent: Baiduspider
Disallow: /
```

这里明确 User-agent 是百度爬虫，不允许访问的路径是整个网站。

*8.1.2 爬取新浪新闻

爬取页面需要用 requests 扩展库。

安装 requests 扩展库。

```
pip install requests
```

requests 扩展库的函数介绍参见 8.3 节。首先，学习一个爬虫案例。

在新浪网站的根目录中，robots.txt 没有将 news.sina.com.cn 列入禁止爬取的范围。下面要对新浪新闻页面内容进行爬取。

要爬取的新浪页面 url：https://news.sina.com.cn/roll/。

首先，通过浏览器打开这个 url，如图 8.1 所示。

图 8.1 新浪新闻中心页面

这个页码完整的 url 为

```
https://news.sina.com.cn/roll/#pageid=153&lid=2509&k=&num=50&page=1
```

这个 url 中，page 是指页数，也就是翻页的参数。

但是通过分析，这个前端页面没有返回的数据，因此通过浏览器的 F12 可以看到它的数据其实放在

```
https://feed.mix.sina.com.cn/api/roll/get?pageid=153&lid=2509& k=&num=50&page=1&r=
0.356486205688935l&callback=jQuery111205112272462193086l659428619418&=1659428619431
```

这个 url 中,如图 8.2 所示。

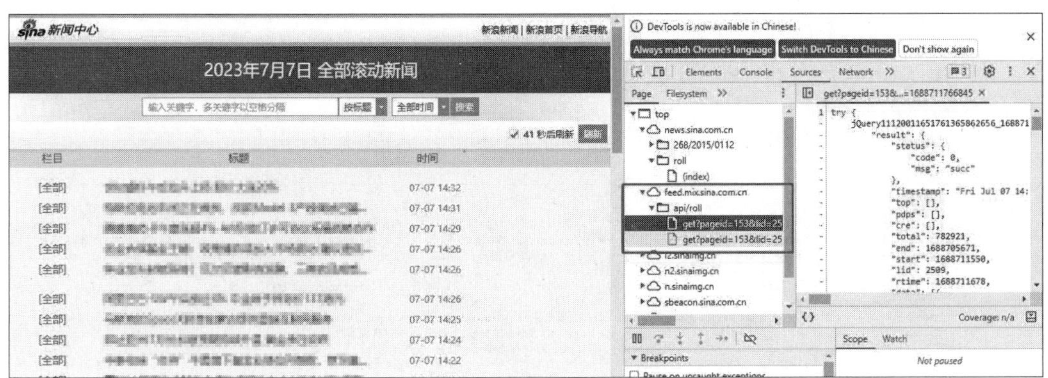

图 8.2 浏览器开发工具中显示的 url

这里首先找到有效的数据页面的真实 url,然后开始爬取数据页面。

例 1,参见"源代码/ch8/1.climbspide.ipynb"。

```
1.  import requests
2.  import re
3.  url = 'https://feed.mix.sina.com.cn/api/roll/get?pageid=153&lid=2509&k=&num=50&page=1&r=0.3564862056889351&callback=jQuery111205112272462193086_1659428619418&_=1659428619431'
4.  html = requests.get(url)
```

使用 requests 模块中的 get 函数获取 url 中的数据,因此程序第 1 行要导入 requests 模块。

程序第 4 行将 url 中的数据存放到 html 中。

现在 html 已经包含了这个页面的内容。可以测试页面读取是否正确,输出这个页面的前 300 个字符(全部输出太长,只选择一部分输出,证明页面已经被爬取了)。

```
1.  print(html.text[:300])
```

运行结果如图 8.3 所示。

```
In  [2]: print(html.text[:300])

try{jQuery111205112272462193086_1659428619418({"result":{"status":{"code":0,"msg":"succ"},"timestamp":"Tue Jul 07 09:20:23 +0800 2023","top":[],"pdps":[],"cre":[],"total":786735,"end":1689036241,"start":1689038361,"lid":2509,"rtime":1689038423,"data":[{"icons":"","is_cre_manual":"0","hqChart":"{\"st
```

图 8.3 爬取网页内容

这里返回的是一个 JSON 格式的数据列表,JSON 格式是一种常见的数据交换格式,它有点像 Python 前面讲的字典。这里不再详细介绍了,如果想深入学习爬虫的内容,还需要有网页设计、数据库、计算机网络等专业课程的基础。

现在通过正则表达式提取 url，正则表达式具体使用请查看 8.2 节。

```
urls =re.findall('"url":"https:[A-Za-z0-9\.\-/\\\\]+.shtml"',html.text)
print(urls,len(urls))
```

正则表达式运行结果如图 8.4 所示。

```
In [3]: urls = re.findall('"url":"https:[A-Za-z0-9\.\-/\\\\]+.shtml"',html.text)
        print(urls,len(urls))

['"url":"https:\\/\\/finance.sina.com.cn\\/money\\/gzqh\\/futuresyspzx\\/2023-07-07\\/doc-imzahnsv1150866.shtml"', '"url":"https:\\/\\/finan
ce.sina.com.cn\\/stock\\/hkstock\\/ggscyd\\/2023-07-07\\/doc-imzahnsv1150641.shtml"', '"url":"https:\\/\\/finance.sina.com.cn\\/money\\/futu
re\\/2023-07-07\\/doc-imzahnsv1150600.shtml"', '"url":"https:\\/\\/finance.sina.com.cn\\/stock\\/hkstock\\/ggscyd\\/2023-07-07\\/doc-imzahns
t4373308.shtml"', '"url":"https:\\/\\/finance.sina.com.cn\\/money\\/future\\/2023-07-07\\/doc-imzahnsv1150447.shtml"', '"url":"https:\\/\\/f
inance.sina.com.cn\\/money\\/future\\/2023-07-07\\/doc-imzahnst4373060.shtml"', '"url":"https:\\/\\/finance.sina.com.cn\\/stock\\/gmwq\\/rig
htscase\\/2023-07-07\\/doc-imzahnsv1150209.shtml"', '"url":"https:\\/\\/finance.sina.com.cn\\/money\\/forex\\/forexroll\\/2023-07-07\\/doc-i
mzahnst4373043.shtml"', '"url":"https:\\/\\/finance.sina.com.cn\\/stock\\/hkstock\\/ggscyd\\/2023-07-07\\/doc-imzahnsv1150197.shtml"', '"ur
l":"https:\\/\\/finance.sina.com.cn\\/money\\/future\\/2023-07-07\\/doc-imzahnst4372915.shtml"', '"url":"https:\\/\\/finance.sina.com.cn\\/m
oney\\/fund\\/etf\\/2023-07-07\\/doc-imzahnsv1150060.shtml"', '"url":"https:\\/\\/finance.sina.com.cn\\/stock\\/hkstock\\/ggscyd\\/2023-07-0
7\\/doc-imzahnst4372506.shtml"', '"url":"https:\\/\\/finance.sina.com.cn\\/stock\\/hkstock\\/ggscyd\\/2023-07-07\\/doc-imzahnsv1149362.shtm
l"', '"url":"https:\\/\\/finance.sina.com.cn\\/money\\/future\\/2023-07-07\\/doc-imzahnsv1149044.shtml"', '"url":"https:\\/\\/finance.sina.c
om.cn\\/money\\/future\\/2023-07-07\\/doc-imzahnst4371628.shtml"', '"url":"https:\\/\\/finance.sina.com.cn\\/stock\\/hkstock\\/ggscyd\\/2023
-07-07\\/doc-imzahnst4371378.shtml"', '"url":"https:\\/\\/finance.sina.com.cn\\/stock\\/hkstock\\/ggscyd\\/2023-07-07\\/doc-imzahnst4371137.
shtml"', '"url":"https:\\/\\/finance.sina.com.cn\\/stock\\/usstock\\/c\\/2023-07-07\\/doc-imzahnst4371085.shtml"', '"url":"https:\\/\\/finan
ce.sina.com.cn\\/stock\\/hkstock\\/ggscyd\\/2023-07-07\\/doc-imzahnst4370793.shtml"', '"url":"https:\\/\\/finance.sina.com.cn\\/stock\\/hkst
ock\\/ggscyd\\/2023-07-07\\/doc-imzahnsv1147506.shtml"', '"url":"https:\\/\\/finance.sina.com.cn\\/money\\/future\\/roll\\/2023-07-07\\/doc-
imzahnst4370284.shtml"', '"url":"https:\\/\\/finance.sina.com.cn\\/stock\\/2023-07-07\\/doc-imzahnsv1149124.shtml"', '"url":"https:\\/\\/fin
ance.sina.com.cn\\/stock\\/hkstock\\/ggscyd\\/2023-07-07\\/doc-imzahnsv1147219.shtml"', '"url":"https:\\/\\/finance.sina.com.cn\\/7x24\\/202
3-07-07\\/doc-imzahnsy1000753.shtml"', '"url":"https:\\/\\/finance.sina.com.cn\\/stock\\/yjdt\\/2023-07-07\\/doc-imzahnsv1146852.shtml"',
'"url":"https:\\/\\/finance.sina.com.cn\\/money\\/fund\\/jjh\\/2023-07-07\\/doc-imzahnsv1146087.shtml"', '"url":"https:\\/\\/finance.sina.co
m.cn\\/stock\\/hkstock\\/ggscyd\\/2023-07-07\\/doc-imzahnst4368869.shtml"', '"url":"https:\\/\\/finance.sina.com.cn\\/stock\\/hkstock\\/ggsc
yd\\/2023-07-07\\/doc-imzahnst4368335.shtml"', '"url":"https:\\/\\/finance.sina.com.cn\\/money\\/future\\/fmnews\\/2023-07-07\\/doc-imzahnst
4368240.shtml"', '"url":"https:\\/\\/finance.sina.com.cn\\/stock\\/hkstock\\/ggscyd\\/2023-07-07\\/doc-imzahnsv1145298.shtml"', '"url":"http
s:\\/\\/finance.sina.com.cn\\/stock\\/hkstock\\/ggscyd\\/2023-07-07\\/doc-imzahnst4367491.shtml"', '"url":"https:\\/\\/finance.sina.com.cn
\\/stock\\/hkstock\\/ggscyd\\/2023-07-07\\/doc-imzahnsv1144305.shtml"', '"url":"https:\\/\\/finance.sina.com.cn\\/stock\\/hkstock\\/ggscyd
\\/2023-07-07\\/doc-imzahnsv1148259.shtml"', '"url":"https:\\/\\/finance.sina.com.cn\\/stock\\/hkstock\\/ggscyd\\/2023-07-07\\/doc-imzahnst4
366723.shtml"', '"url":"https:\\/\\/finance.sina.com.cn\\/money\\/fund\\/jjh\\/2023-07-07\\/doc-imzahnst4366705.shtml"', '"url":"https:\\/
\\/finance.sina.com.cn\\/stock\\/hkstock\\/ggscyd\\/2023-07-07\\/doc-imzahnst4366430.shtml"', '"url":"https:\\/\\/finance.sina.com.cn\\/mone
y\\/fund\\/jjh\\/2023-07-07\\/doc-imzahnst4366412.shtml"', '"url":"https:\\/\\/finance.sina.com.cn\\/stock\\/hkstock\\/ggscyd\\/2023-07-07
\\/doc-imzahnst4365896.shtml"', '"url":"https:\\/\\/finance.sina.com.cn\\/stock\\/hkstock\\/ggscyd\\/2023-07-07\\/doc-imzahnst4365194.shtm
l"', '"url":"https:\\/\\/finance.sina.com.cn\\/stock\\/hkstock\\/ggscyd\\/2023-07-07\\/doc-imzahnst4365020.shtml"', '"url":"https:\\/\\/fina
nce.sina.com.cn\\/money\\/forex\\/hbfx\\/2023-07-07\\/doc-imzahnsx0005491.shtml"', '"url":"https:\\/\\/finance.sina.com.cn\\/stock\\/gujiayi
dong\\/2023-07-07\\/doc-imzahnsv1141983.shtml"', '"url":"https:\\/\\/finance.sina.com.cn\\/stock\\/hkstock\\/ggscyd\\/2023-07-07\\/doc-imzah
nst4364038.shtml"', '"url":"https:\\/\\/finance.sina.com.cn\\/stock\\/usstock\\/c\\/2023-07-07\\/doc-imzahnsv1140742.shtml"', '"url":"http
s:\\/\\/finance.sina.com.cn\\/stock\\/hkstock\\/ggscyd\\/2023-07-07\\/doc-imzahnsv1140580.shtml"', '"url":"https:\\/\\/finance.sina.com.cn
\\/7x24\\/2023-07-07\\/doc-imzahnst4362808.shtml"', '"url":"https:\\/\\/finance.sina.com.cn\\/stock\\/hkstock\\/ggscyd\\/2023-07-07\\/doc-im
zahnst4362749.shtml"', '"url":"https:\\/\\/finance.sina.com.cn\\/stock\\/hkstock\\/ggscyd\\/2023-07-07\\/doc-imzahnst4362377.shtml"', '"ur
l":"https:\\/\\/finance.sina.com.cn\\/stock\\/hkstock\\/ggscyd\\/2023-07-07\\/doc-imzahnst4361831.shtml"', '"url":"https:\\/\\/news.sina.co
m.cn\\/w\\/2023-07-07\\/doc-imzahnsv1142709.shtml"'] 50
```

图 8.4　正则表达式提取 url 的值

发现页面中提取出来的"/"前面有两个"\"，为了更进一步访问后面的页面，使用 replace 替换掉这个双反斜杠。

```
urls[0][7:-1].replace('\\/','/')
```

以上都是测试，下面看看完整的爬虫是如何写的。

```
#爬虫完整的写法
'''
抓取新浪新闻网的列表页面，然后提取该页面的所有 url，新闻详情页
中间需要进行调试的地方在：url1 有占位符，需要在循环中反复使用，因此循环里的 url 是另一个变量
'''
url1 ='https://feed.mix.sina.com.cn/api/roll/get?pageid=153&lid=2510&k=&num=50&page={0}&r=0.6136248002018982&callback=jQuery111202776256333683298_1590111451564&_=1590111451566'
t=[]
```

```
for i in range(1,4):
  url =url1.format(i)
#  print(i,url)
  res =requests.get(url)
  urls =re.findall('"url":"https:[A-Za-z0-9\.\-/\\\\]+.shtml"',res.text)
  for u in urls:
    t.append(u[7:-1].replace('\\/','/'))
#print(t,len(t))
```

事实上,原本希望爬取新浪的新闻内容,现在爬出来的仅仅是一个新闻内容的链接,而且仅仅是当前页里的新闻链接。当前页的新闻链接受到限制只显示 50 条,那是不是只能抓 50 条信息呢? 当然不是。仔细观察一下 url,发现它有一个参数 page=1,如果修改这个参数的值,是不是能查看第 2 页或第 3 页的值呢?

先测试一下第 3 页的页面是否能成功重组。

```
1.  url ='https://feed.mix.sina.com.cn/API/roll/get?pageid=153&lid=2510&k=&num=50&page={0}&r=0.6136248002018982&callback=jQuery1112027762563336832 98_1590111451564&_=1590111451566'
2.  i=3
3.  url =url.format(i)
4.  url
```

程序第 1 行,在 page=后面设置了一个参数。

程序第 3 行,将这个参数传递给字符串,完成拼接。

这时 url 的页面可以拼接出来,如图 8.5 所示。

```
Out[18]: 'https://feed.mix.sina.com.cn/api/roll/get?pageid=153&lid=2510&k=&num=50&page=3&r=0.6136248002018982&callback=jQuery111202776256333683298_1590111451564&_=1590111451566'
```

图 8.5 将页数拼接到 url 后的结果

解决了这个问题,就可以开始爬取更多的新闻链接了,依次爬取这些链接并将页面中相应的内容提取出来。现在爬取的不再是数据页面,而是网页,因此,读者需要了解一些关于网页格式的知识,此处不再介绍网页格式。

为了方便读取网页结构中的数据,这里推荐使用 BeautifulSoup4 这个模块,这个模块是 Python 的扩展库,使用前需要安装这个模块,详细使用方法参见 8.4 节安装命令如下。

```
pip install beautifulsoup4
```

使用 BeautifulSoup4 专门读取网页结构的工具读取新闻 URL 中的文章标题和时间等属性。在浏览器打开详细页,并按 F12 查看页面标题、日期等属性出现在页面的相应位置,然后用 bs4 提取相应的内容到 newsdict 中。

如图 8.6 所示,通过浏览器查看到详细新闻页中标题的位置。其他位置以此类推,通过浏览器开发工具,可以找到页面格式和页面的对应关系,例如标题在页面代码中具体的路径。

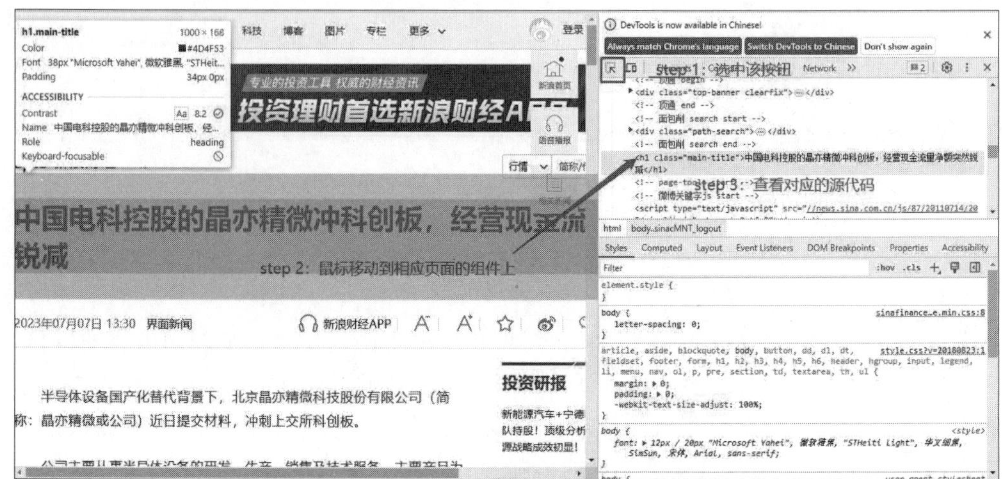

图 8.6 浏览器中开发工具查看标题的代码

实现提取相关内容的代码如下。

```
'''
新闻详细页内容爬取
'''
from bs4 import BeautifulSoup
from datetime import datetime
p=t[0]
res=requests.get(p)
res.encoding='UTF-8'
soup=BeautifulSoup(res.text,'lxml')
#print(soup)
newsdict={}
#<h1 class="main-title">文章标题</h1>
newstitle =soup.select('h1.main-title')[0].text.strip()
#print(soup.select('h1.main-title'),newstitle)
newsdict['title'] =newstitle
#<span class="date">2023 年 07 月 07 日 16:52</span>
newsdate =datetime.strptime(soup.select('span.date')[0].text.strip(),'%Y年%m月%d日 %H:%M')
newsdate1 =datetime.strftime(newsdate,'%Y-%m-%d %H:%M')
#print(newsdate,newsdate1)
newsdict['datatime'] =newsdate1
#<a href="https://www.jiemian.com/article/9701806.html" target="_blank" class="source ent-source" data-sudaclick="content_media_p" rel="nofollow">界面新闻</a>
#来源不能使用 a.source,因为也可能是 span.source
```

```
23. newssource=soup.select('.source')[0].text.strip()
24. newsdict['source'] =newssource
25. '''
26. <div class="article-content-left"
27. ...
28. <p>正文第一段</p>
29. <p>正文第二段</p>
30. ...
31. </div>
32. '''
33. newscontent =soup.select('#article_content >div.article-content-left >#artibody >p')
34. tempstr =''
35. for i in range(len(newscontent)-1):
36.   tempstr =tempstr +newscontent[i].text+'\n'
37. #print(tempstr)
38. newsdict['article'] =tempstr
39. tempstr2 =soup.select("#artibody >p.article-editor")[0].text
40. tempstr3=tempstr2.split(': ')
41. #print(tempstr3)
42. newsdict['editor'] =tempstr3[1]
43. print(newsdict)
```

程序第 7 行,通过 requests.get()函数获取新闻页面信息。

程序第 9 行,创建 beautifulsoup 对象 soup,指定格式为 lxml 格式,即通过 lxml 解释器解释页面。

程序第 11 行,设置 newsdict 为空,方便后续代码给其增加字典 item 项。

程序第 13 行,获取页面中的标题,使用 soup 对象的 select()函数选取标题。

程序第 15 行,将标题加入字典 newsdict 中。

程序第 17~20 行,获取页面上的日期,并处理其结构,加入字典 newsdict 中。

程序第 23~24 行,获取页面上的来源,并加入字典 newsdict 中。

程序第 33~38 行,获取页面上的正文内容,并加入字典 newsdict 中。

程序第 39~42 行,正文内容最后一行是编辑人,取冒号":"后的人名加入到字典 newsdict 中。

程序第 43 行,输出这个字典 newsdict,最后输出如图 8.7 所示。

每个新闻提取出来以后需要将它写入文件,这样方便读取和后期处理。

现在详细页面直接读取出来了,下面将这一块内容写入 txt 文档。

```
import os
#写入文档中
filename ='./news/'+str(3)+'.txt'
newtext=newsdict['title']+'\n'+newsdict['article']
f=open(filename,'wb+')
```

```
{'title': '中国电科控股的晶亦精微冲科创板，经营现金流量净额突然锐减', 'datatime': '2023-07-07 13:30', 'source': '界面新闻', 'article': '\u3000\u3000半导体设备国产化替代背景下，北京晶亦精微科技股份有限公司（简称：晶亦精微或公司）近日提交材料，冲刺上交所科创板。\n\u3000\u3000公司主要从事半导体设备的研发、生产、销售及技术服务，主要产品为化学机械抛光（CMP）设备及其配件，并提供技术服务。\n\u3000\u3000CMP设备通过化学腐蚀与机械研磨的协同配合作用，实现晶圆表面多余材料的高效去除与全局纳米级平坦化，主要用于集成电路制造领域。2020年-2022年（报告期），公司CMP设备销售分别占公司主营业务收入的98.12%、97.74%和97.98%。\n\u3000\u3000本次IPO晶亦精微拟募资16亿元，用于高端半导体装备研发项目、高端半导体装备工艺提升及产业化项目、高端半导体装备研发与制造中心建设项目及补充流动资金。\n\u3000\u3000截至招股书签署日，四十五所直接持有公司33.84%股份，电科装备持有30.04%股份，电科投资持有9.01%股份，烁科精微合伙持有 9.01%股份。四十五所为中国电科集团举办的事业单位，电科装备和电科投资为中国电科集团全资子公司，同时四十五所与烁科精微合伙签署了《一致行动协议》。\n\u3000\u3000综上，四十五所合计控制公司42.85%股份，为公司控股股东，中国电科集团合计控制公司81.90%股份，为公司实际控制人。\n\u3000\u3000公司主要为集成电路制造商提供8英寸、12英寸和6/8英寸兼容CMP设备。截至招股书签署日，公司12英寸CMP设备尚未形成销售收入。\n\u3000\u3000报告期内，公司营业收入全部为主营业务收入，分别为9984.21万元、2.2亿元和5.1亿元，年复合增长率达到125.08%。\n\u3000\u3000报告期内，下游集成电路制造企业持续扩产，设备采购需求持续增加。公司成立后迅速推进CMP设备产业化应用，CMP设备陆续完成多个客户的产线验证并实现销售，因此设备销量、营业收入和净利润持续增加。\n\u3000\u3000从产业上下游关系来看，半导体产业链可分为晶圆材料制造、半导体设计、半导体制造、封装测试四大环节，除半导体设计环节外，其他领域均有CMP设备应用。\n\u3000\u3000报告期内，该公司应收账款账面价值分别为3930.39万元、2508.40万元和6099.86万元，存货账面价值分别为7386.49万元、2.48亿元和3.1亿元，占总资产比例分别为26.23%、38.71%和24.07%。\n\u3000\u3000报告期内，公司向前五大客户销售金额占当期营业收入的比例分别100.00%、99.23%和88.21%。2020年度，公司存在向中芯国际销售金额超过公司当年销售总额50%的情况。公司客户集中度较高可能会导致公司在商业谈判中处于弱势地位，且公司的经营业绩与下游半导体厂商的资本支出密切相关，客户自身经营状况变化也可能对公司产生较大影响。\n\u3000\u3000值得注意的是，报告期内，公司经营活动产生的现金流量净额分别为1422.85万元、1.96亿元和4736.45万元，净利润分别为-976.49万元、1418.40万元和1.28亿元。2021年-2022年经营活动产生的现金流量净额降幅明显。\n\u3000\u3000对于此现象，晶亦精微解释称“为应对产销规模的进一步扩大，及时满足客户供货需求，公司增加了原材料采购。2022年度，公司应收账款随营业收入规模增长而增加，截至2022年末部分款项尚未实现回款。”\n\u3000\u30005G、物联网、云计算、大数据、新能源汽车等新兴应用领域的快速崛起，使得半导体的需求量与日俱增。根据SEMI统计，2022年全球半导体设备总销售额为1075亿美元，近三年复合增长率达到22.90%。根据DIGITIMES Research数据，预计全球半导体产业规模将于2030 年超过1万亿美元水平，按照资本密集度水平14%测算，届时全球半导体设备需求将增长至 1400亿美元。其中，CMP设备是半导体设备的重要组成部分，占半导体制造设备投资的比例约为3%。\n\u3000\u3000根据SEMI数据，2020年-2022年，中国大陆CMP设备市场规模分别为4.29亿美元、4.90亿美元和6.66亿美元。全球CMP设备市场中，中国大陆市场规模连续3年保持全球第一。公司2020年-2022年的CMP设备销售收入分别为9796.85万元、2.15亿元和4.96亿元。据此测算，公司2020年-2022年在中国大陆的CMP设备市场占有率约为3.49%、6.87%和10.68%。\n\u3000\u3000当前我国半导体设备大多依赖进口，国产自给率仍然较低。伴随着半导体产业国际竞争形势变化以及中美贸易摩擦的影响，在美国、荷兰和日本对我国半导体设备出口施加管制的背景下，为了降低出口管制带来的风险、保障我国半导体产业链安全，提高半导体设备国产化率、实现国产替代的需求较为迫切。\n\u3000\u3000《国家集成电路产业发展推进纲要》明确指出：鼓励企业在集成电路关键装备和材料领域进行技术突破；《首台（套）重大技术 装备推广应用指导目录（2019年版）》中将化学机械抛光机作为集成电路生产装备之一列入目录；《中华人民共和国国民经济和社会发展第十四个五年规划和2035年远景目标纲要》中明确集中优势资源攻关核心技术，半导体设备作为集成电路领域的重点装备亦被纳入其中。\n\u3000\u3000在半导体技术高速发展、国家产业政策支持、半导体产业迁移等多重利好因素的驱动下，晶亦精微能否抓住机遇抢占市场先机呢？\n', 'editor': '杨赐 '}
```


图 8.7　提取新闻标题和正文

```
6.  f.write(newtext.encode('utf-8'))
7.  print(newtext.encode('utf-8'))
8.  f.close()
```

程序第 1 行，导入 os 模块，用于处理文件和文件路径。

程序第 3 行，设置文件路径以及文件名。

程序第 4 行，获取文档标题和文档内容。

程序第 5 行，打开文件。

程序第 6～7 行，将标题与内容写入文件。

程序第 8 行，关闭文件，记得一定要做 close 操作。

运行结果如图 8.8 所示。


```
b'\xe3\x80\x80\xe3\x80\x80\xe5\x8d\x8a\xe5\xaf\xbc\xe4\xbd\x93\xe8\xae\xbe\xe5\xa4\x87\xe5\x9b\xbd\xe4\xba\xa7\xe5\x8c\x96\xe6\x9b\xbf\xe4
\xbb\xa3\xe8\x83\x8c\xe6\x99\xaf\xe4\xb8\x8b\xef\xbc\x8c\xe5\x8c\x97\xe4\xba\xac\xe6\x99\xb6\xe4\xba\xa6\xe7\xb2\xbe\xe5\xbe\xae\xe7\xa7\x
91\xe6\x8a\x80\xe8\x82\xa1\xe4\xbb\xbd\xe6\x9c\x89\xe9\x99\x90\xe5\x85\xac\xe5\x8f\xb8\xef\xbc\x88\xe7\xae\x80\xe7\xa7\xb0\xef\xbc\x9a\xe6
\x99\xb6\xe4\xba\xa6\xe7\xb2\xbe\xe5\xbe\xae\xe6\x88\x96\xe5\x85\xac\xe5\x8f\xb8\xef\xbc\x89\xe8\xbf\x91\xe6\x97\xa5\xe6\x8f\x90\xe4\xba\x
a4\xe6\x9d\x90\xe6\x96\x99\xef\xbc\x8c\xe5\x86\xb2\xe5\x88\xba\xe4\xb8\x8a\xe4\xba\xa4\xe6\x89\x80\xe7\xa7\x91\xe5\x88\x9b\xe6\x9d\xbf\xe3
\x80\x82\n\xe3\x80\x80\xe3\x80\x80\xe5\x85\xac\xe5\x8f\xb8\xe4\xb8\xbb\xe8\xa6\x81\xe4\xbb\x8e\xe4\xba\x8b\xe5\x8d\x8a\xe5\xaf\xbc\xe4\xbd
\x93\xe8\xae\xbe\xe5\xa4\x87\xe7\x9a\x84\xe7\xa0\x94\xe5\x8f\x91\xe3\x80\x81\xe7\x94\x9f\xe4\xba\xa7\xe3\x80\x81\xe9\x94\x80\xe5\x94\xae\x
e5\x8f\x8a\xe6\x8a\x80\xe6\x9c\xaf\xe6\x9c\x8d\xe5\x8a\xa1\xef\xbc\x8c\xe4\xb8\xbb\xe8\xa6\x81\xe4\xba\xa7\xe5\x93\x81\xe4\xb8\xba\xe5\x8c
\x96\xe5\xad\xa6\xe6\x9c\xba\xe6\xa2\xb0\xe6\x8a\x9b\xe5\x85\x89\xef\xbc\x88CMP\xef\xbc\x89\xe8\xae\xbe\xe5\xa4\x87\xe5\x8f\x8a\xe5\x85\xb
6\xe9\x85\x8d\xe4\xbb\xb6\xef\xbc\x8c\xe5\xb9\xb6\xe6\x8f\x90\xe4\xbe\x9b\xe6\x8a\x80\xe6\x9c\xaf\xe6\x9c\x8d\xe5\x8a\xa1\xe3\x80\x82\n\xe
3\x80\x80\xe3\x80\x80CMP\xe8\xae\xbe\xe5\xa4\x87\xe9\x80\x9a\xe8\xbf\x87\xe5\x8c\x96\xe5\xad\xa6\xe8\x85\x90\xe8\x9a\x80\xe4\xb8\x8e\xe6\x
9c\xba\xe6\xa2\xb0\xe7\xa0\x94\xe7\xa3\xa8\xe7\x9a\x84\xe5\x8d\x8f\xe5\x90\x8c\xe9\x85\x8d\xe5\x90\x88\xe4\xbd\x9c\xe7\x94\xa8\xef\xbc\x8c
\xe5\xae\x9e\xe7\x8e\xb0\xe6\x99\xb6\xe5\x9c\x86\xe8\xa1\xa8\xe9\x9d\xa2\xe5\xa4\x9a\xe4\xbd\x99\xe6\x9d\x90\xe6\x96\x99\xe7\x9a\x84\xe9\x
ab\x98\xe6\x95\x88\xe5\x8e\xbb\xe9\x99\xa4\xe4\xb8\x8e\xe5\x85\xa8\xe5\xb1\x80\xe7\xba\xb3\xe7\xb1\xb3\xe7\xba\xa7\xe5\xb9\xb3\xe5\x9d\xa6
\xe5\x8c\x96\xef\xbc\x8c\xe4\xb8\xbb\xe8\xa6\x81\xe7\x94\xa8\xe4\xba\x8e\xe9\x9b\x86\xe6\x88\x90\xe7\x94\xb5\xe8\xb7\xaf\xe5\x88\xb6\xe9\x
80\xa0\xe9\xa2\x86\xe5\x9f\x9f\xe3\x80\x822020\xe5\xb9\xb4-2022\xe5\xb9\xb4\xef\xbc\x88\xe6\x8a\xa5\xe5\x91\x8a\xe6\x9c\x9f\xef\xbc\x89\xe
f\xbc\x8c\xe5\x85\xac\xe5\x8f\xb8CMP\xe8\xae\xbe\xe5\xa4\x87\xe9\x94\x80\xe5\x94\xae\xe5\x88\x86\xe5\x88\xab\xe5\x8d\xa0\xe5\x85\xac\xe5\x
8f\xb8\xe4\xb8\xbb\xe8\x90\xa5\xe4\xb8\x9a\xe5\x8a\xa1\xe6\x94\xb6\xe5\x85\xa5\xe7\x9a\x8498.12%\xe3\x80\x8197.74%\xe5\x92\x8c97.98%\xe3\x
80\x82\n\xe3\x80\x80\xe3\x80\x80\xe6\x9c\xac\xe6\xac\xa1IPO\xe6\x99\xb6\xe4\xba\xa6\xe7\xb2\xbe\xe5\xbe\xae\xe6\x8b\x9f\xe5\x8b\x9f\xe8\xb
```


图 8.8　将提取内容转换为字节流存储到文件中

这里截取了文件流输出，因此它是以二进制字节流显示的，但是如果打开真正的文档，文字内容如图 8.9 所示。

至此，关键问题都已经解决了，现在要做的是组合这些代码形成完整的代码，同时将这些代码通过函数分隔，提升可读性。

半导体设备国产化替代背景下，北京晶亦精微科技股份有限公司（简称：晶亦精微或公司）近日提交材料，冲刺上交所科创板。

公司主要从事半导体设备的研发、生产、销售及技术服务，主要产品为化学机械抛光（CMP）设备及其配件，并提供技术服务。

CMP设备通过化学腐蚀与机械研磨的协同配合作用，实现晶圆表面多余材料的高效去除与全局纳米级平坦化，主要用于集成电路制造领域。2020年-2022年（报告期），公司CMP设备销售分别占公司主营业务收入的98.12%、97.74%和97.98%。

本次IPO晶亦精微拟募资16亿元，用于高端半导体装备研发项目、高端半导体装备工艺提升及产业化项目、高端半导体装备研发与制造中心建设项目及补充流动资金。

截至招股书签署日，四十五所直接持有公司33.84%股份，电科装备持有30.04%股份，电科投资持有9.01%股份，烁科精微合伙持有 9.01%股份。四十五所为中国电科集团举办的事业单位，电科装备和电科投资为中国电科集团全资子公司，同时四十五所与烁科精微合伙签署了《一致行动协议》。

综上，四十五所合计控制公司42.85%股份，为公司控股股东，中国电科集团合计控制公司81.90%股份，为公司实际控制人。

公司主要为集成电路制造商提供8英寸、12英寸和6/8英寸兼容CMP设备。截至招股书签署日，公司12英寸CMP设备尚未形成销售收入。

报告期内，公司营业收入全部为主营业务收入，分别为9984.21万元、2.2亿元和5.1亿元，年复合增长率达到125.08%。

报告期内，下游集成电路制造企业持续扩产，设备采购需求持续增加。公司成立后迅速推进CMP设备产业化应用，CMP设备陆续完成多个客户的产线验证并实现销售，因此设备销量、营业收入和净利润持续增加。

从产业上下游关系来看，半导体产业链可分为晶圆材料制造、半导体设计、半导体制造、封装测试四大环节，除半导体设计环节外，其他领域均有CMP设备应用。

报告期内，该公司应收账款账面价值分别为3930.39万元、2508.40万元和6099.86万元，存货账面价值分别为7386.49万元、2.48亿元和3.1亿元，占总资产比例分别为26.23%、38.71%和24.07%。

报告期内，公司向前五大客户销售金额占当期营业收入的比例分别100.00%、99.23%和88.21%。2020年度，公司存在向中芯国际销售金额超过公司当年销售总额50%的情况。公司客户集中度较高可能会导致公司在商业谈判中处于弱势地位，且公司的经营业绩与下游半导体厂商的资本支出密切相关，客户自身经营状况变化也可能对公司产生较大影响。

值得注意的是，报告期内，公司经营活动产生的现金流量净额分别为1422.85万元、1.96亿元和4736.45万元，净利润分别为-976.49万元、1418.40万元和1.28亿元。2021年-2022年经营活动产生的现金流量净额降幅明显。

对于此现象，晶亦精微解释称“为应对产销规模的进一步扩大，及时满足客户供货需求，公司增加了原材料采购。2022年度，公司应收账款随营业收入规模增长而增加，截至2022年末部分款项尚未实现回款。”

5G、物联网、云计算、大数据、新能源汽车等新兴应用领域的快速崛起，使得半导体的需求量与日俱增。根据SEMI统计，2022年全球半导体设备总销售额为1075亿美元，近三年复合增长率达到22.90%。根据DIGITIMES Research数据，预计全球半导体产业规模将于2030 年超过1万亿美元水平，按照资本密集度水平14%测算，届时全球半导体设备需求将增长至 1400亿美元。其中，CMP设备是半导体设备的重要组成部分，占半导体制造设备投资的比例约为3%。

根据SEMI数据，2020年-2022年，中国大陆CMP设备市场规模分别为4.29亿美元、4.90亿美元和6.66亿美元。全球CMP设备市场中，中国大陆市场规模连续3年保持全球第一。公司2020年-2022年的CMP设备销售收入分别为9796.85万元、2.15亿元和4.96亿元。据此测算，公司2020年-2022年在中国大陆的CMP设备市场占有率约为3.49%、6.87%和10.68%。

当前我国半导体设备大多依赖进口，国产自给率仍然较低。伴随着半导体产业国际竞争形势变化以及中美贸易摩擦的影响，在美国、荷兰和日本对我国半导体设备出口施加管制的背景下，为了降低出口管制带来的风险、保障我国半导体产业链安全，提高半导体设备国产化率、实现国产替代的需求较为迫切。

《国家集成电路产业发展推进纲要》明确指出：鼓励企业在集成电路关键装备和材料领域进行技术突破；《首台（套）重大技术 装备推广应用指导目录（2019年版）》中将化学机械抛光机作为集成电路生产装备之一列入目录；《中华人民共和国国民经济和社会发展第十四个五年规划和2035年远景目标纲要》中明确集中优势资源攻关核心技术，半导体设备作为集成电路领域的重点装备亦被纳入其中。

在半导体技术高速发展、国家产业政策支持、半导体产业迁移等多重利好因素的驱动下，晶亦精微能否抓住机遇抢占市场先机呢？

图 8.9　打开保存新闻内容文件

```
#将上面的爬虫连起来,代码如下
import requests
import re
import os
from bs4 import BeautifulSoup
from datetime import datetime
import time
'''
文本写入代码
Return: 无
'''
def save_news(filename,newtext):
  f=open(filename,'wb+')
  f.write(newtext.encode('utf-8'))
  f.close()
'''
爬取目录列表页
return: urls(url 列表)
'''
def get_content():
  url ='https://feed.mix.sina.com.cn/API/roll/get?pageid=153&lid=2510&k=&num=50&page={0}&r=0.5132972016780795&callback=jQuery1112096833619791499 09_1590134693248&_=1590134693250'
  t=[]
  for i in range(1,4):
    url1 =url.format(i)
#print(i,url)
    res =requests.get(url1)
    urls =re.findall('"url":"https:[A-Za-z0-9\.\-/\\\\]+.shtml"',res.text)
```

```
    for u in urls:
      t.append(u[7:-1].replace('\\/','/'))
  return(t)
'''
获取新闻内容
'''
def get_detail(url,num):
  res=requests.get(url)
  res.encoding='UTF-8'
  soup=BeautifulSoup(res.text,'lxml')
  #print(soup)
  newsdict={}
  #<h1 class="main-title">标题</h1>
  newstitle =soup.select('h1.main-title')[0].text.strip()
  #print(soup.select('h1.main-title'),newstitle)
  newsdict['title'] =newstitle
  #<span class="date">2023 年 07 月 07 日 16:52</span>
  newsdate =datetime.strptime(soup.select('span.date')[0].text.strip(),
  '%Y 年%m 月%d 日 %H:%M')
  newsdate1 =datetime.strftime(newsdate,'%Y-%m-%d %H:%M')
  #print(newsdate,newsdate1)
  newsdict['datatime'] =newsdate1
  #<a href="https://www.jiemian.com/article/9701806.html" target="_blank"
  class="source ent-source" data-sudaclick="content_media_p" rel="
  nofollow">界面新闻</a>
  #来源不能使用 a.source,因为也可能是 span.source
  newssource=soup.select('.source')[0].text.strip()
  newsdict['source'] =newssource
  '''
  <div class="article-content-left">
  ...
  <p>正文第一段</p>
  <p>正文第二段</p>
  ...
  </div>
  '''
  newscontent =soup.select('#article_content >div.article-content-left >
  #artibody >p')
  tempstr =''
  for i in range(len(newscontent)-1):
    tempstr =tempstr +newscontent[i].text+'\n'
  #print(tempstr)
  newsdict['article'] =tempstr
  tempstr2 =soup.select("#artibody >p.article-editor")[0].text
  tempstr3=tempstr2.split(': ')
  #print(tempstr3)
```

```
    newsdict['editor'] =tempstr3[1]
    filename ='./news/'+str(num)+'.txt'
    save_news(filename, newsdict['article'])
    return(newsdict)
def main():
    urls=get_content()
#   print(urls)
    k=0
    for url in urls:
        print(url)
        get_detail(url,k)
        time.sleep(5)
        k=k+1

if __name__=='__main__':
    main()
```

在爬取新浪新闻的案例中，使用了正则表达式、requests、beautifulsoup 等模块。将在后面几节分别讲述这些模块。正则表达式将在 8.2 节详细介绍，requests 模块将在 8.3 节进行介绍，beautifulsoup 模块将在 8.4 节进行介绍。这个爬取案例中还有许多内容，涉及网页设计、HTTP 等，这些是爬虫编写需要储备的基础知识，读者可以查看这些相关课程或查阅资料。

*8.2 正则表达式

*8.2.1 re 库简介

re 库是 Python 用于处理正则表达式的库。

正则表达式是为提取和替换字符串中预定义的规则字符子串提供快速匹配的一种方式。

re 库定义了各种特殊符号用来创建一个“规则表达式”，为了方便匹配和查找某种符合规律的字符串以及子串，正则表达式提供了一种以表达式形式匹配字符串或子串的方式，可以通过规范的定义设置希望匹配的表达式，例如 3 个数字，用\d{3}表示，然后，在文档或字符串中寻找相应的内容。

正则表达式提供了许多元字符，这些字符用于匹配字符串中某些规则。常见的元字符如表 8.1 所示。

表 8.1 正则表达式中的元字符及其含义

元 字 符	功 能 说 明
\d	匹配所有的十进制数字 0～9
\D	匹配所有的非数字，包含下画线
\s	匹配所有的空白字符(空格、Tab 等)
\S	匹配所有的非空白字符，包含下画线
\w	匹配所有的字母、汉字、数字等，例如 a～z，A～Z，0～9

续表

元 字 符	功 能 说 明
\W	匹配所有的非字母、汉字、数字，包含下画线
\b	匹配单词头或单词尾
\B	与\b 含义相反
\num	这里的 num 是数字，表示子模式的序号
[]	代表集合
[abc] [a－z0－9] [2－9][1－3]	能匹配其中的单个字符 能匹配指定范围的字符 能够做组合匹配
()	括号内的内容作为整体一个子模式对待
\n	换行
$	匹配一行的结尾
^	匹配一行的开头
*	前面的字符可以出现 0 次或多次(0～无限)
+	前面的字符可以出现 1 次或多次(1～无限)
?	变“贪婪模式”为“勉强模式”，前面的字符可以出现 0 次或 1 次
.	匹配除了换行符“\n”之外的任意单个字符
|	两项都进行匹配
\\	在使用了反斜杠和其他字符组合表达某种特殊含义，需要反斜杠还原本来意义时，用双反斜杠
－	在集合中使用，例如 A－Z，表示从大写字母 A 到大写字母 Z
{}	用于标记前面的字符出现的频率
\d{6} \d{1,} \d{1,6} \d{,6}	代表前面的数字必须有 6 个 代表前面的数字至少出现 1 次，最多次数不限 代表前面字符最少出现 1 次，最多出现 6 次 代表前面字符最少次数不限，最多出现 6 次
\f	换页符
\r	回车

正则表达式预定义的元字符能对字符串匹配，能指定字符串规则，有了规范的正则表达式，需要处理正则表达式的函数去查找和匹配相应的字符串。常见正则表达式的函数如表 8.2 所示。

表 8.2　常见正则表达式的函数

函　　数	功 能 说 明	案　　例

re.match(pattern, string, flags=0)	在目标文本的开头进行匹配	>>> re.match('h.','hello')
		<re.match object; span=(0, 2), match='he'>
		>>> re.match('h.','too high') # 没有匹配到，因为不是以 h 开头的

续表

函　数	功能说明	案　例

re.compile(pattern, [flags])	创建正则表达式对象	>>> pattern = re.compile("o")
		>>> pattern
		re.compile('o')

re.search(pattern, string, flags=0)	在整个目标文本中进行匹配	re.search('h.','too high') <re.match object; span=(4, 6), match='hi'>
re.findall(pattern, string, flags=0)	扫描整个目标文本,返回所有与规则匹配的子串组成的列表,如果没有匹配的,返回空列表	>>> re.findall('h.', 'he is my brother') ['he', 'he']

re.finditer(pattern, string, flags=0)	扫描整个目标文本,返回所有与规则匹配的子串组成的迭代器	>>> p = re.finditer('h.', 'he is my brother')
		>>> print(p.__next__())
		<re.match object; span=(0, 2), match='he'>

re.fullmatch(pattern, string, flags=0)	要求目标文本完全匹配规则,否则返回 None	>>> re.fullmatch('h.', 'he is my brother') # 返回为空,
		>>> re.fullmatch('h.','he')
		<re.match object; span=(0, 2), match='he'>

re.sub(pattern, repl, string, count = 0, flags=0)	将与规则匹配的子串替换为其他文本	>>> re.sub('{city}','Guangzhou','welcome to {city}') 'welcome to Guangzhou'
re.split(pattern, string, maxsplit=0, flags=0)	根据模式匹配分隔字符串	>>> re.split('[\.]+','image.rolate(45).save("temp.jpg")') ['image', 'rolate(45)', 'save("temp', 'jpg")']
re.escape()	对正则表达式中的特殊字符进行转义	print(re.escape('www.Python.org')) www\.Python\.org

*8.2.2　正则表达式应用

正则表达式通常用于内容提取,例如,对于身份证中各项数字的分隔与提取,可以使用正则表达式来完成这项工作。

居民身份证有 18 位,前 3 位表示所在省,再 3 位表示所在市,然后是 4 位年,2 位月,2 位日,以及 3 位序号,1 位验证码。这里以提取前面 10 位数为例。

例 2,参见"源代码/ch8/2.sfzid.py"。

```
1.  import re
2.  s ='11022319901230123X'
3.  res =re.search('(?P<province>\d{3})(?P<city>\d{3})(?P<born_year>\d{4})',s)
4.  print(res.groupdict())
```

程序第 3 行就是正则匹配。

程序第 4 行输出这个匹配的内容。

正则表达式的程序都不长,关键还是如何写出正则表达式,下面来看看详细的正则表达式是如何进行正则匹配的。

如图 8.10 所示，这里的正则表达式分为了 3 组，每组使用小括号“()”括起来，每个括号里都命名了一个名称，? P<name>表达组的名称，\d{3}则表示这组里要匹配的子串，例如第 1 组匹配的子串是 3 个数字。

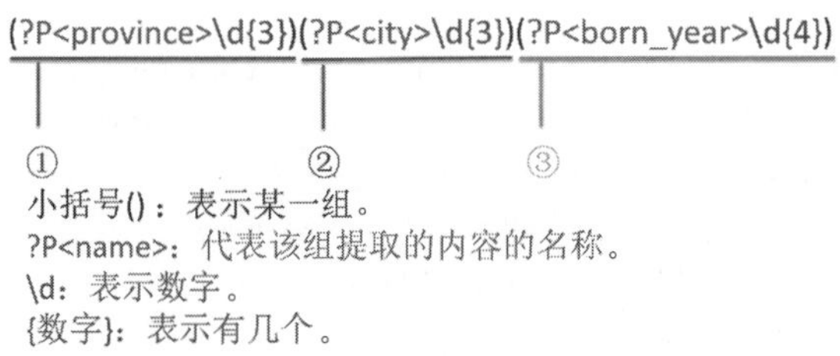

图 8.10　身份证号正则表达式解析图

可以使用 search()函数查找符合正则式的字符串。search()查找的对象里包含有匹配结果等相关内容。

为了提取这些内容。可以使用对象内置函数 groupdict()，这个函数直接提取成字典类型，因为正则式中已经定义了 key 的名称。

读者能通过这个案例写出完整的身份证号码的相关信息的提取吗？

再看一个提取电子邮件的例子，这是一个常见且有用的例子，通常会发现用户在很多应用程序内输入电子邮箱地址后，应用程序会提示输入是否正确，其实也是正则表达式匹配到输入的字符串的应用。

例 3，参见“源代码/ch8/3.emailre.py”。

```
import re
s1='aaa@bbb.ccc'
res2 =re.match('(.*)@(.*\..*)',s1)
print(res2.group())
print(res2.group(1))
print(res2.group(2))
```

同样地，先分析正则表达式。

如图 8.11 所示，正则表示式提示有两组字符串中间用@符号连接起来了。第 2 组是任意多个任意字符，第 2 组是一个包含两个任意多个任意字符的字符串，中间用“.”分隔。

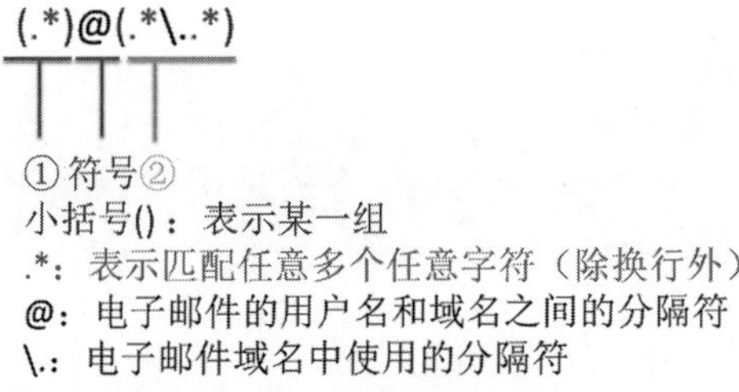

图 8.11　电子邮件正则表达式解析图

正则表达式的代码通常非常简短,但是构建正则表达式非常复杂,需要读者多多练习。例如,手机号码的格式:1××-××××-××××,读者可以尝试使用正则表达式来处理吗?

*8.3 requests 库的使用

*8.3.1 requests 库的简介

requests 是一个很实用的 Python HTTP 客户端库,爬虫和测试服务器响应数据时经常会用到,requests 是 Python 语言的第三方库,专门用于发送 HTTP 请求,使用起来比 urllib 简洁很多。

用 pip 进行第三方库 requests 的安装参见 8.1.2 节。

requests 有如下功能。

```
(1) Keep-Alive & 连接池。
(2) 国际化域名和 url。
(3) 支持持久 Cookies 的会话。
(4) 浏览器式的 SSL 认证。
(5) 自动内容解码。
(6) 基本/摘要式的身份认证。
(7) 优雅的 key/value Cookies。
(8) 自动解压。
(9) Unicode 响应体。
(10) HTTP(S) 代理支持。
(11) 文件分块上传。
(12) 流下载。
(13) 连接超时。
(14) 分块请求。
(15) 支持 .netrc。
```

*8.3.2 requests 库解析

requests 库支持爬虫的基本功能。

1. 访问网站

requests 使用规则非常简单。使用 requests 访问网站,仅需要下面两行代码。

例 4-1,参见"源代码/ch8/4.requestsapplication.ipynb"。

```
import requests
r =requests.get('https://www.Python.org')
```

变量 r 中存放的就是 https://www.Python.org 响应对象 Response。其中包含状态码、响应的各种参数以及响应内容等。网页请求相关函数如表 8.3 所示。

表 8.3　requests 的常见函数

函　　数	描　　述
get(url[, timeout = n, param = xxx, headers = zzzz, stream = True])	对应 HTTP 的 get 方法，获取页面最常用的方法，可以增加多种功能不一的参数，如超时、头参数、数据、流访问设置等
post(url,data={...}[, ...])	对应 HTTP 的 post 方法，其中 data 是一个字典，用于传递用户数据
put(url,data={...})	对应 HTTP 的 put 方法，其中 data 是一个字典，用于传递用户数据
delete(url)	对应 HTTP 的 delete 方法
head(url)	对应 HTTP 的 head 方法
options(url)	对应 HTTP 的 options 方法

下面体会一下这几种函数是如何应用的。在 8.1.2 节的案例中已经介绍了 get()函数爬取新浪页面，这里再详细介绍 get()、post()等函数的应用。

例 4-2，参见“源代码/ch8/4.requestsapplication.ipynb”。

```
import requests
r =requests.get('https://api.github.com/events')
r
#output: <Response [200]>
r.content[0:100]
# output: b'[{"id":"23460532594","type":"CreateEvent","actor":{"id":
73356971,"login":"prajakta192","display_logi'
r =requests.post('http://httpbin.org/post')
r =requests.put('http://httpbin.org/put')
r =requests.delete('http://httpbin.org/delete')
r =requests.head('http://httpbin.org/get')
r =requests.options('http://httpbin.org/get')
```

2. 提交参数

在 Web 访问中有两种传递参数的方式：一种是 get，另一种是 post。get 是一种显式传递参数的方式，而 post 是一种隐式传递参数的方式。

get 方式通常将参数写在 url 中，例如 http://httpbin.org/get? key1=val1&key2=val2。

在这种方式下，直接使用 requests.get 提交，例如：

```
r =requests.get('http://httpbin.org/get?key1=val1&key2=val2')
```

当然，也可以这样做：

```
payload ={'key1':'value1', 'key2':'value2'}
r =requests.get('http://httpbin.org/get', params =payload)
r.url
```

输出结果为'http://httpbin.org/get? key1=value1&key2=value2。由此可见，参数是直接拼接到 url 上的。这样不能处理某些需要保密的参数。

post 方式是隐式的参数传递,URL 上看不到传递的参数。

用 post 方式提交方法如下。

```
payload ={'key1':'value1', 'key2':'value2'}
r =requests.post('http://httpbin.org/post', data=payload)
r.url
```

注意:这次传参,需要用 data 来传递,如果还是使用 params,它会显示在 url 上。params 只用于 get 传参。

输出结果为 http://httpbin.org/post。

参数 data 在提交的数据包里,而不是出现在 url 中的。

3. 响应内容

当 requests.get 或 requests.post 发送请求之后会产生一个 response 对象,这个对象常见的属性如表 8.4 所示。

表 8.4　响应对象的常见属性

属　性	描　述
status_code	HTTP 请求的返回状态,200 表示连接成功,404 表示失败
text	HTTP 响应内容的字符串形式,即 url 对应的页面内容
encoding	HTTP 响应的编码方式
content	HTTP 响应内容的二进制形式

```
r =requests.get('https://api.github.com/events')
r.text
```

输出为:

```
'[{"id":"23461249481","type":"CreateEvent","actor":{"id":12029539,"login":"yummy1","display_login":"yummy1"...
```

查看一下该网站的编码 r.encoding,结果是'utf-8',修改该编码类型如下。

```
r.encoding ='ISO-8859-1'
r.text
```

输出为:

```
'[{"id":"23461249481","type":"CreateEvent","actor":{"id":12029539,"login":"yummy1","display_login":"yummy1"...
```

这里几乎看不出什么区别,这是因为这个站点返回的全部是英文。如果返回中文,就可以看到 ISO-8859-1 显示中文时出现乱码。

为了防止出现乱码,可以使用 content 属性,即 r.content。

当然这个站点返回的是一个 JSON 格式，通常使用 json()函数处理 JSON 格式的解码，例如 r.json()。

这时会看到一个非常规则的 JSON 格式。

```
[{'id': '23461249481',
    'type': 'CreateEvent',
    'actor': {'id': 12029539,
      'login': 'yummy1',
      'display_login': 'yummy1',
      'gravatar_id': '',
      'url': 'https://api.github.com/users/yummy1',
      ...
      'avatar_url': 'https://avatars.githubusercontent.com/u/1306301?'}}]
```

4. 请求头部

如果了解 HTTP，一定知道浏览器是一个用户代理软件，帮用户提交请求信息，与此同时，告诉服务器用户通过哪个类型的浏览器来访问服务器，以期得到相应的服务。这时，每个浏览器都有自己的 user_agent 值。

如果用 requests.get(url)的方式访问服务器，发送过去的请求是没有 User_agent 这一项的，这样就会使得某些服务器知晓这就是一个爬虫发送过来的请求。某些服务器设置了拒绝服务爬虫的功能。

因此，请求头部通常是针对某些站点反爬虫机制而设置的，当然服务器收到一个只有 url 而没有其他头部参数的请求包时，它就认为这是一个机器在发送请求，而不是用户从浏览器发送的，因此，为了骗过服务器，让服务器能为爬虫发出的请求服务，可以把头部的 user-agent 设置好，连同 url 一起发送过去。

```
import json
url = 'https://api.github.com/events'
headers = {'user_agent':'git-app/0.1.1'}
r = requests.get(url, headers=headers)
r
```

当然还可以发送其他的头部信息，例如 cookies 等，具体内容请查看 HTTP。

*8.4 BeautifulSoup 库的使用

如果说 requests 库用于解决网页抓取的问题，那么 BeautifulSoup 用于解析页面信息。BeautifulSoup 是目前公认的使用起来非常便捷的扩展工具，受到了开发人员的推崇。本节将带领读者认识 BeautifulSoup，然后通过一个案例来学习使用 BeautifulSoup。

*8.4.1 BeautifulSoup 简介

BeautifulSoup 是由 Tidelift 公司开发出来提供给企业的一款“靓汤”，是用于从 HTML

文档或 XML 文档中提取目标数据的 Python 扩展库。自 2004 年以来，BeautifulSoup 前前后后淘汰了 3 个版本，目前已更新到第 4 版，因此官方推荐使用 BeautifulSoup4。

安装 BeautifulSoup4 的步骤参见 8.1.2 节。

程序需要使用 BeautifulSoup4 时需要导入，其代码如下。

```
from bs4 import BeautifulSoup
```

bs4 模块中提供了 Tag 类、NavigableString 类、BeautifulSoup 类、Comment 类 4 个比较重要的类。

Tag 类表示 HTML 或 XML 中的元素，它们是最基本的信息组织单位。Tag 类有两个非常重要的属性：表示元素名称的 name 和表示元素属性的 attrs。

NavigableString 类表示 HTML 或 XML 元素中的文本，例如，<div>文本内容</div>，这里的“文本内容”就是由 NavigableString 提供的。

BeautifulSoup 类表示 HTML 或 XML 节点树中的全部对象。

Comment 类表示元素内字符串的注释部分。

这里补充 HTML 的小知识，HTML 页面或 XML 格式如下。

```
<元素名 [属性名="属性值"]>文字内容</元素名>
```

HTML 的元素允许嵌套。

例 5，参见“源代码/ch8/Example.html”。

```
1.  <li>
2.    <span class="release-number"><a href="/downloads/release/python-398/">
    Python 3.9.8</a></span>
3.    <span class="release-date">Nov.5, 2021</span>
4.    <span class="release-download"><a href="/downloads/release/python-
    398/"><span aria-hidden="true" class="icon-download"></span>Download
    </a></span>
5.    <span class="release-enhancements"><a href="https://docs.python.org/
    release/3.9.8/whatsnew/changelog.html">Release Notes</a></span>
6.    <!--
7.      这段是注释
8.    -->
9.  </li>
```

<li>…</li>称为标签，属于 XML 结构。网页的 HTML 和 XML 结构是一样的。

这里第 2 行是一个嵌套结构，其中<span>有属性 class；bs4.Tag 里的 name 存放的是 span；attrs 存放的是{"class":"release-download"}；而<span>和</span>之间的内容是 NavigableString 类，这个类可以是一个包含 XML 标签的字符串。

因此，NavigableString 类这个依然可以提取 Tag 类。

这种嵌套结构，在 XPath 语法中称为 ElementTree，也叫节点树。例如第 2 行的 a 标签的路径可以表示为 li/span/a。其他行的标签路径请读者自己编写。

第 6～8 行是 HTML 的注释，是包含在 li 标签里的，因此在 li 标签中存在一个 Comment 类。

如果要使用 bs4 解析网页，首先要创建 BeautifulSoup 对象。假设以上一段页面是从网站抓取下来等待 bs4 来解析的。

例 6，参见"源代码/ch8/bs4test.ipynb"。

1. 创建 BeautifulSoup 对象

```
1.  #创建 BeautifulSoup 对象
2.  from bs4 import BeautifulSoup
3.
4.  BeautifulSoup('hello scrapy!', 'lxml')         #自动添加标签
```

程序第 2 行，导入 BeautifulSoup 类。

程序第 4 行，创建 BeautifulSoup 类的对象。

其输出结果如下。

```
<html><body><p>hello scrapy!</p></body></html>
```

可以看到当输入的是不完整的 HTML 格式时，BeautifulSoup 会自动添加标签。

```
1.  BeautifulSoup('<span>hello scrapy!', 'lxml')         #自动补全标签
```

这一行创建 BeautifulSoup 对象给定的是一个不完整标签的例子，此时输出结果如下。

```
<html><body><span>hello scrapy!</span></body></html>
```

这个例子说明 BeautifulSoup 可以自动补全标签。

现在看看利用 BeautifulSoup 如何解析例 5。

```
1.  h_doc = '''<li>
2.    <span class="release-number"><a href="/downloads/release/python-398/">
      Python 3.9.8</a></span>
3.    <span class="release-date">Nov.5, 2021</span>
4.    <span class="release-download"><a href="/downloads/release/python-
      398/"><span aria-hidden="true" class="icon-download"></span>Download
      </a></span>
5.    <span class="release-enhancements"><a href="https://docs.python.org/
      release/3.9.8/whatsnew/changelog.html">Release Notes</a></span>
6.   <!--
7.    这段是注释
8.   -->
9.  </li>
10.
11. '''
12. s =BeautifulSoup(h_doc,'lxml')
13. print(s)
```

程序第 1～11 行把例 5 的内容写入 h_doc 变量。

程序第 12 行，创建 BeautifulSoup 对象 s，这个对象解析的字符串是 h_doc。

程序第 13 行输出 s 对象，运行结果如下。

```
<html><body><li>
<span class="release-number"><a href="/downloads/release/python-398/">
Python 3.9.8</a></span>
<span class="release-date">Nov.  5, 2021</span>
<span class="release-download"><a href="/downloads/release/python-398/">
<span aria-hidden="true" class="icon-download"></span>Download</a></span>
<span class="release-enhancements"><a href="https://docs.python.org/release/
3.9.8/whatsnew/changelog.html">Release Notes</a></span>
<!--
        这段是注释
    -->
</li>
</body></html>
```

2. BeautifulSoup 对象的属性

BeautifulSoup 对象里 Tag 常见的对象有 name、attrs、parent、text、string 等。name 表示标签的名称；attrs 标签包含的属性，通常以字典形式读取；parent 表示标签的父标签；text 表示标签的文本内容，等同于 string。

以下是 s 对象里的 Tag 和它的 name 属性，这里选用了 span 标签，span 标签有多个，这里返回处理的是第一个 span 标签。

```
print("HTML 的第一个 span",s.span)
print("HTML 的第一个 span 的 name 属性",s.span.name)
```

运行结果如下。

```
HTML 的第一个 span <span class="release-number"><a href="/downloads/release/
python-398/">Python 3.9.8</a></span>
HTML 的第一个 span 的 name 属性 span
```

下面看一下 span 标签的 attrs、text、parent 属性。

```
print("HTML 的第一个 span 的 attrs 属性",s.span.attrs)
print("HTML 的第一个 span 中的内容",s.span.text)
print("HTML 的第一个 span 的父标签",s.span.parent)
```

运行结果如下。

```
HTML 的第一个 span 的 attrs 属性 {'class': ['release-number']}
HTML 的第一个 span 中的内容 Python 3.9.8
HTML 的第一个 span 的父标签 <li>
<span class="release-number"><a href="/downloads/release/python-398/">Python
3.9.8</a></span>
```

```
<span class="release-date">Nov.  5, 2021</span>
<span class="release-download"><a href="/downloads/release/python-398/"><span aria-hidden="true" class="icon-download"></span>Download</a></span>
<span class="release-enhancements"><a href="https://docs.python.org/release/3.9.8/whatsnew/changelog.html">Release Notes</a></span>
<!--
        这段是注释
    -->
</li>
```

如果 span 标签有 class 属性，可以让 span 当做字典来引用。

```
s.span['class']
```

这时，程序其实把字典{'class': ['release-number']}中的 class 值取出来，运行结果如下。

```
['release-number']
```

3. 查找和提取

BeautifulSoup 提供了 HTML 或 XML 节点树提取节点的方式，其中比较主流的两个函数是 find()和 find_all()，这两个函数的参数都是相同的。find()函数返回字符串，这个字符串是 BeautifulSoup 对象中符合条件的第一个字符串；而 find_all()函数返回的是符合条件的所有字符串，以列表的形式返回。其标准引用形式为：

```
find_all(name, attrs, recursive, text, limit, **kwargs)
```

1）参数 name

参数 name 表示待查找的节点名称，它是默认参数，在传参时不需要指定参数名，它支持字符串、正则表达式、列表等。

```
1.  import re
2.  print("参数 name 为字符串：s.find_all('span')的结果：",s.find_all('span'))
3.  print("参数 name 为正则表达式：s.find_all(re.compile('sp.+'))的结果：",s.find_all(re.compile('sp.+')))
4.  print("参数 name 为列表：s.find_all(['span','a'])的结果：",s.find_all(['span','a']))
```

程序第 1 行，导入 re 模块。

程序第 2 行，输入字符串 span 参数用于查找。

程序第 3 行，输入正则表达式 re.compile('sp.+')参数用于查找。

程序第 4 行，输入列表['span','a']参数用于查找。

运行结果如下。

```
参数 name 为字符串: s.find_all('span')的结果: [<span class="release-number">
<a href="/downloads/release/python-398/">Python 3.9.8</a></span>, <span class=
"release-date">Nov.  5, 2021</span>, <span class="release-download"><a href=
"/downloads/release/python-398/"><span aria-hidden="true" class="icon-
download"></span>Download</a></span>, <span aria-hidden="true" class="icon-
download"></span>, <span class="release-enhancements"><a href="https://docs.
python.org/release/3.9.8/whatsnew/changelog.html">Release Notes</a></span>]
参数 name 为正则表达式: s.find_all(re.compile('sp.+'))的结果: [<span class=
"release-number"><a href="/downloads/release/python-398/">Python 3.9.8</a>
</span>, <span class="release-date">Nov.  5, 2021</span>, <span class="release-
download"><a href="/downloads/release/python-398/"><span aria-hidden="true"
class="icon-download"></span>Download</a></span>, <span aria-hidden="true"
class="icon-download"></span>, <span class="release-enhancements"><a href="
https://docs.python.org/release/3.9.8/whatsnew/changelog.html">Release Notes
</a></span>]
参数 name 为字符串: s.find_all(['span','a'])的结果: [<span class="release-number"
><a href="/downloads/release/python-398/">Python 3.9.8</a></span>, <a href="/
downloads/release/python-398/">Python 3.9.8</a>, <span class="release-date">
Nov.  5, 2021</span>, <span class="release-download"><a href="/downloads/
release/python-398/"><span aria-hidden="true" class="icon-download"></span>
Download</a></span>, <a href="/downloads/release/python-398/"><span aria-
hidden="true" class="icon-download"></span>Download</a>, <span aria-hidden="
true" class="icon-download"></span>, <span class="release-enhancements"><a
href="https://docs.python.org/release/3.9.8/whatsnew/changelog.html">Release
Notes</a></span>, <a href="https://docs.python.org/release/3.9.8/whatsnew/
changelog.html">Release Notes</a>]
```

2）参数 attrs

参数 attrs 表示待查找的属性节点，它接收一个字典，字典中的键为属性名，值为该属性对应的值。由于它不是默认参数，因此需要使用 attrs={'属性名':'属性值'}进行传参。

```
s.find_all(attrs={'class': 'release-number'})
```

运行结果如下。

```
[<span class="release-number"><a href="/downloads/release/python-398/">
Python 3.9.8</a></span>]
```

3）参数 recursive

参数 recursive 表示是否对当前节点的所有子节点进行查找，默认值为 True。

4）参数 text

参数 text 表示待查找的文本节点，它也支持字符串、正则表达式、列表 3 种类型，与 name 参数的用法相同。

```
s.find_all(text=re.compile('Python.+'))
```

运行结果如下。

```
['Python 3.9.8']
```

5）参数 limit

参数 limit 表示待查找的节点数量。

```
s.find_all('span', limit=2)
```

运行结果如下。

```
[<span class="release-number"><a href="/downloads/release/python-398/">
Python 3.9.8</a></span>,
<span class="release-date">Nov.  5, 2021</span>]
```

6）参数 * * kwargs

参数 * * kwargs 支持以关键字的形式传递的任一参数，在节点树只能查找节点时，将关键字参数的名称作为节点的属性名称，值作为属性值。

```
s.find_all('a', href='https://docs.python.org/release/3.9.8/whatsnew/
changelog.html')
```

运行结果如下。

```
[<a href="https://docs.python.org/release/3.9.8/whatsnew/changelog.html">
Release Notes</a>]
```

*8.4.2 BeautifulSoup 的案例

BeautifulSoup 解析页面的所有功能已经基本介绍完了，接下来学习一个完整的例子。

例 7，参见“源程序\ch8\tsinghua.py”。

```
#获取清华大学出版社获奖图书
import requests
from bs4 import BeautifulSoup
import re
url ='http://www.tup.tsinghua.edu.cn/booksCenter/books_index.html'
rq =requests.get(url)
#print(rq.status_code)
html =rq.content.decode('utf-8')
bs =BeautifulSoup(html,'lxml')
#爬取清华大学出版社获奖图书的资料
prize =bs.find('div',id='bookprize_jc')
bookimg =[img['src'] for img in prize.find_all('img')]
bookname =[bn.text for bn in prize.find_all('span')]
```

```
14. author =[au.text for au in prize.find_all('p',title=re.compile('.+'))]
15. cost =[c.text for c in prize.find_all('p',class_='ft_purple')]
16. books=[]
17. for i in range(len(bookname)):
18.     book={}
19.     book['bookname']=bookname[i]
20.     book['author'] =author[i]
21.     book['cost'] =cost[i]
22.     book['image'] ='http://www.tup.tsinghua.edu.cn/' +bookimg[i][3:]
23.     books.append(book)
24.
25. for dic in books:
26.     for t in dic.values():
27.         print(t,end='\t')
28.     print()
```

程序第 2~4 行导入程序所需的模块。

程序第 5~8 行爬取清华大学出版社网页的内容存储到 html 变量里。

程序第 9 行创建 BeautifulSoup 对象 bs。

程序第 11 行提取网页中 div 标签的 id 为 bookprize_jc 的页面，这块页面就是获奖图书的标签，这里可能有读者要问，为什么 id 为 bookprize_jc？这是通过浏览器的 F12 查看到的，如图 8.12 所示。

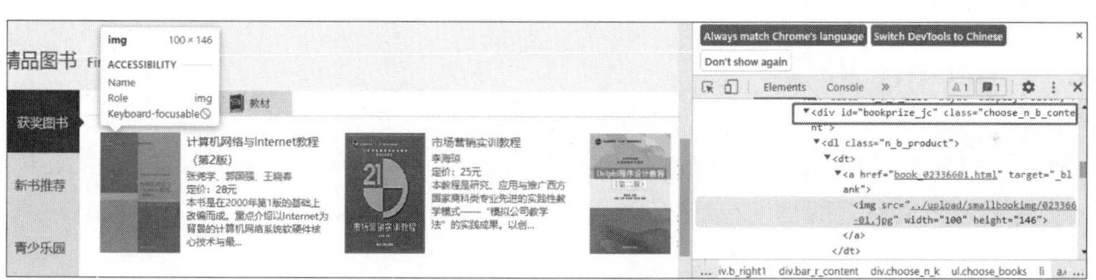

图 8.12 浏览器中使用开发工具查看元素的属性

程序第 12~15 行，利用推导式提取图片的 URL、书名、作者、价格等信息。下面以图片 URL 为例，详细讲解这个推导式的实现。prize.find_all('img')返回的是一个列表，这个列表可以以交互式的方式调试得到。

```
[<img height="146" src="../upload/smallbookimg/023366-01.jpg" width="100"/>, <img height="146" src="../upload/smallbookimg/015603-01.jpg" width="100"/>, <img height="146" src="../upload/smallbookimg/026991-01.jpg" width="100"/>, <img height="146" src="../upload/smallbookimg/029917-01.jpg" width="100"/>, <img height="146" src="../upload/smallbookimg/019851-01.jpg" width="100"/>, <img height="146" src="../upload/smallbookimg/027561-01.jpg" width="100"/>]
```

这个列表中有所有图书的 img 标签，如果希望提取其中的每一个元素，那么可以使用推导式，推导式的格式如下。

```
元素运算表达式 for 元素 in 列表
```

而图片的 URL 是写在<img>标签的 src 属性里的，因此推导式的元素运算表达式 img['src']就是提取 src 属性。对其他的网页主要提取其文本内容，因此使用 text 属性即可。

程序第 16 行，初始化一个空列表，用于存放书的信息。

程序第 17～23 行，循环追加每本书的细节字典。

程序第 25～28 行，输出每本书的信息。

其运行结果如下。

```
计算机网络与 Internet 教程(第 2 版)  张尧学、郭国强、王晓春  定价: 28 元  http://www.tup.tsinghua.edu.cn/upload/smallbookimg/023366-01.jpg
市场营销实训教程  李海琼  定价: 25 元  http://www.tup.tsinghua.edu.cn/upload/smallbookimg/015603-01.jpg
Delphi 程序设计教程(第 2 版)  杨长春  定价: 36 元  http://www.tup.tsinghua.edu.cn/upload/smallbookimg/026991-01.jpg
证券投资基金学(第三版)  李曜  定价: 40 元  http://www.tup.tsinghua.edu.cn/upload/smallbookimg/029917-01.jpg
调查技能与分析  延静等  定价: 22 元  http://www.tup.tsinghua.edu.cn/upload/smallbookimg/019851-01.jpg
多媒体技术与应用实例教程  沈洪、施明利、朱军  定价: 26 元  http://www.tup.tsinghua.edu.cn/upload/smallbookimg/027561-01.jpg
```

*8.5　Scrapy 框架

随着网络爬虫的应用越来越多，爬虫也如同其他程序开发一样逐渐走向框架化，而 Scrapy 就是为爬虫而生的框架。

*8.5.1　Scrapy 框架简介

在实际开发过程中，人们往往使用爬虫框架代替编写完整的爬虫程序去采集网页数据。爬虫框架将爬虫的实现过程统一，并集合通用的功能，如处理异常、任务调度等，减少开发人员的重复工作。爬虫框架让开发者把工作重点从完整的爬虫程序转为爬虫核心功能的开发。

Scrapy 是一套基于 Twisted 的异步处理框架，是基于 Python 的开源爬虫框架，支持使用 XPath 选择器和 CSS 选择器从网页上快速提取指定的内容，对编写网络爬虫程序需要的功能进行较高程度地封装，使用非常简单，大幅度降低了编写网络爬虫程序的门槛。

1. Scrapy 爬虫框架结构

Scrapy 框架功能的强大离不开众多组件的支撑。这些组件相互协作，共同完成完整采集数据的任务。Scrapy 框架的架构如图 8.13 所示。

图 8.13 中，Scrapy 框架主要包含 Scrapy Engine（Scrapy 引擎）、Scheduler（调度器）、Downloader（下载器）、Spider（爬虫）、Item Pipeline（管道）5 个组件，每一个组件各自的功能具体如下。

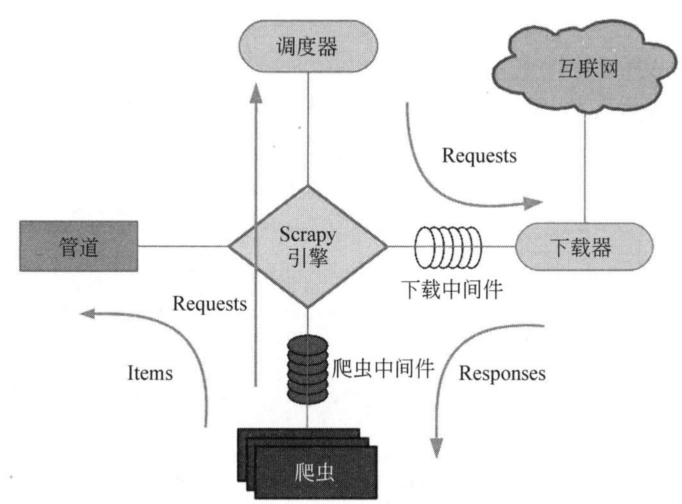

图 8.13 Scrapy 框架的架构

(1) Scrapy Engine：Scrapy 引擎是这个框架的核心部分，它为其他几个部件搭建起了沟通桥梁，指挥各部件协同工作。引擎就是一个“公司的大老板”，他指挥公司各部门的运作。

(2) Scheduler(调度器)：负责接收引擎发来的 Requests 请求，并按照一定方式进行整理和排列，利用队列的形式处理，在引擎需要时按队列中的顺序交还给引擎。如果说引擎是大老板，那么调度就是老板秘书。老板手上的事务均由秘书安排，然后再通知老板要在什么时候做什么事情。

(3) Downloader(下载器)：负责接收由引擎发出的所有请求的响应，并交给引擎，再由引擎将其转给爬虫。下载器可以充当运输部门，将所有的 URL 数据搬运回来。

(4) Spider(爬虫)：负责处理所有的 Response，从所有的 Response 中解析、提取 Items 封装的数据，并将需要跟进的 URL 提交给引擎，由引擎再次交给调度器。爬虫就好比是工厂，把数据进行加工、规整格式，但是可能在这期间发现原料不够了，于是通知老板，老板让秘书安排下载器。

(5) Item Pipeline(管道)：负责处理爬虫获取的 Items 封装的数据，并对这些数据进行后期处理，如详细分析、过滤、存储，这就如同仓储和销售部门，对加工好的数据进行存储，并根据客户需要而细微调整。

除了以上组件外，还包括 Downloader Middlewares(下载中间件)、Spider Middlewares(爬虫中间件)2 个中间件，中间件的位置与功能具体如下。

(1) Downloader Middlewares(下载中间件)：下载器和引擎之间存在一个中间件，下载中间件，它可以自定义扩展下载功能。

(2) Spider Middlewares(爬虫中间件)：爬虫和引擎之间也存在一个中间件，爬虫中间件主要负责支持自定义扩展引擎和爬虫之间的通信功能。

框架中的组件 Scrapy Engine(Scrapy 引擎)、Scheduler(调度器)、Downloader(下载器)业务逻辑由 Scrapy 框架写好并固定，这一块无须再开发。Spiders 和 Item Pipeline 组件的业务逻辑是由业务需求决定的，需要开发人员进行编写，而两个中间件 Downloader Middlewares、Spider Middlewares 是有特殊情况时才设定的，因此很少用到。总体来说，开发人员只需要定制几个组件，就可以轻松实现网络爬虫程序了。

2. Scrapy 框架的运作流程

Scrapy 有 5 个组件和 2 个中间件，这些组件和中间件又是如何运作的呢？数据流在 Scrapy 中由执行引擎控制，其基本步骤如图 8.14 所示，详细说明如下。

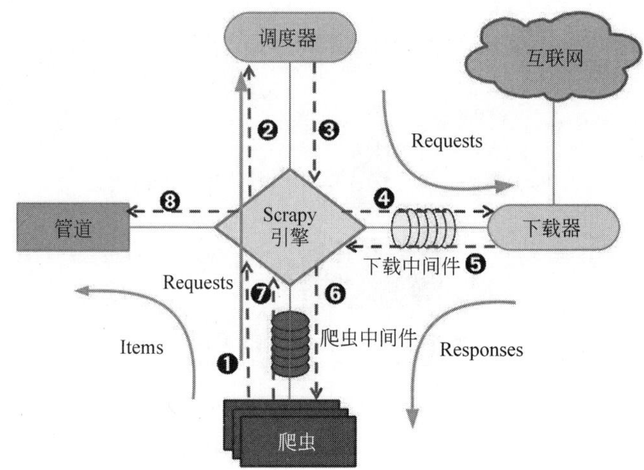

图 8.14 Scrapy 框架的运作流程

(1) 引擎从 Spiders 获得需要处理的 url 地址。

(2) 引擎将爬取请求转发给调度器，调度根据引擎发来的爬取请求处理调度队列，指挥进行下一步爬取工作。

(3) 引擎向调度器获取下一个爬取的请求，调度器返回下一个要爬取的 url 给引擎。

(4) 引擎将 URL 通过下载中间件(请求方向)转发给下载器。

(5) 一旦网页下载完毕，下载器生成一个该网页的响应，并将其通过下载中间件(返回响应方向)发送给引擎。

(6) 引擎从下载器中接收到响应并通过 Spiders 中间件(输入方向)发送给 Spiders 处理。

(7) Spiders 处理响应并返回爬取到的 Items 及(跟进)新的请求给引擎。

(8) 引擎将(Spiders 返回的)爬取到的 Items 给 Item Pipeline，将(Spiders 返回的)请求给调度器。

重复步骤(2)～(8)，直到调度器中没有更多的 URL 请求，引擎关闭。

*8.5.2 Scrapy 应用案例

使用 Scrapy 框架开发爬虫首先需要安装 Scrapy，然后新建 Scrapy 项目，明确采集目标，制作爬虫，永久存储数据。

例 8，本节案例参见“源代码/ch8./ myfirstspider”文件夹。

1. 安装 Scrapy

在 cmd.exe 中输入如下代码。

```
pip install scrapy
```

pip 程序将自动安装 Scrapy，安装完后，可以使用`scrapy`命令查看安装是否成功，如图 8.15 所示。

```
C:\Users\cyj>scrapy
Scrapy 2.6.3 - no active project

Usage:
  scrapy <command> [options] [args]

Available commands:
  bench         Run quick benchmark test
  commands
  fetch         Fetch a URL using the Scrapy downloader
  genspider     Generate new spider using pre-defined templates
  runspider     Run a self-contained spider (without creating a project)
  settings      Get settings values
  shell         Interactive scraping console
  startproject  Create new project
  version       Print Scrapy version
  view          Open URL in browser, as seen by Scrapy

  [ more ]      More commands available when run from project directory

Use "scrapy <command> -h" to see more info about a command

C:\Users\cyj>_
```

图 8.15　执行 scrapy 命令的结果

从图 8.15 中可以看出安装版本为 2.6.3，这说明 Scrapy 安装成功了。

安装中常见问题主要有两个。

1）缺少 Microsoft Visual C++ 14.0 组件

```
error: Microsoft Visual C++14.0 is required.Get it with "Microsoft Visual C++
Build Tools": http://landinghub.visualstudio.com/visual-cpp-buid-tools
```

解决办法：访问微软 Visual Studio 官网 https://visualstudio.microsoft.com/zh-hans/downloads/，选择专业版免费使用，如图 8.16 所示。

图 8.16　微软 Visual Studio 官网下载页面

单击“安装”按钮，在弹出的安装选择器中完成如下步骤，如图 8.17 所示。

（1）选择“单个组件”选项卡。

（2）在搜索框中输入“C++”。

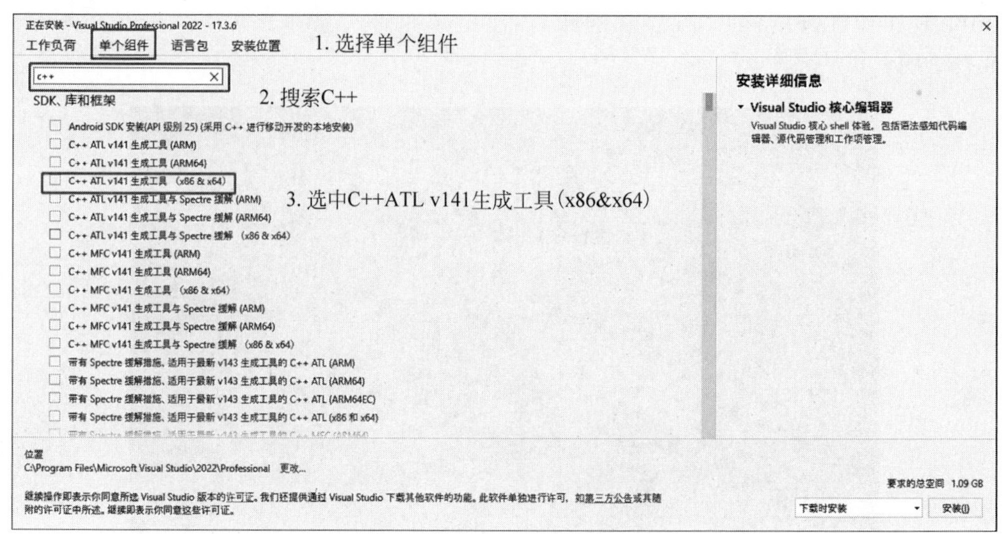

图 8.17　Visual Studio 配置界面

（3）选中“C++ ATL v141 生成工具(x86&x64)”。单击右下角的“安装”按钮，完成安装。

2）Twisted 安装出错

由于 Scrapy 框架使用了异步网络框架 Twisted，所以在安装 Scrapy 过程中需要安装 Twisted，通常情况下此过程会自动完成，但是在某些情况下会出现错误，例如：

```
fatal error C1083: Cannot open include file: 'basetsd.h':No such file or directory
error: command 'C:\\Program Files (x86)\\Microsoft Visual Studio 14.0\\VC\\BIN\\
x86_amd64\\C1.exe' failed with exit status 2
```

虽然提示中没有直接说这是 Twisted 的错，但是这时需要重装 Twisted。解决办法如下。

检查 Python 版本的位数，选择 Twisted 对应的版本。例如操作系统安装的是 64 位的，而 Python 安装的是 32 位的，此时 Twisted 只能安装 32 位的。

可以通过镜像源查找合适的 Twisted 版本的安装包，如图 8.18 所示。

下载后，使用如下命令安装即可(这里使用的是目前最新的 wheel 文件)。

```
pip install Twisted-22.8.0-py3-none-any.whl
```

如果对版本比较熟悉，可以使用在线安装命令。

```
pip install Twisted==22.8.0
```

2. 新建 Scrapy 项目

新建 Scrapy 项目主要整合各类组件。这里需要使用 Scrapy 命令，其格式如下。

```
scrapy startproject 项目名称
```

pypi.tuna.tsinghua.edu.cn/simple/twisted/

Twisted-20.3.0rc1.tar.bz2
Twisted-21.2.0-py3-none-any.whl
Twisted-21.2.0.tar.gz
Twisted-21.2.0rc1-py3-none-any.whl
Twisted-21.2.0rc1.tar.gz
Twisted-21.7.0-py3-none-any.whl
Twisted-21.7.0.tar.gz
Twisted-21.7.0rc1.tar.gz
Twisted-21.7.0rc2.tar.gz
Twisted-21.7.0rc3-py3-none-any.whl
Twisted-21.7.0rc3.tar.gz
Twisted-22.1.0-py3-none-any.whl
Twisted-22.1.0.tar.gz
Twisted-22.1.0rc1-py3-none-any.whl
Twisted-22.1.0rc1.tar.gz
Twisted-22.2.0-py3-none-any.whl
Twisted-22.2.0.tar.gz
Twisted-22.2.0rc1-py3-none-any.whl
Twisted-22.2.0rc1.tar.gz
Twisted-22.4.0-py3-none-any.whl
Twisted-22.4.0.tar.gz
Twisted-22.4.0rc1-py3-none-any.whl
Twisted-22.4.0rc1.tar.gz
Twisted-22.8.0-py3-none-any.whl
Twisted-22.8.0.tar.gz
Twisted-22.8.0rc1-py3-none-any.whl
Twisted-22.8.0rc1.tar.gz
Twisted-9.0.0.tar.bz2

图 8.18 页面显示 Twisted 所有版本安装包

scrapy 命令有许多功能，可使用 scrapy -h 查看帮助。

例如，在“源代码\ch8”中新建一个名称为 myfirstspider 的 Scrapy 项目，具体命令如下。

```
scrapy startproject myfirstspider
```

新建项目命令执行结果如图 8.19 所示。

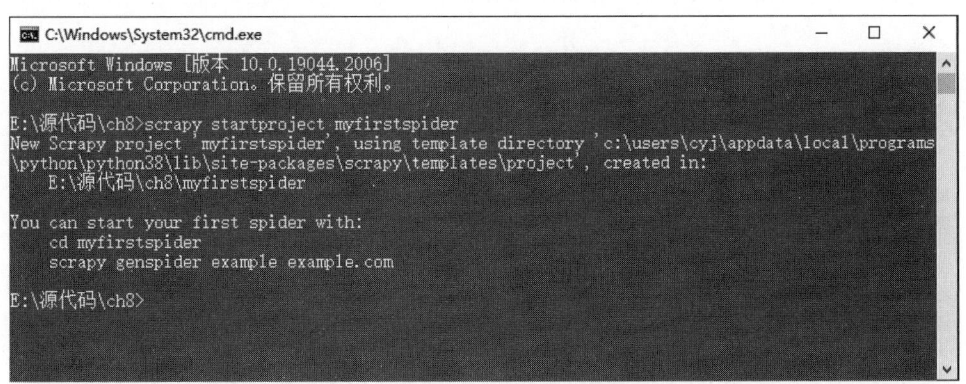

C:\Windows\System32\cmd.exe
Microsoft Windows [版本 10.0.19044.2006]
(c) Microsoft Corporation。保留所有权利。
E:\源代码\ch8>scrapy startproject myfirstspider
New Scrapy project 'myfirstspider', using template directory 'c:\users\cyj\appdata\local\programs\python\python38\lib\site-packages\scrapy\templates\project', created in:
E:\源代码\ch8\myfirstspider
You can start your first spider with:
cd myfirstspider
scrapy genspider example example.com
E:\源代码\ch8>

图 8.19 新建项目命令执行的结果

建好的项目包含的主要目录与文件如图 8.20 所示。

当 myfirstspider 项目建好后，目录如下。

myfirstspider/：项目的 Python 模块，将从这里引用代码。

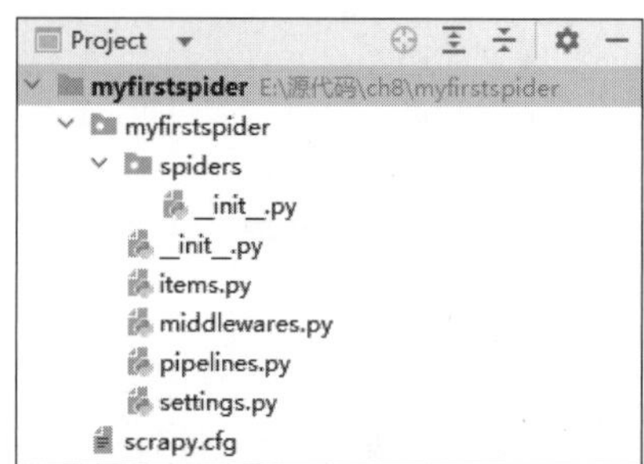

图 8.20　新建 myfirstspider 项目的目录结构

myfirstspider/spiders：存放爬虫代码的目录。

项目文件如下。

scrapy.cfg：配置文件，用于存储项目的配置信息。

myfirstspider/items.py：项目的实体文件，用于定义项目的目标实体。

myfirstspider/middlewares.py：项目的中间件文件，用于定义爬虫中间件。

myfirstspider/pipelines.py：项目的管道文件，用于定义项目使用的管道。

myfirstspider/settings.py：项目的设置文件，用于存储项目的设置信息。

3. 明确采集目标

明确采集目标主要在采集网页数据之前，明确采集的目标数据。新建的项目 myfirstspider 希望爬取豆瓣电影 movie.douban.com/top250 网页，因此，首先设置爬虫的目标网站。设置爬虫目标网站通过创建爬虫来实现，创建该爬虫需要指定爬虫域(爬取的范围)。创建爬虫的命令格式如下。

```
scrapy genspider 爬虫名称 爬取域
```

如果要爬取 movie.douban.com，要切换到项目文件夹，执行如下命令。

```
scrapy genspider douban movie.douban.com
```

执行上述命令，创建爬虫的结果如图 8.21 所示。

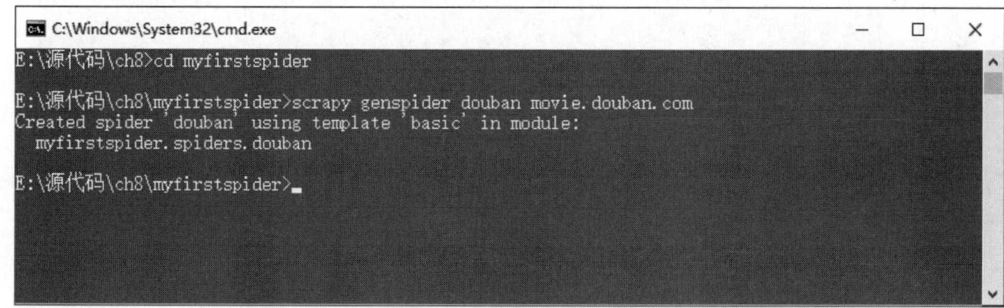

图 8.21　创建指定爬虫域的爬虫

此时，在文件夹 myfirstspider\spiders\多了一个 douban.py 文件，如图 8.22 所示。

图 8.22 爬虫新建了一个 douban.py 文件

打开这个文件,修改 start_urls,代码如下。

```
import scrapy
class DoubanSpider(scrapy.Spider):
  name = 'douban'
  allowed_domains =['movie.douban.com']
  start_urls =['https://movie.douban.com/top250']
  def parse(self, response):
        pass
```

4. 编写爬虫

通常情况下,编写爬虫时要修改 douban.py 文件。在上面的例子中,修改了 start_urls 的内容,没有修改 parse()函数,parse()函数就是用来爬取数据并按照要求提取数据封装 item 的。现在修改 parse()函数,指定爬虫爬取页面中的内容。

首先要确定爬取的内容在页面中的标签路径(即节点树的位置)。可以通过浏览器打开网站,并按下 F12 打开开发者工具,在 CSS 选择器中单击找到对应的节点树,如图 8.23 所示。

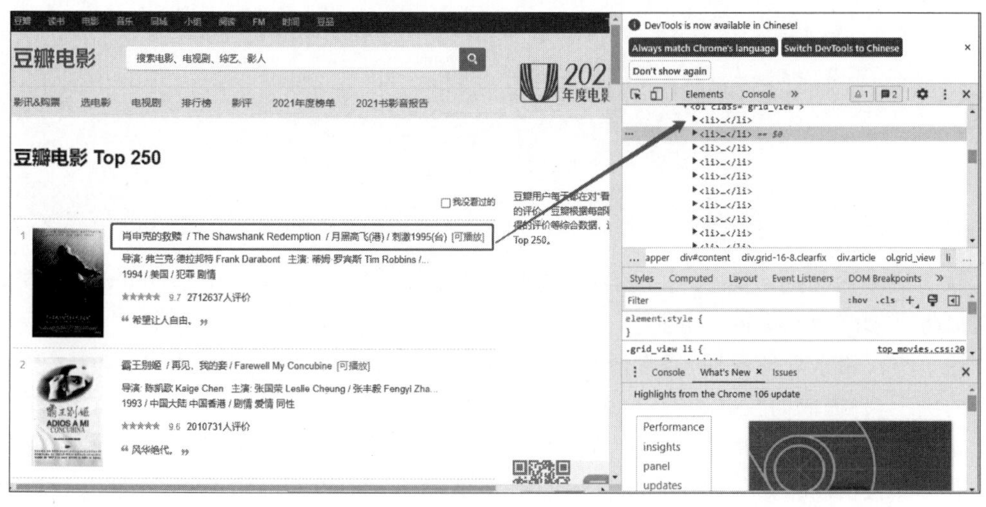

图 8.23 电影对应的节点树

右击“<li>...</li>”，弹出快捷菜单，选择 Copy 下的 Copy selector。

```
#content >div >div.article >ol >li:nth-child(2)
```

希望抓取的是去掉后面“nth-child(2)”的路径，因此，爬虫的 parse()函数代码可以写成如下形式。

```
1.  def parse(self, response):
2.      sel =Selector(response)
3.      list_items =sel.css('#content >div >div.article >ol >li')
4.      for list_item in list_items:
5.          #创建 movieItem 对象
6.          movie_item =movieItem()
7.          #读取页面数据
8.          movie_item['title'] =list_item.css('span.title::text').extract_first()
9.          movie_item['rank'] =list_item.css('span.rating_num::text').extract_first()
10.         movie_item['subject'] =list_item.css('span.inq::text').extract_first()
11.         #将获取的数据交由引擎进行后续处理
12.         yield movie_item
```

程序第 2 行，创建 sel 选择器对象。

程序第 3 行，用 sel.css()函数提取每部电影的页面内容。

程序第 4～12 行，遍历所有的 list_items 元素，提取需要的信息，如 title、rating_num、inq 等(可以通过浏览器查找)，将这些内容存放到 movie_item 对象中，将这些对象传递给引擎进行后续处理。

这段代码使用了 movieItem 类的对象 movie_item，这个类还没有写，这个类要写在 items.py 文件中，代码如下。

```
1.  import scrapy
2.  class movieItem(scrapy.Item):
3.      #define the fields for your item here like:
4.      #name =scrapy.Field()
5.      title =scrapy.Field()
6.      rank =scrapy.Field()
7.      subject =scrapy.Field()
```

默认情况下，items.py 文件里有一个“项目名称 Item”的类，即 myfirstspiderItem 类，但是这里将其修改为 movieItem 类。

这个类仅用来处理数据，通常情况仅用于存储数据的设置，如程序的第 5～7 行，仅按照给出的例子，将提取的数据进行传参。

爬虫编程到此已经基本完成了，但是目前爬虫还不能爬取豆瓣电影网站，因为豆瓣电影网站有反爬虫机制。如果使用 spider 的 USER_AGENT 或没有 USER_AGENT，豆瓣网站会拒绝此爬虫的爬取，因此，需要修改 setting.py，将设置文件中的 USER_AGENT = xxx 所在行的注释去掉，修改如下。

```
USER_AGENT = 'Mozilla/5.0 (Macintosh; Intel Mac OS X 10_12_6) AppleWebKit/537.36
(KHTML, like Gecko) Chrome/73.0.3683.75 Safari/537.36'
```

在 Scrapy 框架中运行爬虫，使用命令格式如下。

```
scrapy crawl 爬虫名
```

现在，快来运行一下写好的爬虫吧，使用如下命令。

```
scrapy crawl douban
```

现在可将爬取内容显示出来，如图 8.24 所示。

```
C:\Windows\System32\cmd.exe
2022-10-13 21:34:00 [scrapy.core.scraper] DEBUG: Scraped from <200 https://movie.douban.com/top250>
{'rank': '9.6', 'subject': '拯救一个人，就是拯救整个世界。', 'title': '辛德勒的名单'}
2022-10-13 21:34:00 [scrapy.core.scraper] DEBUG: Scraped from <200 https://movie.douban.com/top250>
{'rank': '9.4', 'subject': '诺兰给了我们一场无法盗取的梦。', 'title': '盗梦空间'}
2022-10-13 21:34:00 [scrapy.core.scraper] DEBUG: Scraped from <200 https://movie.douban.com/top250>
{'rank': '9.4', 'subject': '爱是一种力量，让我们超越时空感知它的存在。', 'title': '星际穿越'}
2022-10-13 21:34:00 [scrapy.core.scraper] DEBUG: Scraped from <200 https://movie.douban.com/top250>
{'rank': '9.4', 'subject': '永远都不能忘记你所爱的人。', 'title': '忠犬八公的故事'}
2022-10-13 21:34:00 [scrapy.core.scraper] DEBUG: Scraped from <200 https://movie.douban.com/top250>
{'rank': '9.3', 'subject': '如果再也不能见到你，祝你早安，午安，晚安。', 'title': '楚门的世界'}
2022-10-13 21:34:00 [scrapy.core.scraper] DEBUG: Scraped from <200 https://movie.douban.com/top250>
{'rank': '9.3', 'subject': '每个人都要走一条自己坚定了的路，就算是粉身碎骨。', 'title': '海上钢琴师'}
2022-10-13 21:34:00 [scrapy.core.scraper] DEBUG: Scraped from <200 https://movie.douban.com/top250>
{'rank': '9.2', 'subject': '英俊版憨豆，高情商版谢耳朵。', 'title': '三傻大闹宝莱坞'}
2022-10-13 21:34:00 [scrapy.core.scraper] DEBUG: Scraped from <200 https://movie.douban.com/top250>
{'rank': '9.3', 'subject': '小瓦力，大人生。', 'title': '机器人总动员'}
2022-10-13 21:34:00 [scrapy.core.scraper] DEBUG: Scraped from <200 https://movie.douban.com/top250>
{'rank': '9.3', 'subject': '天籁一般的童声。', 'title': '放牛班的春天'}
2022-10-13 21:34:00 [scrapy.core.scraper] DEBUG: Scraped from <200 https://movie.douban.com/top250>
{'rank': '9.3', 'subject': '香港电影史上永不过时的杰作。', 'title': '无间道'}
2022-10-13 21:34:00 [scrapy.core.scraper] DEBUG: Scraped from <200 https://movie.douban.com/top250>
{'rank': '9.2', 'subject': '迪士尼给我们营造的乌托邦就是这样，永远善良勇敢，永远出乎意料。', 'title': '疯狂动
物城'}
2022-10-13 21:34:00 [scrapy.core.scraper] DEBUG: Scraped from <200 https://movie.douban.com/top250>
{'rank': '9.2', 'subject': '一生所爱。', 'title': '大话西游之大圣娶亲'}
2022-10-13 21:34:00 [scrapy.core.scraper] DEBUG: Scraped from <200 https://movie.douban.com/top250>
{'rank': '9.6', 'subject': '比利·怀德满分作品。', 'title': '控方证人'}
2022-10-13 21:34:00 [scrapy.core.scraper] DEBUG: Scraped from <200 https://movie.douban.com/top250>
{'rank': '9.3', 'subject': '我们一路奋战不是为了改变世界，而是为了不让世界改变我们。', 'title': '熔炉'}
2022-10-13 21:34:00 [scrapy.core.scraper] DEBUG: Scraped from <200 https://movie.douban.com/top250>
{'rank': '9.3', 'subject': '千万不要记恨你的对手，这样会让你失去理智。', 'title': '教父'}
2022-10-13 21:34:00 [scrapy.core.scraper] DEBUG: Scraped from <200 https://movie.douban.com/top250>
{'rank': '9.2', 'subject': '平民励志片。', 'title': '当幸福来敲门'}
2022-10-13 21:34:00 [scrapy.core.scraper] DEBUG: Scraped from <200 https://movie.douban.com/top250>
{'rank': '9.3', 'subject': '满满温情的高雅喜剧。', 'title': '触不可及'}
2022-10-13 21:34:00 [scrapy.core.scraper] DEBUG: Scraped from <200 https://movie.douban.com/top250>
{'rank': '9.1', 'subject': '真正的幸福是来自内心深处。', 'title': '怦然心动'}
2022-10-13 21:34:00 [scrapy.core.engine] INFO: Closing spider (finished)
```

图 8.24 爬虫的日志信息

5. 永久存储数据

永久存储数据是使用 Scrapy 的最后一步。主要是对获取的目标数据进行永久性存储。Scrapy 通过 4 种方式来存储数据。这 4 种方式分别对应 4 种文件格式：JSON 格式、JSON1 格式、XML 格式以及 CSV 格式，主要是在启动爬虫的指令后面增加“-o”选项，跟上文件名。永久保存数据的示例如下。

```
#输出 JSON 格式
scrapy crawl douban -o movie.json
#输出 JSON 1 格式
```

```
scrapy crawl douban -o movie.jsonl
#输出 XML 格式
scrapy crawl douban -o movie.xml
#输出 CSV 格式
scrapy crawl douban -o movie.csv
```

现在再运行一下爬虫，将数据保存到 douban.csv 中。

```
scrapy crawl douban -o douban.csv
```

爬虫任务完成，打开文件 douban.csv，如图 8.25 所示。

A	B	C
rank	subject	title
9.7	希望让人自由。	肖申克的救赎
9.6	风华绝代。	霸王别姬
9.5	一部美国近现代史。	阿甘正传
9.4	失去的才是永恒的。	泰坦尼克号
9.4	怪叔叔和小萝莉不得不说的故事。	这个杀手不太冷
9.6	最美的谎言。	美丽人生
9.4	最好的宫崎骏，最好的久石让。	千与千寻
9.6	拯救一个人，就是拯救整个世界。	辛德勒的名单
9.4	诺兰给了我们一场无法盗取的梦。	盗梦空间
9.4	爱是一种力量，让我们超越时空感知它的存在。	星际穿越
9.4	永远都不能忘记你所爱的人。	忠犬八公的故事
9.3	如果再也不能见到你，祝你早安，午安，晚安。	楚门的世界
9.3	每个人都要走一条自己坚定了的路，就算是粉身碎骨。	海上钢琴师
9.2	英俊版憨豆，高情商版谢耳朵。	三傻大闹宝莱坞
9.3	小瓦力，大人生。	机器人总动员
9.3	天籁一般的童声。	放牛班的春天
9.3	香港电影史上永不过时的杰作。	无间道
9.2	迪士尼给我们营造的乌托邦就是这样，永远善良勇敢，永远出乎意料。	疯狂动物城
9.2	一生所爱。	大话西游之大圣娶亲
9.6	比利·怀德满分作品。	控方证人
9.3	我们一路奋战不是为了改变世界，而是为了不让世界改变我们。	熔炉
9.3	千万不要记恨你的对手，这样会让你失去理智。	教父
9.2	平民励志片。	当幸福来敲门
9.3	满满温情的高雅喜剧。	触不可及
9.1	真正的幸福是来自内心深处。	怦然心动

图 8.25　douban.csv 文件的内容

爬虫的编程就介绍到这里，利用以上的代码格式可以完成绝大多数普通的爬虫任务，本书爬虫例子和爬取的数据仅用于学习和科研。

习题 8

1. 正则表达式 re 模块中能够使圆点可以匹配包括换行符在内的任意字符的标志是什么？

2. 在网页源代码中，<html>和</html>是一个 HTML 文档的最外层标签，分别用来限定文档的开始和结束，告知浏览器自己是一个 HTML 文档。上述说法对吗？

3. 使用扩展库 requests 的 get()函数获取指定 URL 时，如果返回的 Response 对象的属性 status_code 值为 200，那么此时访问成功吗？

4. 使用扩展库 requests 的函数 get()成功访问指定 URL 后返回的 Response 对象，可以通过 Response 对象的什么属性来查看字节串形式的网页源代码？

5. 扩展库 requests 的函数 post()如何提交数据？

第9章 Python人工智能应用案例

人工智能是当今关注度极高的一门信息技术，综合了计算机科学、生理学、哲学等多种学科，广泛应用在社会生活、工程实践和科学研究等众多领域。本章主要内容包括：

任务一：Pandas 数据整理。

任务二：基于灰色关联度的数据分析方法。

任务三：人脸检测与手写数字识别。

本章教学目标

通过对人工智能应用案例学习，提升代码编写能力，掌握基本的数据预处理、数据分析方法和算法实现步骤。

9.1 Pandas 数据整理

Pandas 是基于 Python 语言的一个开源扩展程序库，提供高性能且方便灵活的数据结构用于数据分析和数据处理。它可以导入多种数据文件，包括 CSV、JSON、SQL、Microsoft Excel 等格式。可以进行各种数据运算操作(如归并、选择)，以及完成数据清洗和数据特征提取的预处理工作。

9.1.1 Pandas 导入数据

使用 Pandas 工具之前，需要使用 pip 命令安装 `pip install pandas` 。Pandas 主要提供了两大数据结构，分别是一维数据 Series 和二维数据 DataFrame。Series 由一组数据以及与之相关的数据标签(即索引)组成，它类似于一个一维数组的对象。DataFrame 包含了行索引和列索引，类似于一个表格型的数据结构，其每一列可以是不同类型的数据(如数值、字符串、布尔型值)。Pandas 提供了 read_Excel 函数读取“.xls”和“.xlsx”两种 Excel 文件。以下代码通过 Pandas 导入 2000—2005 年国内生产总值和三大产业产值的 Excel 数据。

```
#通过 Pandas 导入 Excel 数据
import pandas as pd
df =pd.read_Excel('./灰色关联-国内生产总值.xlsx')
print(df)
```

导入的数据显示如图 9.1 所示。

	年份	国内生产总值	第一产业	第二产业	第三产业
0	2000	1988	386	839	763
1	2001	2061	408	846	808
2	2002	2335	422	960	953
3	2003	2750	482	1258	1010
4	2004	3356	511	1577	1268
5	2005	3806	561	1893	1352

图 9.1 Pandas 导入和显示数据

读取 Excel 文件的语法格式如下，函数参数的说明如表 9.1 所示。

```
pandas.read_Excel(io, sheetname=0, header=0, index_col=None, names=None, dtype
=None)
```

表 9.1 read_Excel 函数说明

参数名称	说明
io	接收 string。表示文件路径。无默认值
sheet_name	接收 string、int。代表 Excel 表内数据的分表位置。默认为 0
header	接收 int 或 sequence。表示将某行数据作为列名。默认为 infer，表示自动识别
names	接收 int、sequence 或者 False。表示索引列的位置，取值为 sequence 则代表多重索引。默认为 None
index_col	接收 int、sequence 或者 False。表示索引列的位置，取值为 sequence 则代表多重索引。默认为 None
dtype	接收 dict。代表写入的数据类型(列名为 key，数据格式为 values)。默认为 None

将文件存储为 Excel 文件，可以使用 to_Excel 方法，其语法格式如下。

```
DataFrame.to_Excel(Excel_writer=None, sheetname=None', na_rep='', header=True,
index=True, index_label=None, mode='w', encoding=None)
```

它与 to_csv 方法的常用参数基本一致，区别在于 to_Excel 方法指定存储文件的文件路径参数名称为 Excel_writer，并且没有 sep 参数，增加了一个 sheetnames 参数用来指定存储的 Excel sheet 的名称，默认为 sheet1。

9.1.2 DataFrame 的常用操作

1. 构建 DataFrame 数据结构

```
#通过列表数据，构建 DataFrame
d =[[1.3,2.0,3,4],[2,4,1,4],[2,5,1.9,7],[3,1,0,11]]
```

```
df =pd.DataFrame(d, index=['a', 'b', 'c', 'd'], columns=['A', 'B', 'C', 'D'])
print(df)
```

结果如图 9.2 所示。

```
#通过字典,构建 DataFrame
d={'color': ['blue','green','yellow','red','white'],
    'object': ['ball','pen','pencil','paper','mug'],
    'price': [1.2,1.0,0.6,0.9,1.7]}
frame =pd.DataFrame(d,index=['a','b','c','d','e'])
print(frame)
```

结果如图 9.3 所示。

	A	B	C	D
a	1.3	2.0	3.0	4
b	2.0	4.0	1.0	4
c	2.0	5.0	1.9	7
d	3.0	1.0	0.0	11

图 9.2 列表元素构建 DataFrame 数据结构

	color	object	price
a	blue	ball	1.2
b	green	pen	1.0
c	yellow	pencil	0.6
d	red	paper	0.9
e	white	mug	1.7

图 9.3 字典构建 DataFrame 数据结构

可见 DataFrame 中的 index 和 columns 属性分别代表了行索引和列索引,需要注意行列名称的构造,而普通的二维数组是不具备索引的。

2. 数值型数据的描述性统计

由于 Pandas 库是基于 NumPy 的,因此可以使用表 9.2 所示的函数对数值型的数据进行描述性统计。同时,Pandas 还提供了更加便利的方法来计算各类统计特征,如表 9.2 和表 9.3 所示。

表 9.2 NumPy 数值统计函数

函数名称	说明	函数名称	说明
np.min	最小值	np.max	最大值
np.mean	均值	np.ptp	极差
np.median	中位数	np.std	标准差
np.var	方差	np.cov	协方差

表 9.3 Pandas 数值统计方法

方法名称	说明	方法名称	说明
min	最小值	sem	标准误差
mean	均值	skew	样本偏度
median	中位数	quantile	四分位数
var	方差	describe	描述统计

续表

方法名称	说明	方法名称	说明
max	最大值	mode	众数
ptp	极差	kurt	样本峰度
std	标准差	count	非空值数目
cov	协方差	mad	平均绝对离差

```
#描述分析 DataFrame 数据
import numpy as np
d =[[1.3,2.0,3,4],[2,4,1,4],[2,5,1.9,7],[3,1,0,11]]
df =pd.DataFrame(d, index=['a', 'b', 'c', 'd'], columns=['A', 'B', 'C', 'D'])
print(df)
print(np.mean(df, axis=1))
df.mean(axis=1)
df.std()
df.describe()
```

结果如图 9.4 所示。

	A	B	C	D
count	4.000000	4.000000	4.000000	4.000000
mean	2.075000	3.000000	1.475000	6.500000
std	0.699405	1.825742	1.278997	3.316625
min	1.300000	1.000000	0.000000	4.000000
25%	1.825000	1.750000	0.750000	4.000000
50%	2.000000	3.000000	1.450000	5.500000
75%	2.250000	4.250000	2.175000	8.000000
max	3.000000	5.000000	3.000000	11.000000

图 9.4 描述分析 DataFrame 数据

3. 索引和切片操作

使用 reindex(index=[ ], columns=[ ], method, fill_value, copy)可以修改索引顺序,其中 method 表示对缺失值按 method 指定的方法进填充(ffill 为向前填充,bfill 向后填充);fill_value 表示缺失值的替代值。

```
#若只传入一个列表,默认修改 index 即索引
#若所传入的新索引在原索引中不存在,则设置为 NaN 行(或列)
import pandas as pd
data1=pd.DataFrame([[0,1,2],[3,4,5],[6,7,8]],index=['a','c','d'],columns=['A','
B','C'])
print(data1)
```

```
data2=data1.reindex(['c','a','b','d'])
print(data2)
data3=data1.reindex(index=['a','b','c','d'],columns=['B','C','D','A'])
print(data3)
data4 =data2.reindex(index=['a','b','c','d'],columns=['B','C','D','A'],fill_
value=8)
print(data4)
#修改索引值
data.index=list('xyz')
data.columns=list('XYZ')
print(data)
```

运行结果如图 9.5 所示。

```
   A  B  C
a  0  1  2
c  3  4  5
d  6  7  8
     A    B    C
c  3.0  4.0  5.0
a  0.0  1.0  2.0
b  NaN  NaN  NaN
d  6.0  7.0  8.0
     B    C   D    A
a  1.0  2.0 NaN  0.0
b  NaN  NaN NaN  NaN
c  4.0  5.0 NaN  3.0
d  7.0  8.0 NaN  6.0
     B    C    D    A
a  1.0  2.0  8.0  0.0
b  NaN  NaN  8.0  NaN
c  4.0  5.0  8.0  3.0
d  7.0  8.0  8.0  6.0
   X  Y  Z
x  0  1  2
y  3  4  5
z  6  7  8
```

图 9.5 修改 DataFrame 数据索引

以下代码实现的 DataFrame 数据元素操作是：按列访问、按行访问、按行列号(或行列名称)定位元素以及数据切片。

```
#访问数据框中的元素
d =[[1,2,3,4],[5,6,7,8],[9,10,11,12],[13,14,15,16]]
df =pd.DataFrame(d, index=['a', 'b', 'c', 'd'], columns=['A', 'B', 'C', 'D'])
print(df)
print(df['A'])               #单列数据访问
print(df[['A', 'C']])        #多列数据访问
print(df.head(3))            #访问头三行数据
print(df.tail(3))            #访问尾三行数据
```

```
print(df.iloc[0, 0])              #按照行列号进行数据访问
print(df.iloc[0:3, 0])
print(df.iloc[:, 0])
print(df.iloc[0, :])
print(df.iloc[1:3, 1:3])
print(df.loc['a', 'A'])           #按照行列"名称"进行数据访问
print(df.loc['a':'c', 'A'])
                      #与按行列号访问不同,按行列"名称"是右闭访问,即可以访问到'c'列
print(df.loc[:, 'A'])
print(df.loc['a', :])
print(df.loc[['b','c'], ['B', 'C']])

#注意如下方式返回值的区别
print(df.iloc[:, 0])              #返回的数据类型是 Series
print(df.iloc[:, 0:1])            #返回的数据类型是 DataFrame
```

下面代码是有关修改、增加、删除数据元素的操作。

```
#1. 修改 DataFrame 中的数据元素值
d =[[1,2.0,3,4],[2,9,1,9],[2,9,1.9,7],[3,1,0,18]]
df =pd.DataFrame(d, index=['a', 'b', 'c', 'd'], columns=['A', 'B', 'C', 'D'])
df.loc['a', 'A'] =101
df.loc[:, 'B'] =0.25                                 #B 列元素全部改成 0.25
df.loc[:, 'C'] =[1, 2, 3, 4]                         #运用列表设置 C 列元素

#2. 增加一列数据元素
df['E'] =10
df['F'] =[10, 20, 30, 40]
print(df)

#3. 删除数据元素
print(df.drop('D', axis=1, inplace=False))           #删除列元素,axis=1 代表标签的横向轴
print(df.drop('D', axis=1, inplace=True))
                              #若 inplace=True,则返回 None,因为此处打印副本文件
print(df.drop(['b', 'd'], axis=0))                   #删除行元素
```

9.1.3 数据的预处理

数据预处理是进行数据分析和算法建模之前的一项非常重要的前置工作,主要包括数据合并堆叠、数据清洗、数据标准化和数据转化。

1. 数据合并堆叠

数据表的纵向(或横向)堆叠可以使用 concat 函数完成,concat 函数的基本语法如下。

```
pandas.concat(objs, axis=0, join='outer', join_axes=None, ignore_index=False,
keys=None, levels=None, names=None, verify_integrity=False, copy=True)
```

参数说明如表 9.4 所示。

表 9.4　concat 函数参数说明

参数名称	说　明
objs	接收多个 Series、DataFrame、Panel 的组合。表示参与链接的 Pandas 对象的列表的组合。无默认值
axis	接收 0 或 1。表示连接的轴向，默认为 0
join	接收 inner 或 outer。表示其他轴向上的索引是按交集(inner)还是并集(outer)进行合并。默认为 outer
join_axes	接收 Index 对象。表示用于其他 n－1 条轴的索引，不执行并集/交集运算

以下代码实现两个数据表的纵向堆叠。

```
#1. 修改 DataFrame 中的数据元素值
df1 =pd.DataFrame({'A': ['A0', 'A1', 'A2', 'A3'],
                   'B': ['B0', 'B1', 'B2', 'B3'],
                   'C': ['C0', 'C1', 'C2', 'C3'],
                   'D': ['D0', 'D1', 'D2', 'D3'],
                   'E': ['E0', 'E1', 'E2', 'E3']
                  })
df2 =pd.DataFrame({ 'A': ['A4', 'A5', 'A6', 'A7'],
                   'B': ['B4', 'B5', 'B6', 'B7'],
                   'C': ['C4', 'C5', 'C6', 'C7'],
                   'D': ['D4', 'D5', 'D6', 'D7'],
                   'F': ['F4', 'F5', 'F6', 'F7']
                  })
d2 =pd.concat([df1,df2])          #纵向堆叠,若存在列元素缺少的情况,默认将使用 NaN 填充
d2.index=[i for i in range(0,8)]          #修改索引
print(d2)
print(pd.concat([df1,df2],axis=1))        #横向堆叠
```

数据表合并堆叠效果如图 9.6 和图 9.7 所示。

	A	B	C	D	E	F
0	A0	B0	C0	D0	E0	NaN
1	A1	B1	C1	D1	E1	NaN
2	A2	B2	C2	D2	E2	NaN
3	A3	B3	C3	D3	E3	NaN
4	A4	B4	C4	D4	NaN	F4
5	A5	B5	C5	D5	NaN	F5
6	A6	B6	C6	D6	NaN	F6
7	A7	B7	C7	D7	NaN	F7

图 9.6　数据表纵向堆叠

	A	B	C	D	E	A	B	C	D	F
0	A0	B0	C0	D0	E0	A4	B4	C4	D4	F4
1	A1	B1	C1	D1	E1	A5	B5	C5	D5	F5
2	A2	B2	C2	D2	E2	A6	B6	C6	D6	F6
3	A3	B3	C3	D3	E3	A7	B7	C7	D7	F7

图 9.7　数据表横向堆叠

2. 数据清洗

Pandas 数据清洗主要涉及重复值、缺失值和异常值处理，若不对这些数值进行特殊处理将会影响数据质量，如图 9.8 所示。因此，数据清洗是实际应用中一个非常重要的环节。Pandas 提供了 drop_duplicates 去重方法（仅对 DataFrame 或 Series 类型有效），能够依据 DataFrame 的一个或者几个特征进行去重操作。Pandas 提供了识别缺失值的方法 isnull 以及识别非缺失值的方法 notnull，其返回的都是布尔值。异常值是指数据中个别数值明显偏离其余的数值，即为离群点。检测异常值就是检验是否存在录入错误或是否含有不合理的数据，常用的异常值检测主要有三原则和箱线图分析两种方法。例如，pd.read_Excel'/灰色关联-国内生产总值(缺失值).xls'导入的数据表存在重复值和缺失值，下面的代码对该数据表进行数据清洗处理。

	年份	国内生产总值	第一产业	第二产业	第三产业
0	2000	1988.0	386.0	839.0	763.0
1	2000	1988.0	386.0	839.0	763.0
2	2001	NaN	408.0	846.0	808.0
3	2002	2335.0	422.0	NaN	953.0
4	2003	2750.0	482.0	1258.0	1010.0
5	2004	NaN	NaN	NaN	NaN
6	2005	3806.0	561.0	1893.0	1352.0

图 9.8 重复值和缺失值数据表

```
#处理重复值和缺失值
data =pd.read_Excel('./灰色关联-国内生产总值(缺失值).xlsx')
data.drop_duplicates()                                      #去除重复行
data.isnull()
data.notnull()
data.dropna(axis=0, how='any')                              #删除行数据
data.dropna(axis=1, how='all')                              #删除列数据
data.dropna(axis=0, how='any', subset=['第二产业'])          #删除行数据
data.fillna(1)                                              #使用固定值替换缺失值
data.fillna(method='bfill')                                 #使用后面元素替换缺失值
```

3. 数据标准化

离差标准化是对原始数据进行的一种线性变换，将数值映射到[0, 1]，如式(9.1)所示。

$$x^* = \frac{x - \min}{\max - \min} \tag{9.1}$$

其中，max 为样本数据的最大值，min 为样本数据的最小值，max－min 为极差。离差标准化保留了原来数据中存在的关系，它能够消除量纲和数据取值范围的影响。

在标准差标准化对数据处理之后，均值变为0，方差变为1，即服从标准正态分布。标准差标准化特别适用于数据的最大值和最小值未知，或存在孤立点的情况。转换公式如式(9.2)所示。

$$X^{*}=\frac{X-\overline{X}}{\delta} \tag{9.2}$$

数据标准化是为了方便数据的下一步处理而进行的数据缩放等变换，让所有数据维度的变量统一，在最后计算距离时发挥相同的作用。

```
#导入数据
data =pd.read_Excel('./灰色关联-国内生产总值.xlsx')
#离差标准化
def min_max_scaler(x):
    return (x-x.min())/(x.max()-x.min())
#标准差标准化
def standard_scaler(x):
    return (x-x.mean())/x.std()
print(data[['第一产业', '第二产业', '第三产业',]].agg([min_max_scaler, standard_
scaler]))
```

数据标准化处理后的结果如图9.9所示。

	第一产业		第二产业		第三产业	
	min_max_scaler	standard_scaler	min_max_scaler	standard_scaler	min_max_scaler	standard_scaler
0	0.000000	-1.118240	0.000000	-0.901971	0.000000	-1.096125
1	0.125714	-0.793113	0.006641	-0.885775	0.076401	-0.908337
2	0.205714	-0.586214	0.114801	-0.622009	0.322581	-0.303243
3	0.548571	0.300496	0.397533	0.067484	0.419355	-0.065378
4	0.714286	0.729073	0.700190	0.805566	0.857385	1.011273
5	1.000000	1.467998	1.000000	1.536706	1.000000	1.361811

图9.9 数据标准化处理结果

4. 数据转化

有些数据特征属性没有高低等级之分，不能简单地以数值或字符赋予其含义。例如，职业特征有教师、律师、医生等；城市有广州、上海、深圳等。但是在数据分析和算法建模过程中，大多要求输入的特征数据为数值型，此时可以利用Pandas库中的get_dummies函数对数据进行哑变量数据转换。

```
pandas.get_dummies(data, prefix=None, prefix_sep='_', dummy_na=False, columns=
None, sparse=False, drop_first=False)
```

get_dummies函数参数说明如表9.5所示。

表 9.5　get_dummies 函数参数说明

参数名称	说　明
data	接收 array、DataFrame 或者 Series。表示需要哑变量处理的数据。无默认值
prefix	接收 string、string 的列表或者 string 的 dict。表示哑变量化后列名的前缀。默认为 None
prefix_sep	接收 string。表示前缀的连接符。默认为"_"
dummy_na	接收 boolean。表示是否为 nan 值添加一列。默认为 False
columns	接收类似 list 的数据。表示 DataFrame 中需要编码的列名。默认为 None，表示对所有 object 和 category 类型进行编码
sparse	接收 boolean。表示虚拟列是否是稀疏的。默认为 False
drop_first	接收 boolean。表示是否通过从 k 个分类级别中删除第一级来获得 $k-1$ 个分类级别。默认为 False

```
import pandas as pd
dict ={"天气":["大雨","晴","阴","小雨","大雾","晴"]}
df =pd.DataFrame(dict,index =["第%d天"%i for i in range(1,7)])
pd.get_dummies(df)          #哑变量数据转换
```

有些算法模型(如决策树算法、Apriori 算法)需要将连续型数据转化为离散型数据。这需要将连续的取值范围划分为一些离散化的区间，然后标记不同的符号或整数值代表各个子区间。Pandas 提供了 cut 函数对连续型数据进行等宽离散化处理。如图 9.10 所示为哑变量数据转换。

	天气
第1天	大雨
第2天	晴
第3天	阴
第4天	小雨
第5天	大雾
第6天	晴

(a) 哑变量处理前

	天气_大雨	天气_大雾	天气_小雨	天气_晴	天气_阴
第1天	1	0	0	0	0
第2天	0	0	0	1	0
第3天	0	0	0	0	1
第4天	0	0	1	0	0
第5天	0	1	0	0	0
第6天	0	0	0	1	0

(b) 哑变量处理后

图 9.10　哑变量数据转换

总之，Pandas 提供了快速、灵活和明确的数据结构，它是 Python 数据分析实战的必备高级工具。

9.2　基于灰色关联度的数据分析方法

灰色系统理论(Grey System Theory)是我国自主研发的系统科学理论。自华中科技大学邓聚龙教授于 20 世纪 80 年代提出灰色系统后，其理论方法迅速发展并初步形成以灰色关联空间为基础的分析体系，以灰色模型为主体的模型体系，以系统分析、建模、预测、决策、控制、评估为纲的技术体系。灰色系统模型对实验观测数据没有什么特殊的要求和限制，因此，国内外对灰色系统的理论和应用研究已经广泛开展。

灰色系统以"部分信息已知，部分信息未知"的"小样本""贫信息"不确定性系统为研究对象，主要通过对"部分"已知信息的生成、开发，提取有价值的信息，实现对系统运行行为、演化规律的正确描述和有效监控。关联度指的是事物之间、因素之间关联性大小的量度。它定量地描述了事物或因素之间相互变化的情况，即变化的大小、方向与速度等的相对性。如果事物或因素变化的态势基本一致，则可以认为它们之间的关联度较大；反之，则关联度较小。基于灰色关联度的数据分析基本思想：根据序列曲线几何形状的相似程度来判断其联系是否紧密，曲线越接近，相应序列之间的关联度就越大；反之，就越小。例如，如图 9.11 所示的曲线图，国内生产总值和第二产业的走势接近，说明二者关联度较大。

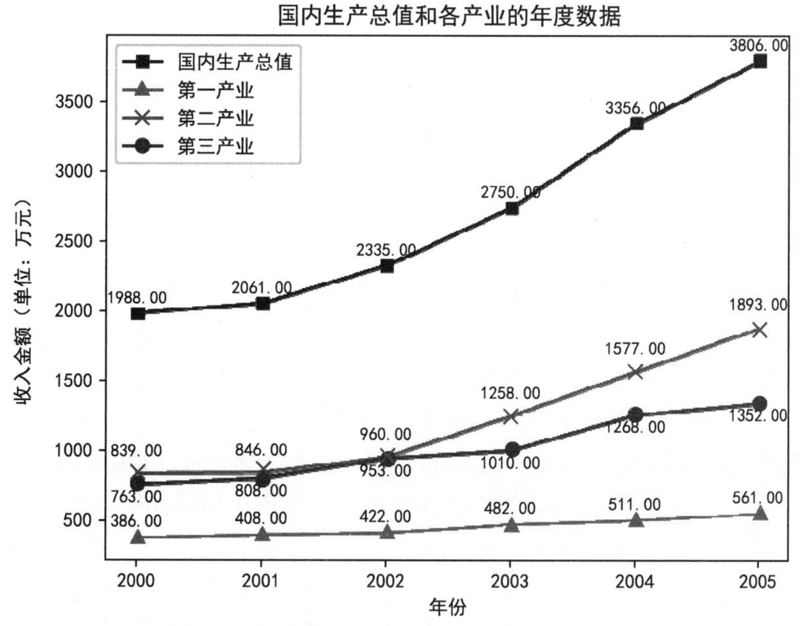

图 9.11 国内生产总值和三大产业产值曲线图

利用灰色关联度，通过对某健将级女子铅球运动员的跟踪调查，获得其 1982—1986 年期间的每年最好铅球专项成绩(第二行)及 16 项素质训练成绩(从第三行到最后一行)的时间序列资料，如表 9.6 所示。

表 9.6 健将级女子铅球运动员成绩一览表

年　　份	1982	1983	1984	1985	1986
铅球专项成绩/m	13.6	14.01	14.54	15.64	15.69
4 千克前抛/m	11.5	13	15.15	15.3	15.02
4 千克后抛/m	13.76	16.36	16.9	16.56	17.3
4 千克原地/m	12.21	12.7	13.96	14.04	13.46

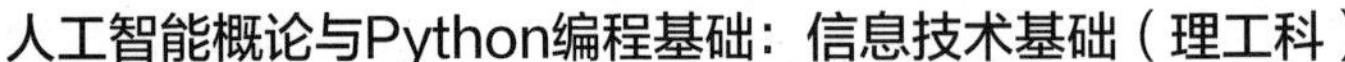

续表

年　份	1982	1983	1984	1985	1986
立定跳远/m	2.48	2.49	2.56	2.64	2.59
高翻/次	85	95	90	100	105
抓举/次	55	65	75	70	80
卧推/次	65	70	75	85	90
3 千克前抛/m	12.8	15.3	16.24	16.4	17.05
3 千克后抛/m	15.3	18.35	18.75	17.95	19.3
3 千克原地/m	12.71	14.5	14.66	15.88	15.7
3 千克滑步/m	14.78	15.54	16.03	16.87	17.82
立定三级跳远/m	7.64	7.56	7.76	7.54	7.7
全蹲/kg	120	125	130	140	140
挺举/kg	80	85	90	90	95
30 米跑/s	4.2	4.25	4.1	4.06	3.99
100 米跑/s	13.1	13.42	12.85	12.72	12.56

本案例利用灰色系统原理以及灰度关联度，分析哪些素质训练(共 16 项)可以有效提升运动员的铅球专项成绩。灰色系统是指部分信息已知而部分信息未知的系统，灰色系统理论所要考察和研究的是对信息不完备的系统，通过已知信息来研究和预测未知领域从而达到了解整个系统的目的。在系统发展过程中，若两个因素变化的趋势具有一致性，即同步变化程度较高，即二者关联程度较高；反之，则较低。因此，灰色关联分析方法，是根据因素之间发展趋势的相似或相异程度(即“灰色关联度”)而作为衡量因素间关联程度的一种方法。

关联系数矩阵 $\xi_{oi}(k)$公式如式 9.3 所示。

$$\xi_{0i}(k)=\frac{\min\limits_{i}\min\limits_{k}|x_0(k)-x_i(k)|+\rho\max\limits_{i}\max\limits_{k}|x_0(k)-x_i(k)|}{|x_0(k)-x_i(k)|+\rho\max\max|x_0(k)-x_i(k)|} \tag{9.3}$$

其中，$|x_0(k)-x_i(k)|$表示序列 x_0 与 x_1 在第 k 点的绝对值。$\min\limits_{i}\min\limits_{k}|x_0(k)-x_i(k)|$表示两序列的两极最小绝对值。$\max\limits_{i}\max\limits_{k}|x_0(k)-x_i(k)|$表示两序列的两极最大绝对值。

按照以下步骤编写项目程序代码。

第一步：确定子序列和母序列：第二行的铅球成绩为母序列，其他 16 行的训练成绩均为子序列。

第二步：读入和清洗数据，绘制数据折线图。

```
def load_data():
    df =pd.read_Excel('./灰色关联-铅球.xlsx')
    df.columns =pd.Index(['Year', 1982, 1983, 1984, 1985, 1986])
    df =df[df.index %2 ==0]
    df =df.T
```

```
    df.to_csv('./myDataFrame.csv', header=False)
    df =pd.read_csv('./myDataFrame.csv', header=None)
    headers =list(df.iloc[0].values)
    headers =[item.strip() for item in headers]     #删去前后端的空格符和回车符
    df.columns =pd.Index(headers)    #表头若无空格,则可直接 df.columns =df.iloc[0]
    df =df.iloc[1:].reset_index(drop=True)
    df.fillna(df.median(), inplace=True)
    df.loc[:, '30 米跑'] =df.loc[:, '30 米跑'].map(convert)
    df.loc[:, '100 米跑'] =df.loc[:, '100 米跑'].map(convert)
    with pd.ExcelWriter('./灰色关联-铅球 2.xlsx') as writer:
        df.to_Excel(writer, sheet_name='sheet1', index=False)
    df2 =pd.read_Excel('./灰色关联-铅球 2.xlsx')
    return df2
def figure_data(df, tittleData,Num,Show=False):
    plt.figure(1,figsize=(15, 8))
    plt.subplot(2,2,Num)
    plt.xticks(df.Year)
    for exercise in df:
        if exercise !='Year' and exercise !='铅球专项成绩':
            plt.plot(df.Year, df[exercise], marker='.', label=exercise)
    plt.plot(df.Year, df['铅球专项成绩'], marker='o', c='k', label='铅球专项
成绩')
    plt.rcParams['font.sans-serif'] =['SimHei']     #若不设置则显示不出中文 legend
    plt.rcParams['axes.unicode_minus'] =False       #正常显示正负号
    #将 legend 移至外面
    plt.legend(bbox_to_anchor=(1.05, 1), loc=2, borderaxespad=0)
    plt.xlabel('年份')
    plt.ylabel('训练成绩')
    plt.title(tittleData)
    plt.tight_layout()
    if(Show):
        plt.savefig('灰色关联评价-铅球训练.svg', bbox_inches='tight', format="
        svg")
        plt.show()
```

第三步：将数据进行标准化处理。

```
def convert(item):
    m,s =[int(i) for i in item.replace('"','').split("’")]
    return m+s/100
def normalize(df):
    means =df.iloc[:, 1:].mean(axis=0).values
    maxes =df.iloc[:, 1:].max(axis=0).values
    mins =df.iloc[:, 1:].min(axis=0).values
    for i in range(1, 16):
```

```
        df.iloc[:, i] =df.iloc[:, i].map(lambda x: x / df.iloc[0, i])
    for i in range(16, 18):
        df.iloc[:, i] =df.iloc[:, i].map(lambda x: df.iloc[0, i] / x)
return df
```

第四步：计算关联系数矩阵。

```
def calculate_corrMat(df):
    for i in range(1,17):
        df.iloc[:,i+1] =(df.iloc[:,1] -df.iloc[:,i+1]).map(lambda x: abs(x))
    a =df.iloc[:, 2:].min().min()
    b =df.iloc[:, 2:].max().max()
    rho =0.5             #分辨系数
    df.iloc[:, 2:] =df.iloc[:, 2:].applymap(lambda x: (a +rho * b) / (x +rho * b))
return df
```

第五步：计算母序列与各个子序列的关联度(指标权重：w)。

```
def calculate_relevancy(df):
    w =np.ones(df.shape[1]-2)
    print('关联度: \n', df.iloc[:, 2:].mean())                   #Series
    relevancy =(w * df.iloc[:, 2:]).mean(axis=0)              #index evaluation
    print('带指标权重的评价: \n',relevancy)
    re_sort =relevancy.sort_values(ascending=False)
    print('降排序评价: \n',re_sort.sort_values(ascending=False))
    for i in range(len(re_sort)):
        print(i+1, re_sort.index[i],re_sort[i])
```

第六步：函数调用，结果分析。

```
if __name__ =='__main__':
    df =load_data()
    df2 =df.iloc[:, [0, 1, 11, 12, 13, 14, 15, 16, 17]]
    figure_data(df.iloc[:, :11], '铅球-前 9 个指标-原始',1)
    figure_data(df2, '铅球-后 7 个指标-原始',2)
    df_n =normalize(df)
    print("初值化: ", df_n)
    df_n2 =df_n.iloc[:, [0, 1, 11, 12, 13, 14, 15, 16, 17]]
    figure_data(df_n.iloc[:, :11], '铅球-前 9 个指标-noramlized',3)
    figure_data(df_n2, '铅球-后 7 个指标-noramlized',4,Show=True)
    df_c =calculate_corrMat(df_n)
calculate_relevancy(df_c)
```

运行结果如图 9.12 所示。

16 项训练指标中对最终铅球成绩影响程度的排序如表 9.7 所示。

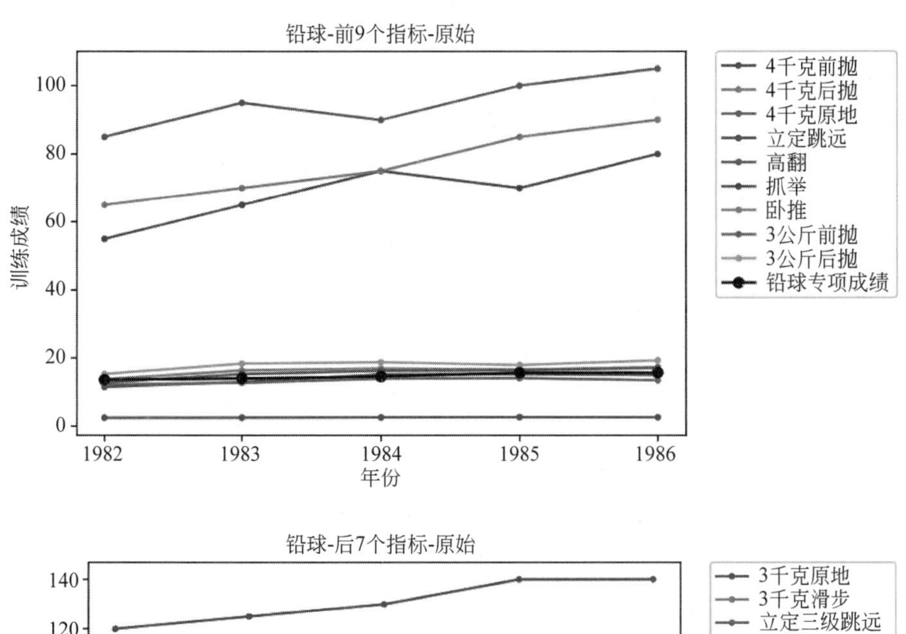

彩图 9.12

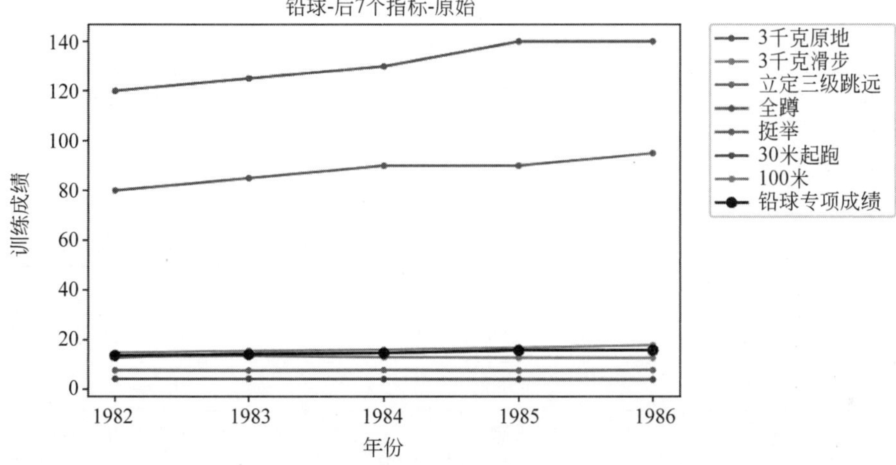

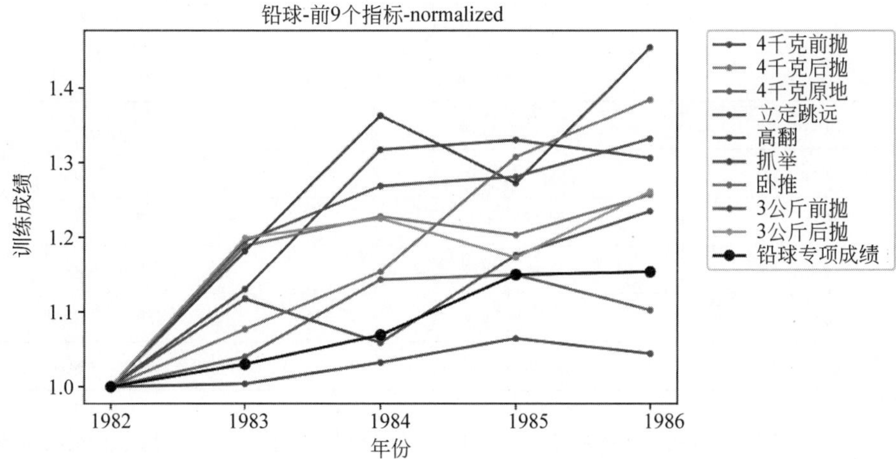

图 9.12　各专项训练指标折线图

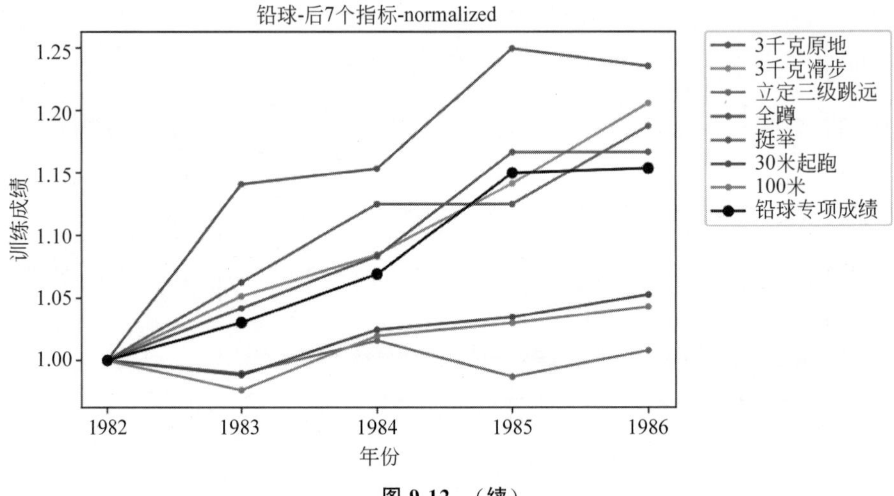

图 9.12 （续）

表 9.7 灰色关联度计算结果及其排序

排　序	专项训练	灰色关联度
1	全蹲	0.932 661 019
2	3 千克滑步	0.894 400 659
3	挺举	0.845 215 194
4	高翻	0.813 370 479
5	4 千克原地	0.806 653 872
6	立定跳远	0.774 414 761
7	30 米跑	0.743 353 089
8	100 米跑	0.723 964 58
9	立定三级跳远	0.702 596 566
10	3 千克原地	0.693 497 562
11	3 千克后抛	0.681 995 81
12	4 千克后抛	0.660 480 555
13	卧推	0.657 038 416
14	4 千克前抛	0.585 742 294
15	3 千克前抛	0.579 597 333
16	抓举	0.544 018 601

从表 9.7 中数据分析可见，影响铅球运动员专项成绩的前八项主要因素依次为全蹲、3 千克滑步、挺举、高翻、4 千克原地、立定跳远、30 米跑、100 米跑。因此，在训练中应着重考虑安排这八项的练习，有的放矢。

9.3　人脸检测与手写数字识别

众所周知，人脸识别是计算机视觉领域的一个重要应用。在实现人脸识别之前，需要标定人脸在图像中的矩形框区域，即人脸检测。常见的人脸检测方法大致有5种，Haar、Hog、CNN、SSD、MTCNN。本文介绍利用Haar特征实现人脸检测，基本步骤包括读图片、构造检测器、获取检测结果、解析检测结果。

1. 安装OpenCV软件库

该软件库由一系列C语言函数和少量C++类构成，同时提供了Python、Ruby、MATLAB和Java等语言的接口，实现了图像处理和计算机视觉方面的很多通用算法。

1）安装opencv-python

执行命令`pip install opencv-python==3.4.1.15`。根据需要可指定安装版本，例如本任务安装的是3.4.1.15版本，出现Successfully字样即安装成功。可以使用命令`import cv2`进一步验证导入OpenCV是否成功，安装过程如图9.13所示。

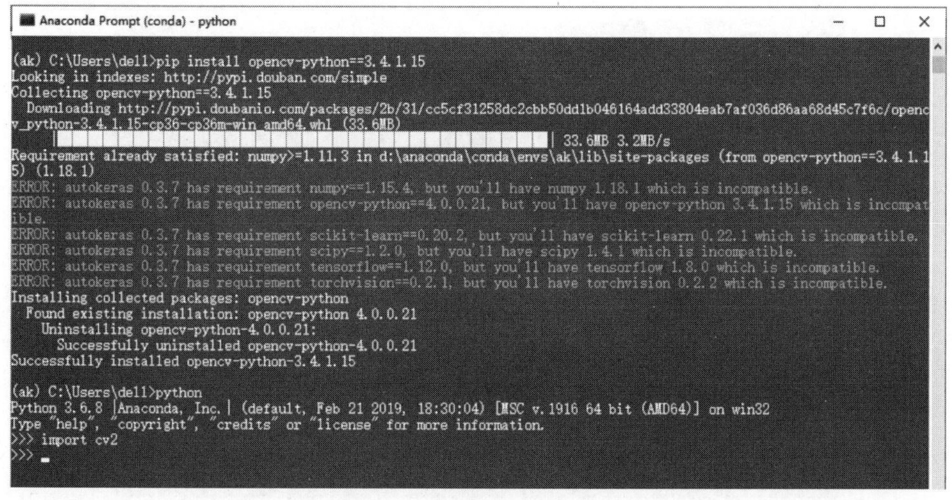

图9.13　安装opencv-Python

2）安装opencv-contrib-python

执行命令`pip install opencv-contrib-python==3.4.1.15`，注意与上述安装opencv-python的版本应该保持一致。

2. 人脸检测案例

利用OpenCV以及人脸特征文件haarcascade_frontalface_alt.xml，检测图片face_test.jpg中的所有人脸，在图像的人脸区域画出矩形框，并显示效果图。

```
import cv2
if __name__=='__main__':
    image=cv2.imread('./face_test.jpg')
```

```
    #frontal 正面
face_detector =cv2.CascadeClassifier(
'./haarcascade_frontalface_alt.xml')
    #坐标,区域
    faces =face_detector.detectMultiScale(image,scaleFactor=1.05,
                                           minNeighbors=5)
    for x,y,w,h in faces:
        cv2.rectangle(image,pt1=(x,y),pt2=(x+w,y+h),thickness=2)
    cv2.namedWindow('image')
    cv2.imshow('image',image)
    cv2.waitKey(0)
cv2.destroyAllWindows()
```

运行结果如图 9.14 所示。

图 9.14　人脸（正脸）检测结果

由运行结果可知，由于本案例仅使用了正脸 Haar 特征进行人脸检测，导致图像中有一位球员的侧脸未能检测出。可见人工智能实际应用中，特征的提取和表达非常重要。

3. 手写数字识别案例

利用 Sklearn 模块中的 KNeighborsClassifier 类编写基于图片的手写数字 K-近邻模型（KNN）识别分类代码。在 data 文件夹中包含 10 个子文件夹（分别命名为 0，1，2，…，9）。

每个子文件夹中存放了 500 张手写数字图片，每张图片大小为 28×28 像素，图片的命名规则为类别标签_序号.bmp。程序效果是循环显示每个数字的识别结果，如图 9.15 所示。例如，数字“3”为最后一次的测试图片。

```
测试结果--这个数字是:    5
测试结果--这个数字是:    9
测试结果--这个数字是:    4
测试结果--这个数字是:    0
测试结果--这个数字是:    1
测试结果--这个数字是:    3
```

图 9.15　手写数字识别结果

```
import cv2
import numpy as np
from sklearn.neighbors import KNeighborsClassifier

#导入训练数据集
X=[]
y=[]
for i in range(10):
    for j in range(1,501):
        digit=cv2.imread('./data/%d/%d_%d.bmp'%(i,i,j))
        digit=cv2.cvtColor(digit,code=cv2.COLOR_BGR2GRAY)
        X.append(digit)
        y.append(i)
X=np.asarray(X)
y=np.asarray(y)

#打乱顺序
index=np.arange(5000)
np.random.shuffle(index)

X=X[index]
y=y[index]

#切片训练数据
X_train=X[:4500]
y_train=y[:4500]

#保留一部分数据,用作测试数据
X_test=X[4500:]
y_test=y[4500:]
#创建 KNN 对象
knn=KNeighborsClassifier(n_neighbors=5)

#训练,监督学习
knn.fit(X_train.reshape(4500,-1),y_train)
```

```
#测试
y_=knn.predict(X_test.reshape(500,-1))
cv2.namedWindow('digitWin',cv2.WINDOW_NORMAL)
cv2.resizeWindow('digitWin',100,100)
for i in range(500):
    cv2.imshow('digitWin',X_test[i])
    print('测试结果--这个数字是：',y_[i])
    cv2.waitKey(2500)
cv2.destroyAllWindows()
```

习题 9

1. 请简述灰色系统理论和基于灰色关联度的数据分析基本思想。
2. 结合 Sklearn 提供的算法模型,使用 Python 编程实现相关的人工智能实际应用。

第10章 国产麒麟(桌面)操作系统

操作系统(Operation System,OS)是管理计算机硬件资源和软件资源的程序,是计算机系统的核心,操作系统由操作系统内核和提供基础服务的其他系统软件组成。

国产麒麟(桌面)操作系统是使用 Linux 内核的一种操作系统软件,它集成了卓越的桌面应用系统,使以往复杂的 Linux 操作变得更加容易;同时还提供了 GUI、Shell 和许多实用工具,便于用户运行程序、管理文件。本章以任务讲解的方式将系统介绍国产麒麟(桌面)操作系统的基础知识,主要内容包括:

任务一:(桌面)操作系统的基本操作与系统管理方法。

任务二:(桌面)操作系统的使用与设置。

任务三:(桌面)操作系统的常用软件。

本章教学目标

理解国产麒麟(桌面)操作系统的基础知识,了解基本操作方法和配置管理,认识其自带的常用软件。

10.1 (桌面)操作系统的基本操作与系统管理方法

10.1.1 基本操作

国产麒麟(桌面)操作系统的基本操作主要包括登录、注销、系统重启、锁屏、分辨率设置和系统关机。

1. 登录

开机启动计算机后进入麒麟操作系统界面,根据设置,系统会默认选择自动登录或停留在登录窗口等待登录。当启动系统后,系统会提示输入用户名和口令,即系统中已创建的用户名和口令,通常用户名和口令在系统安装时进行设置,选择登录用户后,输入正确的密码即可登录。

2. 注销

注销会退出登录当前使用的用户,并且返回至用户登录位置。注销计算机后,可以使用其他用户账户登录,当要选择其他用户登录使用计算机时,可选择“注销”或“切换用户”进行操作：“开始”→“电源”→“注销”或“切换用户”。

3. 系统重启

当用户想要重启计算机时，可根据需要选择重启菜单来进行操作：“开始”→“电源”→“重启”。

4. 锁屏

当用户暂时不需要使用计算机，又不想影响系统当前的运行状态，可以选择锁屏，防止误操作。当用户返回后，输入密码即可重新进入系统。在默认设置下，系统在一段空闲时间后，将自动锁定屏幕。锁屏操作方法：“开始”→“电源”→“锁屏”。

5. 分辨率设置

用户可以通过“设置”中的“显示器选项”来设置屏幕分辨率。通过设置显示器的分辨率、屏幕方向以及缩放倍数，让计算机显示达到最佳效果。设置屏幕分辨率操作方法：“开始”→“设置”→“系统”→“显示器”。

6. 系统关机

用户可以通过关机菜单关闭计算机，具体操作方法：“开始”→“电源”→“关机”。

10.1.2 系统管理

“麒麟”系统监视器是一个对硬件负载、程序运行和系统服务进行监测和管理的系统工具，可对系统运行状态进行统一的管理，可以实时监控处理器状态、内存占用率、网络上传下载速度，管理系统进程和应用进程，也支持搜索进程和强制结束进程。

在“开始”菜单找到“系统管理器”可直接打开，或在桌面底部“任务栏”上右击，选择“系统管理器”打开，进入进程监测系统，查看正在运行的后台服务，通过进程名称、用户名、磁盘、CPU 占有率、进程 ID、网络、内存和优先级的维度显示进程信息，较常用的几种功能如下。

（1）文件系统。用于查看各系统设备分区的磁盘容量分配，包括设备、路径、磁盘类型、总容量、空闲容量、可用容量和已用容量。

（2）资源页实时查看。查看主要支撑系统的硬件模块使用情况，查看处理器的占用率、内存和交换空间历史、网络状态历史。

（3）查找进程。可通过筛选活动的进程、我的进程和全部进程，或直接在搜索栏搜索进程名称，也可以通过单击进程列表的表头名称进行排序查找。在进程列表中，右击某个进程，可以对进程进行结束、继续、查看进程属性操作。

10.2 （桌面）操作系统的使用与设置

10.2.1 桌面与任务栏

桌面是用户登录后主要操作的屏幕区域。在桌面上可以通过鼠标和键盘对操作系统进行基本的操作，例如排列文件，设置壁纸、屏保，新建文件/文件夹等，还可以向桌面添加应用程序的快捷方式。

1. 图标大小调整

可以对桌面的图标大小进行调节。在桌面上右击，选择“视图类型”，选择一个合适的图

标大小，系统默认提供如下 4 种图标大小的设置。

（1）超大图标；

（2）大图标；

（3）中图标（默认）；

（4）小图标。

2. 图标排列

（1）桌面上的图标按需要排序：为了更高效管理桌面上的图标，可以在桌面上右击，选择“排序方式”，系统提供如下 4 种排序方式。

① 单击文件大小，将按文件的大小顺序显示；

② 单击文件类型，将按文件的类型顺序显示；

③ 单击文件名称，将按文件的名称顺序显示；

④ 单击修改时间，文件将按最近一次的修改日期顺序显示。

（2）将应用图标拉到桌面任何位置：将鼠标悬停在应用图标上，按住鼠标左键不放，将应用图标拖拽到指定的位置，松开鼠标左键释放图标即可。

3. 屏保设置

当离开计算机时，为了防范他人访问并操作计算机，可以运行屏幕保护程序。在桌面上右击，选中“设置壁纸”，选择“屏保”菜单，设置屏保是否开启、屏保样式和等待时间，待计算机无操作到达设置的等待时间后，将自动启动选择的屏幕保护程序。

4. 壁纸更改

可以选择精美、时尚的壁纸来美化桌面，让计算机的显示与众不同。在桌面上右击，选择“设置壁纸”打开桌面的“背景”设置，预览系统自带的壁纸效果，单击选择某一壁纸后即可生效。

5. 新建文件夹或文件

在桌面可新建文件夹或文件，也可以对文件进行常规的复制、粘贴、重命名、剪切、移动、删除等操作。在桌面上右击，单击“新建文件夹”，输入新建文件夹的名称，完成新建文件夹操作。

在桌面文件夹或文件上右击，可以使用文件管理器的相关功能。

（1）名称描述打开方式选定系统默认打开方式或者选择其他关联应用程序来打开。

（2）创建链接，创建一个快捷方式，添加标记信息，以对文件夹或文件进行标签化管理。

（3）查看文件夹或文件的基本信息、共享方式及其权限等。

详细的文件夹管理器功能如表 10.1 所示。

表 10.1　文件夹管理器功能表

名　　称	描　　述
打开方式	选定系统默认打开方式，也可以选择其他关联应用程序来打开
剪切	移动文件或文件夹
复制	复制文件或文件夹
重命名	重命名文件或文件夹

续表

名　称	描　述
删除	删除文件或文件夹
创建链接	创建一个快捷方式
标记信息	添加标记信息，以对文件或文件夹标签化管理
属性	查看文件或文件夹的基本信息，共享方式及其权限

6. 任务栏功能

任务栏可用于查看系统启动应用、系统托盘图标任务栏位于桌面底部。任务栏默认放置开始菜单、多窗口、文件管理器、Firefox(火狐)浏览器、系统托盘图标等。

在"任务栏"可打开"开始"→"显示桌面"→"进入工作区"，对应用程序进行打开、新建、关闭、强制退出等操作，还可以设置输入法、调节音量、连接 Wi-Fi、查看日历、进入关机界面等。任务栏默认图标如表 10.2 所示。

表 10.2　任务栏默认图标

图　标	名　称	描　述
	开始菜单	启动菜单，查看系统应用
	文件管理器	文件夹管理
	Firefox(火狐)浏览器	上网浏览器
	键盘	切换键盘输入法，输入语音
	麒麟天气	查看城市天气
	网络设置	设置网络连接
	通知中心	查看系统推送通知
	声音	调节声音大小
	夜间模式	切换系统夜间模式

10.2.2　开始菜单与窗口管理器

"开始"菜单是使用系统的"入口"，查看并管理系统中已安装的所有应用程序，在菜单中使用分类导航或搜索功能可以快速定位需要的应用程序。

1. 运行应用

已经创建了桌面快捷方式或固定到任务栏上的应用，可以通过以下途径打开应用。

(1) 双击桌面图标；

(2) 右击桌面图标选择打开；

(3) 直接单击任务栏上的应用图标；

(4) 右击任务栏上的应用图标选择打开；

(5) 单击"开始"菜单，直接单击应用图标打开，或右击应用图标选择打开。

2. 安装应用

如果需要额外安装应用，可以在“麒麟软件商店”一键下载安装。

3. 卸载应用

对于不再使用的应用，可以选择将其卸载以节省硬盘空间，步骤如下。

(1) 在“开始菜单”中右击应用图标；

(2) 单击“卸载”。

4. 查找应用

在“开始”菜单中，可以使用鼠标滚轮或切换分类导航查找应用。如果已知应用名称，可直接在搜索框中输入应用名称或关键字快速定位。

5. 窗口管理器

窗口管理器可以在不同的工作区内展示不同的窗口内容。通过窗口管理器可以切换使用多个桌面，以便对桌面窗口进行分组管理。

6. 切换模式

菜单有全屏和小窗口两种模式。单击菜单界面右上角的图标可以切换模式。两种模式均支持搜索应用、设置快捷方式等操作。小窗口模式还支持快速打开文件管理器，控制中心和进入关机界面等功能。

10.2.3　系统设置

操作系统通过系统设置来管理系统的基本设置，包括系统、设备、个性化、网络、账户、时间和日期、更新、通知和操作、关于等。当进入桌面环境后，单击任务栏上的设置图标即可打开设置窗口，主界面如图 10.1 所示。

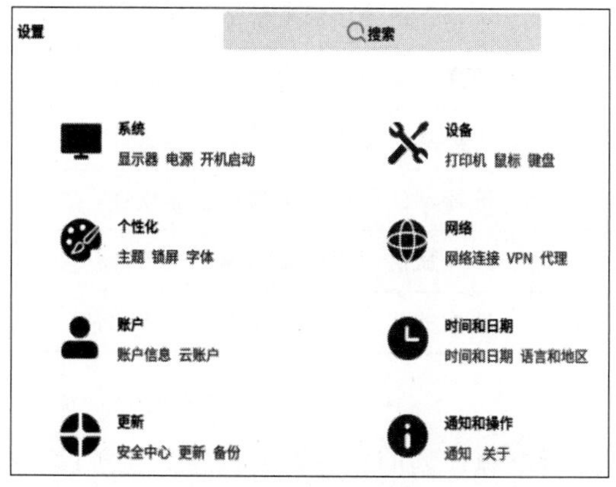

图 10.1　设置主界面

麒麟(桌面)操作系统支持如下几种设置功能。

(1) 支持全屏模式与窗口模式，可以通过窗口上端的搜索框直接搜索想要修改的设置。

(2) 支持打印机、网络、声音、鼠标、键盘等常用硬件设置功能。

(3) 支持壁纸、屏保、字体、账户、时间与日期、电源管理、个性化设置等功能。

1. 系统设置功能

在“系统设置”模块，可进行“显示器”“默认应用”“电源”等的基础信息设置。

1）显示器

在“显示器设置”中，可进行显示器的相关参数设置，如表 10.3 所示。

表 10.3 显示器参数设置

名　称	描　述
显示器	可选择已连接的显示器，设置主屏
分辨率	可根据显示器情况进行分辨率调整
方向	可对显示器进行 90°旋转
刷新率	可对显示器的刷新率进行调整
缩放屏幕	可对显示器内容进行成倍数的缩放
打开显示器	控制已连接显示器的开启和关闭
夜间模式	可进行夜间模式的自定义配置

2）默认应用

在“默认应用设置”中，可进行系统默认使用的应用程序的相关设置，一些默认应用如表 10.4 所示。

表 10.4 一些默认应用

名　称	描　述
浏览器	选择默认使用的浏览器软件
电子邮件	选择默认使用的电子邮件软件
图像查看器	选择默认使用的图像查看器软件
音频播放器	选择默认使用的音频播放器软件
视频播放器	选择默认使用的视频播放器软件
文档编辑器	选择默认使用的文档编辑器软件
恢复默认设置	选择默认使用的恢复默认设置软件

3）电源

在“电源设置”中，可进行电源计划的相关设置。常见电源设置模式如下。

（1）平衡（推荐），利用可用的硬件自动平衡消耗与性能；

（2）节能，降低计算机性能以节能；

（3）自定义，用户制定个性化电源计划，可进行“系统进入空闲状态并于此时间后挂起”和“系统进入空闲状态并于此时间后关闭显示器”。

2. 设备设置

在“设备”设置中，进行硬件的维护和管理，包括鼠标、键盘、声音、打印机等设备设置。

1）鼠标

为满足用户对鼠标使用习惯的个性化需求，可在“鼠标设置”中进行鼠标、指针、光标等信息的个性化设置，如表10.5所示。

表10.5 鼠标设置

菜单	描述
鼠标键设置	惯用手设置
	鼠标滚轮速度
	鼠标双击间隔时长
指针设置	速度设置
	鼠标加速
	按Ctrl键显示指针位置
	指针大小设置
光标设置	启用文本区域的光标闪烁
	光标速度设置

2）键盘

用户可在“键盘设置”中进行键盘响应速度、键盘布局、添加输入法等相关设置。

3）声音

用户可在“声音设置”中进行输出声音和输入声音的相关设置，如表10.6所示。

表10.6 声音

菜单	描述
输出	选择输出设备
	调节主音量大小
	设置声卡
	设置连接器
	配置立体声
	设置声道平衡
输入	选择输入设备
	设置音量大小
	设置输入等级
	设置连接器
系统音效	设置开关机音乐
	设置提示音量开关
	设置系统音效主题
	设置提示音
	设置音量改变

4）快捷键

用户可在“快捷键设置”中查看“系统快捷键”，添加“自定义快捷键”等相关设置，如表 10.7 所示。

表 10.7　系统快捷键

系统快捷键	快捷键组合
截取一个区域的截图	Shift+Print
打开显示器切换	Windows+P
打开关机管理界面	Ctrl+Alt+Delete
打开网络连接	Windows+K
打开文件管理器	Windows+E 或 Ctrl+Alt+E
锁住屏幕	Windows+L 或 Ctrl+Alt+L
截图	Print
打开终端	Windows+T 或 Ctrl+Alt+T
打开控制面板	Windows+I
显示全局搜索	Windows+S
展开侧边栏	Windows+A
打开系统监视器	Ctrl+Shift+Esc
打开工作区	Windows+W 或 Ctrl+Alt+W
截取窗口的截图	Ctrl+Print

5）打印机

添加和管理打印机设备，系统使用了最先进、强大和易于配置的 cups 打印子系统。除了支持的打印机类型更多，配置选项更丰富外，cups 还能设置并允许任何联网的计算机通过局域网访问单个 cups 服务器。

3. 个性化设置

在“个性化设置”中，可进行“背景”“主题”“锁屏”“字体”“屏保”“桌面”的相关设置，如表 10.8 所示。

表 10.8　个性化设置

菜　单	描　述
背景	可选择背景形式、设置本地壁纸
主题	可进行主题模式、图标主题、光标主题等效果设置
锁屏	可进行锁屏设置、锁屏背景设置
字体	可设置字体大小、字体类型、等宽字体
屏保	可设置屏保等待时间、屏幕保护程序
桌面	可设置锁定在开始菜单的图标和显示在托盘上的图标

4. 网络设置

在“网络设置”中，可进行“网络连接”“VPN”“代理”“桌面共享”等相关设置。

用户可以编辑已有连接，也可以新增连接(需要选择“网络类型”，通常情况下选“以太网”即可)。在“以太网”标签页中设置网卡设备等选项，在“IPv4 设置”标签页中设置 IP、网关等；用户可根据实际情况选择“手动”“自动(DHCP)”等连接方法。

- 一个网卡设置多个 IP 的作用：连接多个网段，例如：同时连接外网和局域网，避免网络来回设置的麻烦。此功能需要这些网段的物理层是连通的。
- 多 IP 设置方法：打开编辑网络连接的页面，当光标在输入地址框中时会出现提示；单击右下角的“路由”按钮，填入 IP 的具体信息，并勾选“仅将此连接用于相对应的网络上的资源(U)”。

5. 账户设置

在“账户”设置中可以进行本地账户和云账户信息的相关设置。

1) 本地账户

在本地账户信息中，可以对用户的密码、头像等属性进行设置，同时可以设置免密登录和自动登录。其中，“更改类型”设置用户的权限，“密码时效”是对密码过期时间进行设置。

2) 云账户

云账户把账户中已经设置好的系统设置，如系统、设备、个性化、网络等同步到云端。当使用另一台计算机时，只要登录相同的云账户，即可一键同步之前保存的相关计算机设置。

6. 时间和日期设置

在“时间和日期”设置中，可进行时间、日期、语言、地区等相关设置。

单击“同步系统时间”，系统会自动同步该时区的网络时间。单击“手动更改时间”，即可进行手动的时间调整与设置。

根据所在地域，还可以对时区进行设置。在上方搜索栏检索地区，并确认已设置完成。修改成功后，自动同步到系统面板的时钟菜单显示。

7. 系统更新

在“更新”设置中，可进行安全中心、系统更新、系统备份等相关设置。

(1) 单击“检测更新”，会自动打开麒麟更新管理器进行更新内容的获取。

(2) 单击“开始备份”，会自动打开麒麟备份还原工具进行系统内容备份。

8. 通知和操作

在“通知”设置中，可以设置是否获取来自应用和其他发送者的通知。如果开启通知，则可在“通知中心”进行查看。单击托盘区的通知提示，即可打开通知中心，查看、管理收到的通知信息。

9. 关于

在“关于”中，可以查看系统的版本信息，计算机的内核、CPU、内存、硬盘等相关信息，且开设了激活入口。单击“激活”按钮，即可进入系统激活界面。

10.3 （桌面）操作系统的常用软件

1. 时间和日期

系统提供了设置时区、时间、日期，方便随时查看时间日期，在桌面右下角，日期和时间会实时显示，如果需要修改设置，可在“设置”中选择“时间和日期”进入修改窗口。或在桌面右下角时间日期显示区域右击，选择“时间日期设置”进入修改窗口。可以通过如下多种方式修改系统日期和时间。

(1) 同步系统时间：自动将当前时区真实时间同步至系统时间；

(2) 手动更改时间：人工修改当前时间和日期；

(3) 更改时区：根据所处地域，修改时区以匹配当前区域时间；

(4) 24 小时制：系统支持以 24 小时制显示或以 12 小时制显示时间，可根据喜好自行设置。

在桌面右下角单击系统时间，会弹出日期窗口，可查看当前时间、阳历日期、农历日期。

2. 浏览器

系统预装三款浏览器提供便捷安全的网页浏览，分别为 Firefox 网络浏览器、奇安信可信浏览器和 360 安全浏览器。以 Firefox 火狐浏览器为例，表 10.9 中列出了常用的一些快捷键。

表 10.9 火狐浏览器快捷键

快 捷 键	描 述
Ctrl+D	将当前网页添加为书签
Ctrl+B	打开书签侧边栏
Ctrl+R 或 F5	刷新页面
Ctrl+T	在浏览器窗口中打开一个新标签，以实现多重页面浏览
Ctrl+N	打开一个新浏览器窗口
Ctrl+Q	关闭所有窗口并退出
Ctrl+L	将鼠标指针移至地址栏
Ctrl+P	打印当前正显示的网页或文档
F11	全屏
Ctrl+H	打开浏览的历史记录
Ctrl+F	在页面中查找关键字
Ctrl+Numpad+	放大网页上的字体
Ctrl+Numpad−	缩小网页上的字体
Ctrl+鼠标单击	在新窗口中打开页面
Ctrl+滚轮上滚	放大字体

续表

快 捷 键	描　　述
Ctrl+滚轮下滚	缩小字体
Shift+滚轮上滚	前进
Shift+滚轮下滚	后退
中键单击标签页	关闭标签页

3. 文本编辑器

文本编辑器是一款快速记录文字的文档编辑器，可进行临时性内容的快速记录。在桌面空白处右击后“新建”→“空文件”或在“开始”菜单选择“文本编辑器”打开应用。文本编辑器菜单及功能如表 10.10 所示。

表 10.10　文本编辑器

一级菜单	二 级 菜 单	描　　述
文件	新建	新创建一个文本文件
	打开	打开某一个文本文件
	保存	保存当前文本文件内容
	另存为	保存当前文本文件内容至指定路径
	还原	恢复到保存前的文本内容
	打印预览	提前预览打印时的纸张内容和样式
	打印	打印当前文本
	关闭	关闭当前文本文件
	退出	退出文本编辑器
编辑	撤销	还原至上一步操作内容
	恢复	恢复至前一步操作，包括撤销内容
	剪切	剪切选中的文本内容
	复制	复制选中的文本内容
	粘贴	将选中的文本内容粘贴至当前文本文件
	删除	删除选中的文本内容
	全选	全部选中
	插入日期和时间	自动输入当前日期和时间
	首选项	设置文本编辑器默认选项

续表

一级菜单	二级菜单	描述
视图	工具栏	是否显示上方工具栏
	状态栏	是否显示下方状态栏
	侧边栏	是否显示左侧侧边栏，默认不显示
	底部面板	是否显示底部面板
	全屏	全屏显示文本编辑器
	突出显示模式	更改显示模式，包括文本、源代码、脚本、标记等
搜索	查找	检索某一关键字内容
	查找下一个	查找下一个关键字内容位置
	查找上一个	查找上一个关键字内容位置
	增量搜索	关键字累加搜索
	替换	替换文本内容
	清除高亮	清除文本高亮背景
	跳转到指定行	光标跳转至指定行数
工具	拼写检查	检查文本拼写的正确性
	自动检查拼写	设置输入文本时自动检查拼写
	设置语言	选择当前文档的语言
	文档统计	当前文档的行数、单词数、字符数等统计
文档	全部保存	保存打开的文本文档
	全部关闭	关闭所有打开的文本文档
	上一个文档	显示上一个文本文档
	下一个文档	显示下一个文本文档
	移动到新窗口	移动当前文本文档在新窗口打开

4. 打印机

麒麟（桌面）操作系统支持常见的打印机品牌和类型进行适配，方便办公应用。支持添加多个打印机外设，并且支持网络打印机设备的使用。

单击“开始菜单”打开“导航栏”，找到“设置”，在弹出的窗口中选择设备，会自动定位至打印机模块。

1）添加打印机

单击主界面上的“添加”按钮，启动添加打印机向导。以网络打印机为例，其他类型打印机的添加方法可在选择设备时自行修改。

打开“网络打印机”的菜单，可选择软件自动识别的网络打印机，也可以手动输入打印机IP进行查找。

选择需要添加的打印机型号，单击“转发”按钮，系统自动添加打印机驱动；安装完成后，可以根据需要对打印机的信息进行修改。

单击“应用”按钮后，弹出打印测试页面提示窗口，可以尝试打印测试页确认连接成功。添加完成后，打印机图标和名称会显示在打印机列表区域中。

2）打印机功能

打印机的功能菜单如表 10.11 所示。

表 10.11　打印机菜单及功能描述

一级菜单	二级菜单	描　述
服务器	连接	连接 cups 服务器
	设置	设置共享打印机、远程管理、打印机任务
	新建	创建新的打印机连接和分类
	退出	退出打印机窗口
打印机	属性	设置当前打印机描述信息、策略、访问控制、墨水级别
	复制	复制打印机信息
	重命名	更改打印机名称
	删除	删除打印机配置信息
	启用	是否启用该打印机
	共享	是否共享该打印机
	查看打印机队列	查看该打印机正在进行的打印任务
	查看	是否查看已经发现的打印机
帮助	故障排除	引导用户排除打印机常见故障
	关于	关于打印机的说明

5. 文档查看器

文档查看器是系统自带的文档查看工具，用于查看 PDF 格式文档。在“开始”菜单选择“文档查看器”打开应用或右击 PDF 文件图标，选择使用“文档查看器”打开。文档查看器菜单及功能如表 10.12 所示。

表 10.12　文档查看器菜单及功能描述

一级菜单	二级菜单	描　述
文件	打开	打开文档
	打开副本	新窗口打开相同的内容文档
	另存为	保存文档至指定路径
	打印	打印当前文档
	属性	显示文档通用选项
	关闭	关闭文档查看器

续表

一级菜单	二级菜单	描述
编辑	复制	复制选择文档
	全选	全部选择文档
	查找	检索关键字
	查找下一个	查找下一个关键字结果
	查找上一个	查找上一个关键字结果
	向左旋转	文档向左旋转 90°
	向右旋转	文档向右旋转 90°
	工具栏	显示工具栏编辑器
	将当前设置设为默认值	保存当前编辑器设置为默认
视图	工具栏	是否显示上方工具栏
	侧边栏	显示侧边栏
	全屏	全屏显示
	放映	放映模式查看文档
	连续	连续查看文档页
	双页	两列查看文档页
	反转色彩	转换为相对颜色
	光标浏览	放置光标浏览文档
	放大	放大文档
	缩小	缩小文档
	重置缩放	恢复正常比例
	合适页面	缩放至页面合适大小
	伸展窗口以适应	扩展页面窗口
	重新载入	重新加载窗口
转到	上一页	切换至上一页
	下一页	切换至下一页
	第一页	切换至第一页
	最后一页	切换至最后一页
书签	添加书签	添加标识至当前文档
帮助	目录	打开用户手册
	关于	应用声明信息

6. 麒麟计算器

麒麟计算器提供了高级数学计算功能，可完成复杂的数学计算。计算器集成了高级计算、科学计算和汇率计算功能，根据不同需求可随意切换计算器功能。单击“开始”菜单打开导航栏，单击“麒麟计算器”打开工具。

打开计算器后，可根据计算类型选择使用模式；使用鼠标单击计算器中数字和运算符，按回车键或单击“＝”即可得计算结果。

7. 图像查看器

系统同样集成了看图工具“图像查看器”，工具提供系统图片文件的查看，支持打开多种格式的图片，支持图片的放大缩小。

在“开始菜单”单击“图像查看器”可直接打开应用工具，或双击现有图片，系统默认也会使用“图像查看器”打开图片。“图像查看器”工具菜单及功能如表 10.13 所示。

表 10.13　图像查看器菜单及功能描述

一级菜单	二级菜单	描　　述
图像	打开	选择图片打开
	打开方式	选择其他应用打开当前图片
	保存	保存图片
	另存为	保存图片至指定路径
	打印	打印图片
	设为桌面背景	将图片设置为桌面背景
	打开包含的文件夹	打开图片所在文件夹
	属性	显示图像查看属性
	关闭	关闭图像查看器
编辑	撤销	撤销操作至上一步
	复制	复制内容
	水平翻转	将图片水平翻转
	垂直翻转	将图片垂直翻转
	顺时针旋转	将图片顺时针旋转
	逆时针旋转	将图片逆时针旋转
	移动到垃圾箱	将图片移动到垃圾箱
	工具栏	设置工具栏展示内容
	首选项	设置默认选项

续表

一级菜单	二级菜单	描述
视图	工具栏	是否显示工具栏
	状态栏	是否显示状态栏
	图集	是否显示图片图集
	侧边栏	是否显示侧边栏
	全屏	是否全屏幕显示
	幻灯片	是否以幻灯片形式显示
	放大	放大图片
	缩小	缩小图片
	正常大小	设置图片正常大小查看
	最佳长度	设置图片为最佳长度查看
转到	上一个图像	查看上一张图片
	下一个图像	查看下一张图片
	第一个图像	查看第一张图片
	最后一个图像	查看最后一张图片
	随机图像	随机查看图片
帮助	目录	打开用户手册目录
	关于	图像查看器应用声明

8. 终端

“终端”是麒麟系统使用系统命令操作的媒介，通过在终端窗口输入系统指令达到与系统交互的目的。

单击“开始”菜单打开“导航栏”，找到“终端”可打开工具，或在任意位置右击，在弹出的“快捷菜单”中选择“打开终端”，也可以唤醒“终端”窗口。根据当前用户权限，可在“终端”窗口使用键盘直接输入相应系统命令并且按回车键，“终端”根据指令判断并输出相应提示，终端工具可同时打开多个窗口进行操作。

“终端”操作窗口顶部菜单栏可以实现的功能如表 10.14 所示。

表 10.14　终端菜单栏功能描述

一级菜单	二级菜单	描述
文件	打开终端	打开新的终端窗口
	打开标签	在当前终端窗口打开新的标签页
	新建配置文件	创建新的配置文件名称
	关闭标签页	关闭当前标签
	关闭窗口	关闭终端

续表

一级菜单	二级菜单	描　　述
编辑	复制	复制内容
	粘贴	将复制的内容粘贴至光标处
	全选	选择终端内全部内容
	配置文件	查看配置文件列表,可对配置文件进行管理
	键盘快捷键	配置是否启用所有菜单访问键、是否启用菜单快捷键,查看各个操作对应的快捷键
	配置文件首选项	管理终端相应配置,包括通用设置、标题命令、颜色、背景、滚动条、兼容性设置
视图	显示菜单栏	是否显示顶部菜单
	全屏	是否全屏展示
	放大	放大终端窗口
	缩小	缩小终端窗口
	正常大小	窗口恢复为原来大小
搜索	查找	按关键字进行检索
	查找下一个	检索下一条内容
	查找上一个	检索上一条内容
终端	更改配置文件	切换为其他设定的配置文件
	设置标题	修改终端顶部标题文字
	设定字符编码	切换终端内容编码格式
	复位并清屏	恢复初始位置并清空终端内容
帮助	—	查看系统手册和软件说明

9. 画图工具

KolourPaint 是一款工具类画图软件,可以操作鼠标对画板或者现有图片进行填充或涂改,支持修改后的画板保存。

单击“开始菜单”,单击 KolourPaint 可打开该软件。工具界面默认显示白色画板和黑色画笔,可使用鼠标在“左侧工具栏”选择相应的绘画工具后,在白色画板中进行绘画。

KolourPaint“左侧工具栏”功能如表 10.15 所示。

表 10.15　左侧工具栏功能描述

图　　标	功　　能	描　　述
	选择(自由形式)	灵活选择画板上的图像内容
	选择(矩形)	选择画板上固定矩形区域内的图像内容
	选择(椭圆)	选择画板上固定椭圆区域内的图像内容

续表

图　　标	功　　能	描　　述
AI	文字	添加文本文字
	直线	画出一条直线
	画笔	进行自定义线条绘画
	橡皮擦	擦涂画板上的内容
	刷子	进行粗线条描绘
	填充	将区域内颜色填满为选中颜色
	取色器	提取该区域颜色
	缩放	放大或缩小画板上指定区域
	颜色橡皮擦	擦除区域内颜色，保留画图内容
	喷雾	进行喷雾罐式的线条描绘
	圆润矩形	画出圆角矩形
	矩形	画出直角矩形
	多边形	根据鼠标的交点画出多边形、不规则图形
	椭圆	画出圆形或椭圆形
	连接线	画出连接线段
	曲线	画出一条直线，单击直线某一点对直线进行弯曲度拖拽形成曲线

KolourPaint“顶部菜单”和功能如表 10.16 所示。

表 10.16　顶部菜单功能描述

一级菜单	二 级 菜 单	描　　述
文件	新建	创建新画板
	打开	打开现有图像
	扫描	扫描画图内容
	获取抓图	屏幕截图
	属性	设置画图工具 DPI、文字段
	保存	保存现有画板的图像内容
	另存为	保存现有画板内容至指定路径
	导出	导出为图片
	重新载入	载入至上一次保存的位置
	打印	打印画图内容
	打印预览	打印前预览内容
	邮件	邮件发送
	关闭	关闭当前画板
	退出	退出画图工具

续表

一级菜单	二级菜单	描述
编辑	撤销	返回至前一步操作
	重做	前进至下一步操作
	剪切	裁剪图形
	复制	复制当前图形
	粘贴	粘贴已复制的图形
	删除选中范围	删除选中区域图形
	从文件粘贴	选择某一文件粘贴至画板
视图	实际大小	显示内容实际大小
	适合页面	调整至合适大小浏览
	适合页宽	调整至合适页宽浏览
	适合页高	调整至合适页高浏览
	缩小	缩小画板
	缩放	缩放画板
	放大	放大画板
	显示网格	显示画板网格
	显示缩略图	显示画板缩略图
图像	自动剪裁	自动剪裁画板
	改变大小/缩放	改变画板尺寸
	翻转	垂直翻转画板
	镜像	水平翻转画板
	向左旋转	向左旋转画板
	向右旋转	向右旋转画板
	旋转	自定义旋转画板
	扭曲	扭曲图像
	降为单色	画图内容变为单色
	降为灰色	画图内容变为灰色
	标记为机密	画图内容模糊
	更多效果	设置效果、亮度、对比度等
	翻转颜色	翻转颜色
	清除	清空画板
	绘制相似颜色	设置不同像素的色彩达到相似

续表

一级菜单	二级菜单	描述
设置	显示工具栏	是否显示工具栏
	显示状态栏	是否显示顶部状态栏
	绘制抗锯齿绘图	绘制抗锯齿图像
	配置键盘快捷键	设置快捷键
	配置工具栏	设置工具栏菜单

画图工具同时提供不同颜色选择，单击相应颜色可进行切换。

10. 麒麟助手

“麒麟助手”可以对系统进行清理，清除系统缓存、Cookies 和历史痕迹，维护系统硬件驱动。单击“开始清理”，“麒麟助手”开始自动扫描并清理上述内容，清理完成后告知清理结果。其中，驱动管理可查看系统当前硬件信息，便于后期更新驱动程序；查看本机基本信息和本机硬件信息，包括 CPU、主板、硬盘、网卡、显卡、声卡等。

“工具大全”集合了常用的麒麟软件商店、麒麟系统监视器和文件粉碎机，单击图标可打开相应的应用。

习题 10

一、单选题

1. 麒麟桌面操作系统默认的 Shell 是(　　)。

A. bash　　B. kom　　C. tcsh　　D. Shell

2. 信创的全称是(　　)。

A. 信息技术应用创新　　B. 信息技术创新

C. 信息科学创新　　D. 信念开创

3. 麒麟软件是一家做(　　)的公司。

A. 操作系统　　B. 数据库　　C. 办公软件　　D. 芯片制造

4.下面(　　)工具可以实现系统数据的还原。

A. 麒麟助手　　B. 麒麟备份还原工具

C. 麒麟传送器　　D. 麒麟影音

5. 整芯铸魂指的是(　　)。

A. 操作系统与 CPU　　B. 芯片与数据库

C. 集群软件与 CPU　　D. 芯片与应用软件

6. 麒麟桌面操作系统安装过程中默认的时区是(　　)时区。

A. 莫斯科　　B. 乌鲁木齐　　C. 上海　　D. 伦敦

7. 关于重定向输出，以下说法正确的是(　　)。

A. 为追加重定向　　B. 可以在文件内容最后追加写入

C. 当文件不存在时会自动创建　　D. 为覆盖重定向

8. 下面哪个选项不属于麒麟操作系统的系统安装引导界面的目录？（　　）

A. 卸载系统　　B. 试用银河麒麟操作系统而不安装

C. 安装银河麒麟操作系统　　D. 测试内存

9. 属于新基建的是（　　）。

A. 铁路　　B. 公路　　C. 大数据　　D. 基础设施

10. 棱镜门反映了（　　）的重要性。

A. 办公软件　　B. 斯诺登　　C. 信息安全　　D. 中间件

11. 麒麟桌面操作系统自带应用程序中，下列哪个选项是不存在的？（　　）

A. 麒麟助手　　B. 麒麟备份还原工具

C. 麒麟传送门　　D. 麒麟影音

12. 登录麒麟桌面操作系统之后，开始菜单中不包含哪项？（　　）

A. 登录用户　　B. 计算机　　C. 电源　　D. 显示器设置

13. 执行 date 命令之后，显示的内容不包含哪些？（　　）

A. 时间　　B. 日期　　C. 主机名　　D. 年份

14. 通过"麒麟助手"不能完成以下哪个操作？（　　）

A. 清除历史痕迹　　B. 重装系统

C. 查看系统处理器信息　　D. 粉碎文件

15. 麒麟桌面操作系统自带应用程序中，下列哪个选项是不存在的？（　　）

A. 麒麟记事本　　B. 麒麟计算器

C. 麒麟画图　　D. 麒麟数据编辑器

二、判断题

1. 微信、QQ 等应用软件都可以稳定地运行在麒麟操作系统上。（　　）

2. 登录麒麟操作系统云账户后，可以使用云同步等相关云服务功能。（　　）

3. 在安装麒麟桌面操作系统时，当我们选择自定义安装时，需要自己手动创建和管理。（　　）

4. 在麒麟助手中可以查看系统硬件信息。（　　）

5. 麒麟操作系统同时支持 Intel、AMD 和国产 6 大 CPU，所以应用范围非常广。（　　）

6. Linux 下，普通用户可以通过 passwd 命令修改 root 用户的密码。（　　）

7. Linux 下，不同的账户可以使用相同的密码。（　　）

8. 通常 Linux 的安装至少需要 2 个分区，分别为根分区和交换分区。（　　）

9. Linux 安装时，在分区时若选择清空整个磁盘，则磁盘上原有分区会消失。（　　）

10. DNS 域名系统主要负责主机名和 IP 地址之间的解析。（　　）

三、思考题

1. 请你结合中国实际来谈谈计算机国产操作系统的重要性。

2. 你认为应该怎样来推广计算机国产操作系统？

国产办公软件WPS Office

本章主要介绍国产办公软件 WPS Office 三大办公系列应用软件。WPS 文字处理软件在文字处理方面的主要应用技术包括文档的基本编辑、图片的插入和编辑、表格的插入和编辑、样式与模板的创建和使用、多人协同编辑文档等内容。WPS 表格软件主要用于数据处理,利用 WPS 表格不但能方便地创建工作表来存放数据,而且能够使用公式、函数、图表等数据分析工具对数据进行分析和统计。通过对学生成绩的处理来熟悉 WPS 表格应用。WPS 演示文稿主要讲述演示文稿的设计原则和制作流程、图片与多媒体应用、演示文稿的美化与修饰、动画设计与制作、演示文稿的放映与输出等内容。

本章以任务讲解的方式,将系统介绍国产办公软件 WPS Office 的基础知识,主要内容包括:

任务一:WPS 文字基础应用。

任务二:WPS 图文混排。

任务三:WPS 文字邮件合并。

任务四:WPS 数据输入与格式设置。

任务五:WPS 公式与函数。

任务六:WPS 数据分析与统计。

任务七:WPS 演示文稿内容页制作。

任务八:WPS 演示文稿放映设置。

本章教学目标

理解国产办公软件 WPS Office 的基础知识,了解 WPS 文字处理软件、WPS 表格软件、WPS 演示文稿软件的使用方法,掌握文字编辑、数值计算和文稿演示相应的使用技巧等。

11.1 WPS 文字基础应用

11.1.1 任务描述

知识科普、合同、求职信等是生活中常见的文档类型。这类文档的特点是我们对其内容与格式都有一定的要求。通过制作一份文档,完成对 WPS 文字窗口的认识、文档建立及保存、字体格式、段落格式、页面布局等基础知识的学习。

本任务将完成“中华人民共和国国歌知识科普”文档的排版,文档排版后的效果图如

图 11.1 所示。

中华人民共和国国歌知识科普

《义勇军进行曲》由田汉作词，聂耳作曲，原本是电影《风云儿女》的主题歌，被称为中华民族解放的号角，诞生于 1935 年民族存亡之际，对中国人民的爱国主义精神起了巨大的激励作用。

2004 年 3 月 14 日，第十届全国人民代表大会第二次会议通过宪法修正案，正式规定中华人民共和国国歌为《义勇军进行曲》。

2017 年 9 月 1 日，《中华人民共和国国歌法》在第十二届全国人大常委会第二十九次会议表决通过，于 10 月 1 日起正式实施。

中华人民共和国国歌是中华人民共和国的象征和标志。全体中华人民共和国公民和一切组织都应当尊重国歌，维护国歌的尊严。

附：　中华人民共和国国歌（现行版本）

起来！不愿做奴隶的人们！
把我们的血肉筑成我们新的长城！
中华民族到了最危险的时候，
每个人被迫着发出最后的吼声。
起来！起来！起来！
我们万众一心，
冒着敌人的炮火，前进！
冒着敌人的炮火，前进！
前进！
前进！进！

图 11.1　中华人民共和国国歌知识科普

11.1.2　知识准备

1. 认识 WPS 文字窗口

启动 WPS 文字窗口，界面如图 11.2 所示。

1）标题栏

显示正在编辑的文档的文件名及常用按钮，包括标准的“最小化”“还原”“关闭”按钮。可使用微信、钉钉、QQ、手机短信等方式登录 WPS，登录后将在“标题栏”中显示用户头像。

2）快速启动栏

常用命令位于此处，例如“保存”“打印”“撤销”等命令。快速启动栏的最右侧为下拉菜单，可添加或者删除常用命令。

3）选项卡

WPS 采用“选项菜单”的方式组织管理功能选项。选择不同的选项，功能区将出现不同的命令组合。

4）功能区

功能区以选项组的方式组织管理相应的功能按钮。单击选项卡最右侧的 ^ 图标，可以将功能区隐藏起来。

5）编辑区

编辑区显示正在编辑的文档的内容。

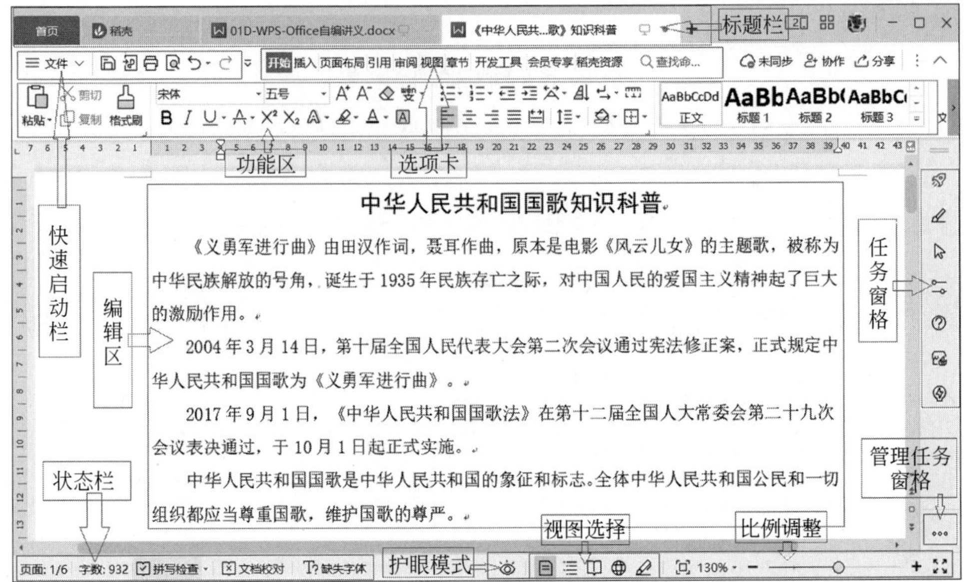

图 11.2　WPS 文字窗口界面

6）状态栏

状态栏显示正在编辑的文档的相关信息。

7）视图选择

在视图选择区域，可以根据文档编辑的目的和要求，进行视图选择。

（1）“页面视图”以“所见即所得”的方式显示打印后的文档版式，在这种视图模式下，编辑窗口以“页面”为单位对文档进行管理，编辑文档时可以直观地看到页边距、页眉页脚等内容。如果我们打印文档，可以选择“页面视图”。

（2）“大纲视图”用于显示文档的框架。在整理较长的文档时可以显示各级标题，通过“大纲视图”模式用户可以方便快速地跳转到所需要章节。当我们需要对文档的整体框架进行整理时，可以使用“大纲视图”。

（3）“阅读视图”是阅读长文档的理想手段。此视图下允许用户在同一个窗口中单页或者双页显示文档。此视图模式不能对文档进行编辑。

（4）“Web 版式”能够显示文档在 Web 浏览器中的外观。文本和表格内容将自动换行以适应显示器窗口的大小。当我们编辑的文档要发布到网站中时，可以使用这种版式。

（5）“写作视图”在功能区提供了写作时需要的工具。例如“文档校对”“导航窗格”“统计”等功能。当我们侧重于文字内容的写作，对格式设置及其他功能没有使用需求时，可以选择“写作视图”。

8）比例调整

可以随时根据个人需要来调整窗口显示比例，适合不同年龄人士的需求。

9）任务窗格

“任务窗格”提供了常用的浮动面板选择。默认的浮动面板有“快捷”“样式和格式”“选择窗格”“属性窗格”“帮助中心”“稻壳素材”等。单击图标，将显示相应的浮动面板。

10）管理任务窗格

通过设置“任务窗格”，可以选择在任务窗格中出现的浮动面板图标。

2. 新建文档

启动 WPS 文字之后，可以创建文档。单击“文件”→“新建”，可以完成文字文档、表格、演示文稿、PDF、流程图、思维导图、表单的创建。

在创建文字文档时，可以选择空白版式，也可以选择 WPS 提供的各种类型的模板（部分模板可以免费使用，部分模板只供付费会员使用）。

3. 保存文档

文档编辑和录入完成以后，需要单击“保存”按钮或“保存”菜单来保存文档。WPS 文字文档可以保存为 DOCX 文件格式、WPS 文件格式、模板文件、PDF 文件等格式，默认的文件保存类型为 DOCX 文件格式。

我们可以通过单击“文件”→“选项”→“常规和保存”，完成对“文件保存为默认格式”或其他选项的修改。

4. 打开文件

WPS 打开文件窗口，在左侧“打开文件”列表中列出了最近常用的文件夹如“信息技术基础”“WPS 文字素材”“我的计算机”“我的桌面”等常用文件夹，同时，还可以选择“我的云文档”打开云端文件，通过“共享文件夹”打开与其他成员协同编辑的文件。

WPS 可以同时打开文字文件、表格、演示、PDF、OFD 等格式的文件，在默认的文件类型中列出了默认打开的文件类型。

5. 多人协同编辑文件

随着互联网的普及，线上、线下协同办公越来越普遍，WPS 提供免费的协同编辑文档功能，可实现多人在线同时协同编辑共享文档，实现数据的实时更新与共享。

单击选项卡行左侧的“协作”→“发送至共享文件夹”，将文件发送至共享文件夹。上传至共享文件夹或者云端的文件在编辑时，单击选项卡右侧的“分享”，即进入“分享对话框”。

分享的方式共有三种可供选择。

（1）任何人可查看：用于文件公开分享；

（2）任何人可编辑：适用于多人协作，编辑内容实时更新；

（3）仅指定人可查看/编辑：适用于隐私文件，可指定查看/编辑的权限。

选择“复制链接”，当对方收到链接之后，可以直接在线编辑。另外也可以发给 WPS 联系人，如果手机已经登录 WPS，可以将链接发送至手机，或者在 QQ、微信中直接发送文件，简单快捷，极大地方便了在线协同办公。

11.1.3　任务实现

1. 文本内容输入

打开 WPS 文字，“新建空白文档”，输入如图 11.1 效果图中所示的文字内容。

2. 文件保存

保存文件有如下多种保存方式可供选择。

（1）按快捷键 Ctrl+S。

（2）单击快速启动栏中的“保存”按钮。

选择“文件”→“保存”命令保存新建文档，第一次保存文件时，系统自动进入“另存为”窗口。

可以选择将文件保存至本地硬盘，也可选择将文件保存至“WPS 网盘”。WPS 文字文件默认的文件类型为“Microsoft Word(.docx)”文件，也可将文件保存为.wps 或.pdf 等类型的文件。

3. 设置字体格式

设置正文“字体”为“宋体”，“字号”为“五号”，“字体颜色”为“黑色”。将标题“中华人民共和国国歌知识科普”的“字体”设置为“黑体”，“字号”设置为“四号”。也可以按照读者自己的喜好自行设置其他字体、字号和颜色等。

要对某一选定文本段进行字体统一设置，在选择文本后，单击“字体”组右下角图标，打开“字体”对话框，对所选文本设置中文、西文字体，进行统一设置“字体”“字号”“文字效果”“文字颜色”等。

也可以通过快速命令的方式进行字体设置，即选择需要设置的文字后，单击“字体”组上显示的命令即可设置成功。

“字体”即所选文字的字形；

“字号”即所选文字的文字大小；

“字号放大”“字号缩小”命令，每一次单击可放大或缩小 0.5 磅；

“清除格式”将所选定的文字应用的字体或段落格式清除，但不会清除文字；

“拼音指南”对选定对象给出拼音指南，单击下拉按钮，还可以实现“更改大小写”“带圈字符”“字符边框”等功能；

“加粗”实现或去除字体加粗效果；

“倾斜”实现或去除字体倾斜效果；

“下画线”设置选定文字的下画线，可以是直线、波浪线、短横线等；

“删除线”设置选定文字的删除线效果；

“上标”“下标”常用于数学或论文引用时的编号标示；

“文字效果”设置选定文字的文字效果；

“突出显示”类似荧光笔，可先单击“突出显示”按钮，再应用到需要高亮显示的文字上（即用鼠标选择需要高亮显示的文字）；

“字体颜色”实现字体颜色设置；

“字符底纹”为选中内容添加底纹。

4. 设置段落格式

在“开始”选项卡中，“段落”组命令中所有按钮的功能主要是对文档的一段或多段进行格式设置。如段与段之间的距离，项目符号与编号、缩进等。

“项目符号”一般用于多个并列段，但不需要使用数字进行编号。

使用方法：先选择需要设置项目符号的各段落，然后单击“段落”组中“项目符号”下拉按钮，打开对话框。选择一种项目符号，若没有喜欢的项目符号，可在“项目符号”对话框中单击“自定义项目符号”命令，打开“自定义项目符号”对话框，在该对话框中，可以选择“字符”中的某一类字体集中的某一个字符作为项目符号，如果是会员，还可以选择“稻壳项目符号”作为项目符号，或者用特殊的字体作为项目符号。

“项目编号”一般用于列出有条理的条目，如在说明某一问题时要点有“(1)、(2)、(3)”或者在写论文时列出参考文献，如“[1]、[2]、[3]”。一般情况下，输入一个有序编号后，按下 Enter 键则会出现自动编号，若不需要自动编辑可按下快捷键 Ctrl+Z 撤销。

设置编号的一般方法：先输入一段文字，并选择该段文字，单击“段落”组中“编号”命令的下拉按钮，展开“编号库”。若库中没有合适的编号，可单击其中的“自定义编号”命令，打开“自定义编号”对话框，选择一种“编号样式”后，在“编号格式”文本框中对编号格式进行编辑，从而形成新的编号格式。

我们也可以在“定义新编号”命令窗口中对“项目符号”“多级编号”和“自定义列表”进行定义。“多级编号”多应用于有关联关系的不同级别文本编号设置。

下面介绍自定义列表的应用。单击“自定义编号”，进入项目符号与编号对话框，选择“自定义列表”，左侧列表中选择一种列表格式，单击“自定义”按钮，进入“自定义多级列表”窗口。窗口中左侧“级别”处选择即将定义编号格式的级别，“编号格式”中可以设置本级级别编号的格式，“编号样式”中可选择自动编号的样式，“级别链接到样式”可将设置好的编号级别链接到样式库中的某个样式。

减少或增大缩进量一般用于快捷增加或减少段落缩进。

“减少缩进量”按钮可使所选中的段落整体向左边距靠近 1 字符。

“增大缩进量”按钮可使所选中的段落整体远离左边距 1 字符。

5. 中文版式

常用于公文或报纸排版中，包含了“合并字符”“双行合一”“调整宽度”“字符缩放”等功能。

6. 文本对齐

(1) “左对齐”即该段中文字不够一行，则先靠左；

(2) “居中对齐”常用于标题段；

(3) “右对齐”常用于文件签名及签日期；

(4) “两端对齐”指同时将文字左右两端同时对齐，并根据需要增加字间距，但如果文字不够一行，则类似于左对齐；

(5) “分散对齐”指使段落两端同时对齐，并根据需要增加字符间距，即使该段中最后一行只有 2 个字，则会将这 2 个字左右各放 1 个。

7. 制表位

单击“制表位”按钮，可以打开制表位对话框，对文本输入的位置进行定位。

8. 行间距

单击“行间距”按钮，可设置所选段落的行间距。行距以“N 倍行距”计，若设置的行间距单位为磅，则应单击选项中的“其他”，打开段落对话框进行设置。

9. 底纹

“字体”选项组和“段落”选项组中有两个类似的“底纹”功能。字体选项组中的“字符底纹”按钮是为选定的字符加底纹，段落选项组中“底纹颜色”按钮对选定的段落加底纹。

10. 边框

单击“边框”按钮，可对所选段落加边框。单击命令项右下角的下拉菜单，可以看到WPS提供了非常丰富多元的边框选择，如果边框不能满足需要，可单击最下侧的“边框和底纹”选项，进入“边框和底纹”对话框。

11. 段落对话框

除“段落”组命令，设置段落格式，还可以把段落对话框打开，单击“段落”组命令中的┘按钮，打开段落对话框，进行“缩进和间距”“换行和分页”的设置。

12. 页面布局

文件打印之前我们应该对文件进行纸张设置和页面设置。默认“纸张大小”设置为A4纸，默认“页边距”设置为“上、下、右各为2厘米，左为2.5厘米”。

单击“页面布局”选项卡，在页边距对话框中，可直接设置上、下、左、右边距的值。

也可以单击“页边距”的下拉菜单，进行默认规格的选择。或者单击“自定义页边距”，进入“页面设置”对话框进行设置。

11.1.4 技巧与提高

1. 显示/隐藏段落标记

“显示/隐藏段落标记”可以选择显示或隐藏段落标记。

2. 格式刷应用

鼠标选中需要复制格式的内容，单击开始命令组中的“格式刷”命令，然后选中目标内容，按住鼠标左键，拖动鼠标，以复制格式。

如果双击“格式刷”命令，可以多次使用格式刷命令。

3. 文本选择

WPS中，可以通过鼠标与键盘的组合，完成不同范围文本的选择。常用快捷键的使用如表11.1所示。

表11.1 常用快捷键一览表

快 捷 键	作 用
Ctrl+A	选择本文档所有内容
Ctrl+N	创建新文档
Ctrl+B	使字符变为粗体
Ctrl+I	使字符变为斜体
Ctrl+U	为字符添加下画线
Ctrl+Shift+<	缩小字号
Ctrl+Shift+>	增大字号

续表

快　捷　键	作　　用
Ctrl+C	复制所选文本或对象
Ctrl+X	剪切所选文本或对象
Ctrl+V	粘贴文本或对象
Ctrl+Z	撤销上一操作
Ctrl+S	保存文件

11.2　WPS图文混排

11.2.1　任务描述

本任务将制作一份“国旗与国歌”宣传海报。为了让海报重点突出，图文并茂，在文档内容中不仅包括文字，还包括图片、艺术字、形状、智能图形、功能图等多种素材。如果用户是金山公司的超级会员，可以下载稻壳提供的各种宣传海报的模板，快速生成符合用户需求的宣传海报。本任务最终效果如图11.3所示。

图11.3　“国旗与国歌”宣传海报

本任务文档的制作遵循以下步骤。

1. 版面布局

本文档要宣传国旗与国歌等多项内容，既要图文并茂，又要别出心裁。既然要用到多张图片，多段文字，就需要先对版面进行布局。可以用WPS的表格对版面进行布局。

2. 插入素材

插入图片、文本、二维码、智能图形、艺术字等，并按照版面要求对各元素进行属性设置。

11.2.2 知识准备

1. 表格应用

1）插入表格

WPS 文字提供了方便、快捷地创建和编辑表格的功能，同时还能够利用表格工具和表格样式，对表格进行美化和数据处理。单击“插入”选项卡中的“表格”下拉列表，我们可以看到 WPS 提供了 5 种插入表格的方法，分别是“拖动鼠标插入表格”“插入表格”“绘制表格”“文本转换成表格”“插入稻壳内容型表格”。

（1）拖动鼠标插入表格。

通过拖动鼠标来确定行数与列数，快速直观地在当前鼠标位置处插入表格。

（2）插入表格。

选择下拉菜单中的“插入表格”，可以打开“表格对话框”，通过在对话框中输入表格的行数与列数，对列宽进行选择来完成表格插入，如图 11.3 所示。

（3）绘制表格。

选择下拉菜单中的“绘制表格”，鼠标会变成笔状，拖动鼠标可以绘制多行多列表格、单行单列表格。可以根据需要，用笔自由地在表格上绘制表格线。退出绘制需要单击功能区的“绘制表格”命令。

（4）文本与表格互相转换。

文本与表格互相转换是将具有特定格式的多行多列文本转换成一个表格。这些文本中的各行之间用段落标记符换行，各列之间用逗号、空格、制表符等分隔符隔开，转换的方法如下。

① 文本转换成表格：选中需要转换成表格的文本，单击“插入”，单击“表格”下拉列表的“文本转成表格”，进入“文字转换成表格”对话框，确定表格行数与列数，设置文字分隔位置为逗号、空格、制表符等分隔符之一，即可将文本内容生成表格。

② 表格转换成文本：选中需要转换成文本的表格，单击“插入”，单击“表格”下拉列表中的“表格转换成文本”，进入“表格转换成文本”对话框，选择好文字分隔符后，单击“确定”按钮完成转换。

（5）插入稻壳内容型表格。

WPS 文字提供了免费和付费两种类型的表格模板，可以利用表格模板来生成表格。

2）编辑表格

表格建立之后，可在表格中输入数据，可对表格、单元格进行属性设置等。

（1）自动显示“表格工具”和“表格样式”功能。

将插入点定位到表格中的任意单元格或者选中整个表格，WPS 文字将自动显示“表格工具”和“表格样式”设置按钮。

① 通过“表格工具”选项卡可以对表格单元格、行、列及整个表格的编辑，主要包括表格

的行、列的插入、删除，行高、列宽的调整，表格中数据的字符格式、段落格式的设置，数据的排序与计算等方面的操作。

② “表格样式”选项卡提供了对表格的样式进行调整的功能，主要支持对表格的“边框和底纹”“表格样式”等方面的调整。

(2) 单元格的合并与拆分。

可以通过“表格工具”选项卡功能区中的“合并单元格”按钮和“拆分单元格”按钮，快捷菜单中的“合并单元格”命令和“拆分单元格”按钮进行常规的单元格合并与拆分。此外，还可以通过“表格样式”选项卡功能区中的“擦除”和“绘制表格”按钮来实现单元格的合并与拆分。

① 单击功能区中的“擦除”按钮，鼠标指针变成橡皮状，在要擦除的边框线上单击，可删除表格线，实现两个相邻单元格的合并。

② 单击功能区中的“绘制表格”按钮，鼠标指针变成铅笔状，在单元格内按住鼠标左键并拖动，此时将会出现一条虚线，松开鼠标可插入一条表格线，实现单元格的拆分。在这个过程中，可以随时设置铅笔的粗细和颜色。

(3) 表格的跨页。

如果表格放置的位置正好处于两页交界处，称为表格跨页。有以下两种处理方法。

① 允许表格跨页断行，即表格的一部分位于上一页，另一部分位于下一页，但只有一个标题(适用于较小的表格)。此时，也可以在每页的表格上提供一个相同的标题，使之看起来仍然是一个表格(适用于较大的表格)。

② 选中要设置的表格标题(可以是多行)，单击“表格工具”选项卡功能区中的“标题行重复”按钮，系统会自动在因为分页而拆分的表格中重复标题行。

(4) 设置表格样式。

WPS 文字自带丰富的表格样式，表格样式中包含了预先设置好的表格字体、边框和底纹格式等信息。

① 使用“预设样式”进行设置。

将插入点定位到表格中任意单元格，单击“表格样式”选项卡功能区中的“预设样式”库中的某个表格样式即可。如果“预设样式”库中的表格样式不符合要求，单击“预设样式”库右侧的下拉按钮，弹出下拉列表，在下拉列表中选择所需要的样式即可。

② 使用“表格属性”对话框和“边框和底纹”对话框进行设置。

打开“表格属性”对话框和“边框与底纹”对话框来实现相应的操作。

单击“表格工具”选项卡功能区左侧的“表格属性”按钮，或者选中整张表格或表格中的任意单元格，右击后选择快捷菜单中的“表格属性”，都可以进入“表格属性”对话框。在“表格属性”对话框中，可以完成表格、行、列、单元格等属性的设置。

“边框与底纹”对话框的打开方法有多种。在“表格属性”对话框的“表格”选项卡中单击“边框与底纹”可以打开该对话框。在“边框和底纹”对话框中，我们可以完成对边框、页面边框、底纹的设置。

3) 表格数据处理

WPS 文字同时还提供了表格的其他功能，如表格的排序和公式计算。

(1) 表格排序。

在 WPS 文字中，可以按照递增或递减的顺序把表格中每行的数据按照某一列的笔画、数字、日期或拼音等进行排序，也可以根据表格多列的值进行复杂排序。表格排序的操作步骤如下。

① 选择要排序的行或列，单击“表格工具”选项卡功能区中的“排序”按钮。

② 整个表格自动被全部选择，同时弹出“排序”对话框。

③ 在“排序”对话框中，在“主要关键字”下拉列表框中选择用于排序的字段（列数），在“类型”下拉列表中选择用于排序的值的类型，如笔画、数字、日期或拼音等。升序或降序是用于选择排序的顺序，默认为升序。

④ 若需要多字段排序，可在“次要关键字”“第三关键字”等下拉列表框中指定字段、类型及顺序。

⑤ 单击“确定”按钮完成排序。

表格数据排序功能需要注意事项：要进行排序的表格中不能有合并或拆分过的单元格，否则无法进行排序。此外，在“排序”对话框中，如果选择“有标题行”，则排序时标题行不参与排序；否则，标题行将参与排序。

（2）表格计算。

利用 WPS 文字提供的公式与函数，可以对表格中的数据进行简单计算，下面以表 11.2 学生成绩表（一）中的数据为例，介绍 WPS 文字利用公式进行计算的方法。

表 11.2 学生成绩表（一）

序 号	姓 名	高等数学	信息技术	英 语	体 育	总 分	平均分
1	张三	89	92	88	98	367	91.75
2	李四	88	63	96	96	345	85.75
3	王五	90	89	78	90	348	86.75

表 11.2 中，序号、姓名、高等数学、信息技术、英语和体育为基础列。表 11.2 中有 3 位同学的成绩，需要在总分和平均分两列分别计算出这 3 位同学的总分和平均分。

① 总分计算：先选中“总分”单元格，单击“表格工具”中的“公式”按钮，进入公式设置对话框。默认的公式为 SUM(LEFT)，即对左侧数据求和公式。SUM 是求和函数名，LEFT 为求和参数，参数还可以是右侧 RIGHT、上侧 ABOVE 和下侧 BELOW，单击“数字格式”按钮可以对数值的格式进行选择，粘贴函数可以选择 WPS 文字提供的其他函数，表格范围可对函数参数进行范围选择。本例中公式为 SUM(LEFT)，“数据格式”选择小数点后两位小数的格式。用同样的方法分别计算所有行。

② 平均分计算：平均分的计算方法与总分计算方法类似，单击“表格工具”中的“公式”按钮，先删除“公式对话框”中不需要的公式，在“粘贴函数”中选择 AVERAGE，参数输入 c2:f2，数字格式选择两位小数，单击“确定”按钮后，可得到平均分。用同样的方法分别计算所有行。

③ 快速计算：WPS 文字提供了表格内数据快速计算功能。其功能是对所选择的行或列的数据自动实现求和、平均值、最大值或最小值的计算。计算的结果位于所选择的行或列后面的一个单元格中。如果该行或者列不存在，或者该行或列已有数据存在，WPS 文字软件会自动创建一行或者一列，用来存放结果。

④ 更新计算结果：表格中的运算结果是以“域”的形式插入表格中的，当参与运算的单

元格数据发生变化时，可以通过“更新域”对计算结果进行更新。选择需要更改数据的单元格，即“域”，显示为灰色底纹，按功能键 F9，即可更新计算结果。也可以选择结果单元格中有灰色底纹的数据，右击，在“快捷菜单”中选择“更新域”。

2. 图文混排

WPS 文字在处理“.docx”和“.wps”两种不同类型的文件时，“插入”选项卡中的“图片”功能组图标的排列是不一样的。虽然其排列不同，但是基本功能是一样的，下面以“.docx”文件格式为例来介绍相关内容。

1）与“插入”相关的功能

（1）图片：用来确定插入图片的来源、位置、文件名，可以来自文件、扫描仪、手机以及网络的图片，选择不同的对象会弹出相应的“插入图片”对话框。

（2）形状：用来插入 WPS 文字预设的各种形状，有线条、矩形、基本形状、箭头汇总、公式形状、流程图、星和旗帜、标注等形状。

（3）图标：用来插入稻壳网站提供的各种付费或者免费的图标。

（4）功能图：用来插入 WPS 文字提供的三种类型的功能图，分别是二维码、条形码、化学绘图。

（5）图表：用来插入图表以演示和比较数据，包括柱形图、折线图、饼图、条形图、面积图等。

（6）智能图形：用来插入智能图形。智能图形是一组专业的图形工具，可以以形象直观的方式表达内容之间的各种关系。

（7）流程图：用来插入或制作流程图，是嵌入 WPS 文字中的一款专门制作流程图的工具。

（8）思维导图：用来插入思维导图。也是嵌入 WPS 文字的一款专门制作思维导图的工具。

（9）稻壳素材：用来插入稻壳素材。稻壳网站向付费用户提供了大量的图标、模板、字体、艺术字、关系图等丰富资源。

（10）更多：用来插入 WPS 提供的制图工具，如截屏等。

2）插入各类图片元素

WPS 文字提供了各种类型的图片元素的插入方法。

（1）插入图片。

将光标定位在文档中需要插入图片的位置，单击“插入”选项卡功能图中的“图片”下拉列表，进入“对话框”，根据实际需要插入想要的图片。“对话框”主要有如下选项。

① 来自文件：单击“来自文件”，在打开的“插入图片”对话框中，确定图片所在的位置及文件名。

② 来自扫描仪：确保扫描仪已正确连接计算机，单击“来自扫描仪”，按照提示步骤完成插入。

③ 来自手机：单击“来自手机”或“手机传图”，进入“插入手机图片”对话框，用手机微信扫描二维码，在手机端选择需要上传的图片(最多可选择 9 张)，在计算机端双击或者右击将图片插入至文档。

④ 资源夹图片：单击“资源夹图片”，将在窗口右侧打开“资源夹”任务窗格，双击已经

上传到“资源夹”中的图片，即可将图片插入到光标处。

⑤ 稻壳图片：提供了非常丰富的付费图片。可以单击某张图片来插入，也可以通过搜索框输入关键词，查找需要的图片。

（2）插入图形。

如果要插入图形，操作方法是：选择某类形状后，在文档中拖动鼠标确定其大小，该形状会自动生成。用户一般需要通过插入若干形状，并通过它们之间的连接，以实现某项功能。

（3）插入图标。

WPS 提供了丰富的收费图标与免费图标。这些图标分成很多类，如各种形状、人物、节日图标，用户可以直接选择使用，或者通过搜索功能查找需要的图标。

（4）插入图表。

WPS 文字提供的图表分为图表和在线图表。图表是按系统给定的“图表样式”生成，在线图表则提供了更为丰富的“图表样式”，需要付费才能使用，两者的操作方法类似，下面介绍图表插入的操作步骤。

① 将插入点定位在文档中需要插入图表的位置，单击“插入”选项卡功能区中的“图表”按钮，选择“图表”，打开“图表”对话框。

② 根据数据类型的特征以及使用图表的用意，选择符合要求的图表，单击，即可在当前位置插入图表。这里以基本的“簇状柱形图”为例来讲解图表插入、数据编辑、数据选择的过程。选择“簇状柱形图”，将在光标处插入初始图表。单击图表任一位置，右击，弹出“快捷菜单”，选择“编辑数据”命令，系统将自动打开 WPS 文字中的图表窗口，在图表窗口中，完成数据的输入，在数据输入的同时，图表的数据也随之更新。观察图表会发现，图表中仅有默认的前三个季度的数据，而第四季度的数据未呈现，此时需要对数据进行重新选择。在图表任意位置右击，在快捷菜单中选择“选择数据”，进入“编辑数据源”对话框，单击“图表数据区域”右侧的“折叠”按钮，选中表格中的所有数据；在“图例项系列”单击添加“四季度”图例项。在图表的“标题”部分，修改“图表标题”为“销售数据”，完成四种商品的四个季度的簇状柱形图。

（5）插入智能图形。

WPS 文字提供了丰富的智能图形，包括列表、流程、循环、层次结构、关系、矩阵、对比、时间轴等多种类型。智能图形的意义在于可以帮助用户快速地建立内容的可视化表达。

创建智能图形的操作步骤如下：将插入点定位在文档中需要插入图表的位置，单击“插入”选项卡功能区中的“智能图形”按钮，进入“智能图形”对话框，以公司组织结构图来说明智能图形的应用为例，选择层次结构，自动插入组织结构图。在文本框中输入相应的文本内容，完成智能图形的初始创建。

“智能图形”对话框中的“设计”和“格式”选项卡：当插入一个智能图形后，系统将自动显示“设计”和“格式”选项卡，并自动切换到“设计”选项卡和“格式”选项卡。

“设计”选项卡包括添加项目、升级、降级、更改颜色、样式选择等命令。“格式”选项卡包括设置文本格式、项目边框及填充设置。

通过智能图形的“设计”和“格式”选项卡，可以对创建的基本智能图形进行各种编辑操作。同时，WPS 文字还提供了一种简捷的智能图形项目的操作方法，当选择了智能图形当中的某个项目时，在其右侧将自动出现5个快捷图标，可以帮助用户快速完成相关操作。图标有“添加项目”快捷图标，“更改布局”快捷图标，“更改位置”快捷图标，“添加项目符号”快捷图标，“调整形状样式”快捷图标。

(6) 插入流程图和思维导图。

流程图和思维导图是WPS文字独具特色的制图工具。流程图用来表达解决问题的方法和思路，而思维导图可以表达非线性的思维模式，用于记忆、学习、思考等思维“地图”的构建。

(7) 插入截屏。

① 截屏功能。WPS文字提供了矩形、椭圆形、圆角矩形、自定义区域截图等多种截屏方式。截屏时，WPS文字编辑窗口默认为当前窗口，如要截取其他窗口内容，需要单击截屏下拉菜单，选择✓ 截屏时隐藏当前窗口(H)选项。

② 录屏。在截屏功能区，WPS文字还为付费会员提供“录屏”功能。单击“截屏”下拉菜单中的“录屏”，进入屏幕录制窗口。在屏幕录制窗口中，可以设置如下参数。

“区域”选项：全屏(可录制计算机屏幕的所有信息)、选择区域(可通过拖动鼠标来确定即将录制的屏幕范围)、固定区域(可选择固定大小范围的区域)和历史区域等。

“麦克风”选项：录制系统声音、麦克风声音、系统和麦克风声音、不录制声音等。

“视频”选项：打开或关闭计算机视频。

“视频列表”：显示用户录制的视频列表。

“自动停止录制”选项：设置录制时长(录制时间到后自动停止录制)、自动分割(当录制时间达到多少分钟，或者录制视频达到多少容量的时候，自动对视频进行分割)、计划任务(预先设定录制任务开始的时间、时长、录制参数)等。

单击“开始录制”，系统将按照录制参数的要求对计算机操作及声音进行录制。

录制完毕之后，视频自动保存至C:\Users\admin\Documents\Apowersoft\ApowerREC文件夹中，并自动加入“视频列表”。

在“视频列表”中，“播放”按钮可以查看视频录制效果；“压缩”按钮可以实现视频的压缩，“打开文件夹”按钮可以打开视频存放的默认文件夹；“删除”按钮可将当前视频删除，“编辑”按钮可以进入视频编辑窗口。

在“视频编辑”窗口中，用户可以给视频添加图片或文字作为水印，可以调整视频播放的速度等，编辑完毕之后，单击“导出视频”可以完成视频的导出。WPS录屏视频默认的文件格式为MP4，也可以将视频导出为WMV、MOV、AVI等文件格式。

(8) 插入功能图。

通过WPS文字“功能图”选项可以插入条形码、二维码等。

① 条形码插入。

单击“功能图”下拉菜单，选择“条形码”，进入“条形码插入”对话框。首先选择编码类型(默认为Code 12 8)，然后插入条形码对应的文字，最多为64字符，只能使用英文字母、数字及特定符号，如输入“ZhongHua 10-01”后，单击“插入”，将条形码插入到光标处。

② 二维码插入。

在移动通信时代，二维码技术应用越来越广泛，人们习惯用手机扫二维码来获取网址、支付信息等内容。单击“功能图”中的“二维码”，进入“插入二维码”对话框。二维码扫描支持文字和网址链接，我们在文字对话框中输入“中国北京天安门”，即可插入相应的二维码。使用手机微信“扫一扫”功能，即可看到“中国北京天安门”字样。

3）编辑各类图片元素

WPS文字在插入“形状”和“图标”时，图片默认的“环绕样式”为“浮于文字上方”，其余的图片插入默认的“环绕样式”均为“嵌入型”。

（1）环绕样式设置。

“环绕样式”是指插入图形、图片后，图形、图片与文字的环绕关系。WPS文字提供了7种文字环绕样式，分别是嵌入型、四周型环绕、紧密型环绕、穿越型环绕、上下型环绕、浮于文字上方及衬于文字下方，设置方式如下。

① 选择图形或图片，单击“图片工具”选项卡功能区中的“环绕”下拉按钮。在弹出的下拉列表中选择一种环绕方式即可。

② 选择图形或图片后，在其右侧将产生一个“快速工具栏”，单击快速工具栏中的“布局选项”图标，在弹出的列表中任选一种环绕方式。

③ 右击需要设置环绕样式的图形或图片，在弹出的“快捷菜单”中选择“其他布局选项”，在“文字环绕”选项中对环绕样式进行选择。

（2）设置大小稻壳。

① 对于WPS文档中的图形和图片，可以手动使用鼠标拖动图形或图片四周的控制点来调整大小，但这种方法不能精确设置大小。

② 可以在选中图片的情况下，在“图片工具”中的宽度与高度数值框中直接输入高度与宽度的值（如果需要同时设置高度与宽度，需要取消锁定纵横比选项），这种方法可以精确设置图片大小。

③ 选中图片后右击，在“快捷菜单”中选择“其他布局选项”，在“大小”选项中完成设置。

（3）抠除背景与裁剪。

抠除背景是指将图片中的背景信息删除，以强调或突出图片的主题。裁剪是指仅取一幅图片的部分区域。

① 抠除背景。

选中需要进行背景抠除的图片，选择图片工具中的“抠除背景”。WPS文字提供了两类抠图方式，分别是自动抠图和手动抠图。

插件打开后，系统将进入“自动抠图”，可选择一键抠图形、一键抠商品、一键抠人像、一键抠文档，系统将自动识别对相应的元素进行抠除。在完成抠图以后，可以单击“换背景”，系统将以纯色对图片背景进行填充。

在自动抠图的基础上，如果选择“手动抠图”，可以手动选择“保留/去除”自动抠图以后保留的图像。单击“保留”命令，可以用蓝色笔触圈出需要保留的图像，单击“去除”，可以用红色笔触圈出需要去除的图像。如果标记错误，可以使用橡皮擦工具去除标记。

② 裁剪。

在以.wps为扩展名和以.docx为扩展名的文档中，“裁剪”是有所区别的。本文介绍在以.docx为扩展名的文档中的裁剪操作，操作步骤如下。

选中需要剪裁的原图，单击“图片工具”，在弹出的“快捷菜单”中选择“按形状剪裁”或者“按比例剪裁”，如果选择“按形状剪裁”，则在下拉菜单中单击所需要的形状即可；如果选择

“按比例剪裁”,则输入任一比例即可。

图片四周出现剪裁点,也可以拖动剪裁控制点来调整剪裁区域,使之包含希望保留的图片部分。

调整完成以后,单击图片以外的其他区域,图片即被剪裁成功。

(4) 调整图片效果。

WPS 文字可以调整图片亮度、色彩、效果,压缩图片,给图片加边框,实现对图片处理的多种效果。选中图片,单击“图片工具”选项卡功能区的“压缩图片”,打开“压缩图片”对话框,对参数进行设置,可以删除图片剪裁区域,完成图片的压缩工作;单击“效果”选项的下拉框,可以设置阴影、倒影、发光、柔化边缘等多项效果;还可以对图片色彩、亮度等进行设置。

(5) 调整形状格式。

可以设置插入的形状的格式,但与插入的图片、屏幕截图有所区别。当插入形状后,WPS 文字将提供“绘图工具”选项卡,可以利用“绘图工具”选项卡功能区中各按钮进行详细设置,主要包括形状、线条、轮廓、填充、文本等格式的设置,设置方法与图片的相关操作类似。

(6) 图片转换。

WPS 文字对文档中的图片及其内容可以实现转换,例如图片转文字、图片翻译、图片打印、图片转 PDF 等,这部分功能位于“图片工具”选项卡功能区的最右侧。如需要使用,直接单击相应按钮即可。也可以选择图片,然后通过图片右侧的快速工具栏中的图标实现图片转换。

① 图片转文字:用于提取图片中的文字,并且可以以文档的方式保存提取的文字。

② 图片翻译:支持中英互译,将当前选择的图片中的文字识别出来进行翻译,可以自动进行英译中或中译英,并且可以将翻译的文字复制。

③ 图片打印:提供图片打印预览,可将选中的图片单独打印,打印前可对图片进行提升亮度、增强色彩等效果设置。

④ 图片转 PDF:将当前文档中选择的图片转换成 PDF 文件,可以选择多张图片合并输出到一个 PDF 文件中。

(7) 文本框与艺术字。

文本框作为存放文本或图形的独立形状,最大的优势在于可以存放至页面中的任意位置。在 WPS 文字中,文本框是作为图形对象处理的。

艺术字是文档中具有特殊效果的文字,也是一种图形对象。WPS 文字中,插入的文本框及艺术字默认的环绕方式均为“浮于文字上方”。

3. 编辑文本框

文本框分为横向、竖向、多行文本、稻壳文本框四大类,可以根据需要进行选择。

在文档中插入文本框的方法有直接插入空文本框和在已选择的文本中插入文本框两种。在文档中插入文本框的操作步骤如下。

(1) 将插入点定位在文档中的任意位置,单击“插入”选项卡功能区中的“文本框”下拉列表中的“文本框”按钮,在弹出的下拉列表中选择一种文本框形式。

① 横向:表示文字从左到右、行按从上到下排列。

② 竖向:表示文字从上到下,列按从右到左排列。

③ 多行文字:表示多行文字的输入。此时文本框的大小随着文字的输入自动调整;而

横向或竖向生成的文本框不会随着文本的输入自动变大，需要手动调整文本框的大小。

④ 稻壳文本框是稻壳网站为会员提供的各种风格类型的文本框。

(2) 指针变成十字状。在文档中的适当位置拖动鼠标绘制所需要大小的文本框，然后输入文本内容。

(3) 如需要将文档中已有文本转换为文本框内容，可先选中文本，然后选择“文本框”下拉列表中的选项即可生成。新生成的文本框及其文本以默认格式显示其效果。

(4) 插入文本框后，可以根据需要修改文本框及文本的格式。选中要修改的文本框，自动出现“绘图工具”和“文字工具”。“绘图工具”中的命令可以修改文本框的格式，“文字工具”中的命令可以修改文本的格式。

4. 编辑艺术字

艺术字可以有多种颜色及字体，可以带阴影、倾斜、旋转和缩放，还可以更改为特殊的形状。在文档中插入艺术字的操作步骤如下。

(1) 将插入点定位在文档中需要插入艺术字的位置，单击“插入”选项卡功能区中的“艺术字”下拉列表中的“艺术字”按钮，在弹出的下拉列表中选择一种“艺术字样式”，在文档中将自动出现一个带有“请在此放置您的文字”字样的文本框。

(2) 在文本框中直接输入艺术字内容，将会以默认的艺术字格式显示文本的效果。

(3) 插入艺术字后，将自动出现“绘图工具”和“文本工具”选项卡，可以根据需要修改艺术字的风格，如艺术字的形状、样式、效果等，操作方法与文本框类似。

11.2.3 任务实现

“国旗与国歌”宣传海报包含图片、形状、艺术字、智能图形等多种元素，在实际操作中也可以根据不同的需求对任务内容进行扩展和自由发挥，这些元素的位置和对齐可以使用表格来处理。

任务实现的方法分析：“国旗与国歌”宣传海报内容大致分为 6 个版块，其表格布局效果如图 11.4 所示，可以先插入一张规则表格，再根据需要，对单元格进行合并和拆分。

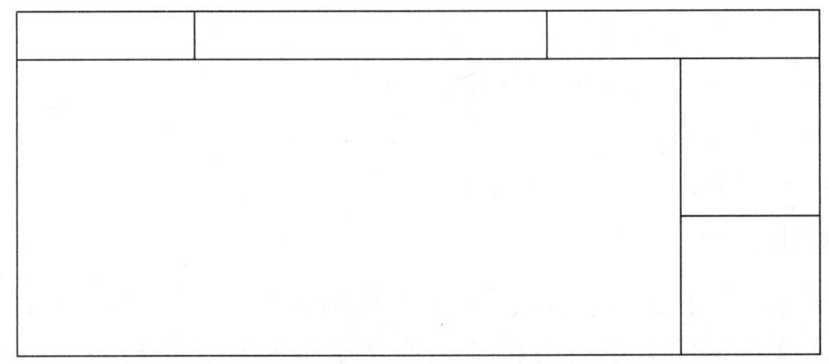

图 11.4 “国旗与国歌”宣传海报表格布局效果图

完成本任务的步骤如下。

(1) 创建 WPS 空白文档，并保存该文档。单击菜单中的“插入”→“表格”，插入一张 3 行 3 列的表格。

(2) 对表格进行属性设置。通过单元格拆分与合并或者手动绘制表格的方式，调整为合适大小的表格，得到如图 11.4 所示的表格布局效果图。也可以通过表格与文本框相结合的方式来完成本任务的布局。

(3) 分别在 6 个表格中插入艺术字"中华人民共和国国歌""国歌歌词""国旗""国旗升起的现场"和其他说明文字等。

(4) 设置字体、字号、艺术字形状、文字横竖排、图片摆放和格式调整，可以自由发挥，得到最终的"国旗与国歌"宣传海报。

11.2.4　技巧与提高

在 WPS 文字中编辑科技类或学术类文档时，常常需要输入数学公式。WPS 文字中的数学公式是通过公式编辑器输入的。

1. 输入公式的基本步骤

(1) 将插入点定位在文档中需要插入公式的位置，单击"插入"选项卡中的"公式"的下拉按钮，WPS 文字提供了二次方程求根公式、二项式定理、傅里叶级数等多种预置公式。

(2) 单击"公式编辑器"，进入公式编辑器窗口。

(3) 输入公式：根据公式编辑器工具栏提供的数学符号，结合键盘符号，实现公式输入。

2. 公式编辑器的使用

以一元二次方程求根公式为例，简单介绍公式编辑器的使用。

(1) 将插入点定位在需要插入公式的位置，利用上述方法打开公式编辑器。

(2) 直接输入"x1，2＝"，通过上标和下标设置。选中 x 旁边的"1，2"，单击工具栏中的"上标和下标模板"按钮，选择"右下角下标"，将"1，2"设置为"下标"。

(3) 分子与分母设置：在公式编辑器，单击"分数"按钮，可以先输入分母 2a，再输入分子。

(4) 分子的输入：先输入－b，再单击"加减符号"，然后单击"根式"按钮，输入方根。

(5) 被开方数的输入：在根号里输入 b2－4ac，将数字 2 设置为"上标"。

至此，公式输入完毕，关闭公式编辑器窗口。得到一元二次方程求根公式如图 11.5 所示。

$$x_{1,2}=\frac{-b\pm\sqrt{b^2-4ac}}{2a}$$

图 11.5　一元二次方程求根公式

11.3　WPS 文字邮件合并

11.3.1　任务描述

大学新生第一学期期末考试之后，学院老师要给每位同学的家长写一封春节慰问信，将学生成绩向家长们汇报，并提前预告春季学期开学日期，方便学生提前购票返校。信的格式和主体内容都是相同的，但每份成绩单的姓名和各科成绩却不一样。WPS 文本提供了邮件合并功能，可以使用这一功能来迅速、准确地批量完成类似上述描述的成绩单、邀请函、贺卡、奖状之类的文档的制作。

邮件合并功能一般应用于批量处理信函，信函内容有固定不变的部分和变化的部分。例如打印信封，寄信人的信息是固定不变的，而收信人信息是变化的。变化的内容可来自数据表中有标题行的数据库表格。

邮件合并功能的原理是将发送的文档中相同的部分保存为一个文档，称为主文档；将不同的部分，如很多收件人的姓名、地址等保存为另一个文档，称为数据源；然后将主文档与数据源合并起来，形成用户需要的文档。

发送文档不同的部分（如收件人的姓名、地址等）可以放在数据源表格中，可将数据源看成一张简单的二维表格。表格中的每一列对应一个信息类别，如姓名、学号、成绩等。各个数据域的名称由表格的第一行来表示，这一行称为域名行，随后的每一行为一条数据记录。数据记录是一组完整的相关信息，如某个收件人的姓名、性别、职务、住址等。

邮件合并功能不仅可以用来处理邮件或信封，也可用来处理与上述原理一致的文档。常见的邮件合并案例有成绩单、奖状、录取通知书、给同事或企业合作伙伴的贺卡、邀请函等，这些案例有相同的特点：要寄送同样的内容给不同的人。

本任务使用邮件合并批量生成致家长的一封信，如图 11.6 所示。可以分成三个步骤来完成致家长的一封信的批量制作。

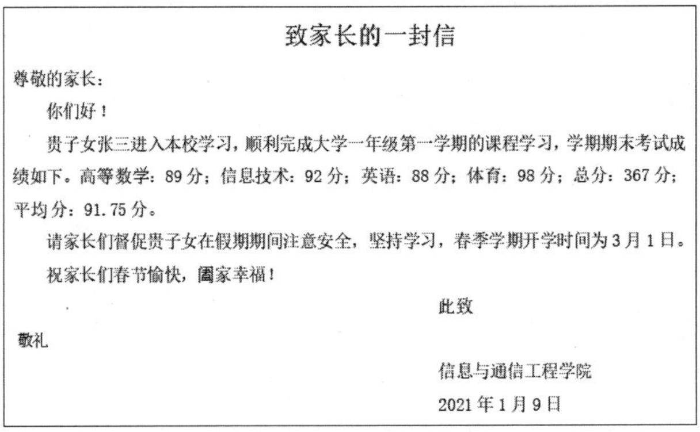

致家长的一封信

尊敬的家长：

你们好！

贵子女张三进入本校学习，顺利完成大学一年级第一学期的课程学习，学期期末考试成绩如下。高等数学：89 分；信息技术：92 分；英语：88 分；体育：98 分；总分：367 分；平均分：91.75 分。

请家长们督促贵子女在假期期间注意安全，坚持学习，春季学期开学时间为 3 月 1 日。

祝家长们春节愉快，阖家幸福！

此致

敬礼

信息与通信工程学院

2021 年 1 月 9 日

图 11.6 致家长的一封信

（1）生成成绩单主文档。

（2）设置数据源。

（3）将数据源合并到主文档：邮件合并。

11.3.2 知识准备

1. 域

域是 WPS 文字中极具特色的工具之一，它的本质是一组程序代码，在文档中使用域可以实现数据的更新和文档自动化。在 WPS 文字中，可以通过域操作来插入页码、时间或者某些特定的文字、图形等；可以利用它来完成一些复杂的共享，如自动插入目录、图目录、实现邮件合并与打印等；可以利用域链接或交叉引用其他的文档及项目；也可以利用域来实现计算功能等。

1）域格式

域分为域代码和域结果。域代码是由域特征字符、域名、域参数和域开关组成的字符串;域结果是域代码执行的结果。域结果会根据文档的变动或相应因素变化而自动更新。

域的一般格式为：

```
{域名[域参数][域开关]}
```

域特征字符：包含域代码的大括号{}，它不能使用键盘直接输入，而要按快捷键 Ctrl+F9 自动生成。

域名：WPS 文字域代码的名称，是必选项。例如，“Seq”就是一个域的名称，WPS 文字提供了多种域。

域参数和域开关：设定域类型如何工作的参数和开关，这两个都是可选项。域参数是对域名做进一步限定;域开关是特殊的指令，在域中可引发特定的操作，域通常有一个或多个可选的域开关，域开关之间用空格进行分割。

2）常用域

在 WPS 文字中，主要有公式、跳至文件、当前页码、书签页码等 23 个域。

3）域操作

域操作包括域的插入、编辑、删除、更新和锁定等。

(1) 插入域。

① 从选项卡插入。单击“插入”→“文档部件”→“域”，进入“域对话框”，在域名中选择域名。此处以“当前页码”为例：在右侧“域代码”文本框中将显示域代码，也会显示域使用的参数设置提示，预览中将显示域结果。

② 使用键盘输入。如果熟悉域代码或者需要引用他人设计的域代码，可以用键盘直接输入，操作步骤如下。

将插入点定位到需要插入域的位置，按快捷键 Ctrl+F9，将自动插入域特征字符{}。

在大括号内从左到右依次输入“域名”“域参数”“域开关”等参数。按功能键 F9 更新域，或者按快捷键 Shift+F9 显示域结果。

③ 使用功能按钮操作。在 WPS 文字中，高级的、复杂的域功能难以手动控制，如邮件合并、样式引用和目录等。这些域的参数和域开关参数非常多，采用上述两种方法难以控制和使用。因此，WPS 文字经常用到的一些域操作以功能按钮的形式集成在系统中，通常放在功能区或对话框中，可以当作普通操作命令一样使用，非常方便。

(2) 域结果和域代码。

域结果和域代码是文档中域的两种显示方式。域结果是域的实际内容，即在文档中插入的内容或图形;域代码代表域的符号，是一种命令格式。对于插入文档中的域，系统默认的显示方式为域结果，用户可以根据需要在域结果和域代码之间切换。主要有以下三种切换方法。

① 单击“文件”→“选项”按钮，打开“选项”对话框。在对话框右侧的“显示文档内容”栏中选择“域代码”复选框，单击“确定”按钮完成域代码的设置，文档中的域会以域代码的形式

进行显示。

② 可以使用快捷键来实现域结果和域代码之间的切换。选择文档中的某个域，按快捷键 Shift＋F9 实现切换。按快捷键 Alt＋F9 可对文档中所有的域进行域结果和域代码之间的切换。

③ 右击插入的域，在弹出的“快捷菜单”中选择“切换域代码”命令实现域结果和域代码之间的切换。

虽然在文档中可以将域切换为域代码的形式进行查看或编辑，但是在打印时都打印域结果。在某些特殊情况下需要打印域代码时，则需要选择“选项”对话框“打印”选项卡中的“打印文档的附加信息”栏中的“域代码”复选框。

（3）编辑域。

编辑域就是修改域。用于修改域的设置或修改域代码，可以在“域”对话框中操作，也可以直接在文档的域代码中进行修改。

① 右击文档中的某个域，在弹出的“快捷菜单”中选择“编辑域”命令，弹出“域”对话框，根据需要修改域代码或域格式。

② 将域切换到域代码显示方式下，直接对域代码进行修改，完成后按快捷键 Shift＋F9 查看域结果。

（4）更新域。

更新域就是将域结果根据参数的变化而自动更新，更新域的方法有两种。

① 手动更新。右击要更新的域，在弹出的“快捷菜单”中选择“更新域”命令即可，也可以按功能键 F9 实现。

② 打印时更新。单击“文件”→“选项”按钮，打开“选项”对话框，选择“打印”选项，在“打印选项”中选择“更新域”复选框，此后，在打印文档前将自动更新文档中的所有域结果。

（5）域的锁定和断开链接。

虽然域的自动更新功能给文档编辑带来方便，但是如果用户不希望域实时自动更新，可以暂时锁定域，到需要时再解除锁定。

选择需要锁定的域，可按快捷键 Ctrl＋F11；若要解除域的锁定，则按快捷键 Ctrl＋Shift＋F11。

如果要将选择的域永久性地转换为普通的文字或图形，可以选择该域，按快捷键 Ctrl＋Shift＋F9，断开域的链接。此过程是不可逆的，断开域链接后，内容不能再更新，除非重新插入域。

（6）删除域。

删除域的操作与删除文档中其他对象的方法相同。首先选择要删除的域，按 Delete 键或 Backspace 键进行删除，每次操作只能删除一个被选中的域。

当需要一次性删除文档中的所有域，操作步骤如下。

① 按快捷键 Alt＋F9 显示文档中所有的域代码。如果域本来就是以域代码方式显示，此步骤可省略。

② 单击“开始”选项卡功能区的“查找和替换”按钮，在弹出的下拉列表中选择“替换”，弹出“查找和替换”对话框。

③ 单击“查找内容”下拉列表中的“特殊格式”下拉按钮，并从下拉列表中选择“域”，

"查找内容"下拉列表中将自动出现"^d"。在"替换为"下拉列表中不输入内容。

④ 单击"全部替换"按钮，然后在弹出的对话框中单击"确定"按钮，文档中的域将被全部删除。

2. 页面背景

在 WPS 文字中，系统默认的页面底色为白色，用户可以将页面颜色设置为其他颜色，以增强文档的显示效果。其基本设置方法为，单击"页面布局"→"背景"下拉按钮，可以在"颜色板""主题颜色""标准色""渐变填充""稻壳渐变色"中选择一种颜色，文档背景将自动以该颜色进行填充，也可以通过其他方式进行填充，如调色板、图片背景、其他背景（渐变、纹理、图案）、水印等。

11.3.3　任务实现

本任务要使用邮件合并功能，给每位学生家长写一封慰问信，批量处理信中的学生成绩。我们将通过本任务的实现，了解邮件合并域的应用。

1. 创建主文档

主文档，就是批量文档中相同的部分。在任务描述中，给出了主文档（慰问信）效果图如图 11.7 所示。分析效果图，我们可以看到，主文档需要输入相同部分的内容，也需要预留不相同部分的占位符，信中以"XXXX"代替，方便读者在相应的位置插入域。创建主文档的具体步骤如下。

致家长的一封信

尊敬的家长：

你们好！

贵子女 XXXX 进入本校学习，顺利完成大学一年级第一学期的课程学习，学期期末考试成绩如下。高等数学：XXXX 分；信息技术：XXXX 分；英语：XXXX 分；体育：XXXX 分；总分：XXXX 分；平均分：XXXX 分。

请家长们督促贵子女在假期期间注意安全，坚持学习，春季学期开学时间为 3 月 1 日。

祝家长们春节愉快，阖家幸福！

此致

敬礼

信息与通信工程学院

2021 年 1 月 9 日

图 11.7　主文档（慰问信）效果图

1）创建空白文档

单击"文件"→"新建"→"新建空白文字"，创建空白文档。

2）页面布局

选择"页面布局"选项卡，将"纸张大小"设置为"A4 纸"，纸张方向、背景、主题颜色等可以自由设置。

3）输入慰问信的内容

输入慰问信的内容，信中需要替换为真实成绩的地方以"XXXX"占位，调整格式，注意保证信函的格式正确，如图 11.7 所示。

2. 创建数据源

数据源，即批量成绩单中不相同的部分。

利用 WPS 表格文件创建如表 11.2 所示的学生成绩表(一)为数据源。请注意，数据源必须是 WPS 规范表格，即第一行是标题行，其他行是数据行。为了测试效果，也可以输入更多同学的成绩数据，将数据源保存至与慰问信主文档相同的文件夹中，可以保存为 WPS 文字文件，也可以保存为 WPS 表格文件，这两种文件不影响邮件合并功能。

3. 邮件合并批量生成慰问信

在“慰问信主文档”单击“引用”→“邮件”，此时会发现“邮件合并”选项卡中多数命令都显示不能使用，这是因为当前文档尚未与数据源建立关联。

在“邮件合并”选项卡最左侧，单击“打开数据源”右下侧的下拉按钮，选择“打开数据源”，选择步骤 2 创建的数据源文件，单击“打开”按钮。

如果第 2 步保存的是 WPS 表格文件，当弹出“选择表格”对话框时，选择数据源所在的工作表，默认为表 Sheet1，单击“确定”。此时“邮件合并”选项卡中的命令多数处于可用状态。

在主文档中单击“邮件合并”选项卡功能区中的“插入合并域”按钮，在弹出的下拉列表中选择要插入的域，在光标所在位置插入各项成绩域。

按快捷键 Alt+F9，文档中所有的域自动切换到域代码状态。

单击“邮件合并”选项卡中的“查看合并数据”按钮查看合并数据，可以看到当前记录的显示结果。单击“首记录”可以快速定位到第一条记录；单击“上一条”“下一条”可以查看其他记录；单击“尾记录”可以定位到最后一条记录。

单击“邮件合并”选项卡功能区中的“邮件合并”命令，实现邮件合并及输出，文档如下。

(1) 合并到新文档：将邮件合并的内容输出到新文档中。

(2) 合并到不同新文档：将邮件合并的内容按照收件人列表输出到不同文档中。

(3) 合并到打印机：将邮件合并的内容打印出来。

(4) 合并到电子邮件：将邮件合并的内容通过电子邮件发送。

选择“合并到新文档”，进入“合并到新文档”对话框，在该对话框中，可以选择合并所有记录，也可以选择部分记录进行合并。

将合并好的慰问信进行保存，文件中将包含致所有学生家长的慰问信。

11.3.4 技巧与提高

1. 关闭数据源

在已经连接数据源的情况下，假如需要断开主文档与数据源的链接，单击“邮件合并”选项卡中的“打开数据源”右下角的下拉按钮，选择“关闭数据源”。关闭数据源以后，将无法再使用数据源中提供的数据。

2. 常用域的快捷键

应用域的快捷键，可以使域的操作更简单快捷，域的快捷键及作用如表 11.3 所示。

表 11.3　域的快捷键及作用

快　捷　键	作　　用
＜F9＞	更新域，更新当前选择的所有域
＜Ctrl＞＋＜F9＞	插入域特征符，用于手动插入域代码
＜Shift＞＋＜F9＞	切换域的显示方式，打开或关闭当前选择的域的代码
＜Alt＞＋＜F9＞	切换域的显示方式，打开或关闭文档中所有域的代码
＜Ctrl＞＋＜Shift＞＋＜F9＞	解除域链接，将所有选择的域转换为文本或图形，该域无法再更新
＜Alt＞＋＜Shift＞＋＜F9＞	单击域，等同于双击 MacroButton 域或 GoToButton 域
＜Ctrl＞＋＜F11＞	锁定域，临时禁止该域被更新
＜Ctrl＞＋＜Shift＞＋＜F11＞	解除域，允许域被更新

11.4　WPS 数据输入与格式设置

使用 WPS 表格进行数据管理是对数据进行有效的收集、存储、处理和应用的过程，其目的在于充分有效地发挥数据的作用。实现数据有效管理的关键是数据组织。

在对数据进行管理时，要充分考虑数据间的内在联系，从便于数据修改、更新与扩充的角度考虑数据表的创建，同时要保证数据的独立性、可靠性、安全性与完整性，减少数据冗余，提高数据共享程度及数据管理效率。

WPS 表格将围绕一组学生成绩的处理过程来展开学习。所有表格中的数据都在呈现同一个事实：表与表之间存在着各种关联关系。在任务实施的过程中，我们既要掌握如何使用 WPS 表格的各项工具完成数据的管理，更要思考如何利用 WPS 表格软件来界定问题、抽象特征、建立模型、组织数据、管理数据的方法和理念，从而培养计算思维。

11.4.1　任务描述

学生成绩管理的基础是数据，如学生个人基本信息和各科成绩等，需要将它们输入和存储成表格文件，并进行格式设置。

11.4.2　知识准备

1. 认识 WPS 表格窗口

启动 WPS 表格软件，窗口界面如图 11.8 所示。

1）标题栏

标题栏显示正在编辑的文档的文件名及常用按钮，包括标准的“最小化”“还原”“关闭”按钮。可使用微信、钉钉、QQ、手机短信等方式登录 WPS，登录后将在标题栏中显示用户头像。

2）选项卡

WPS 表格采用选项菜单的方式组织管理功能选项。选择不同的选项，功能区将出现不

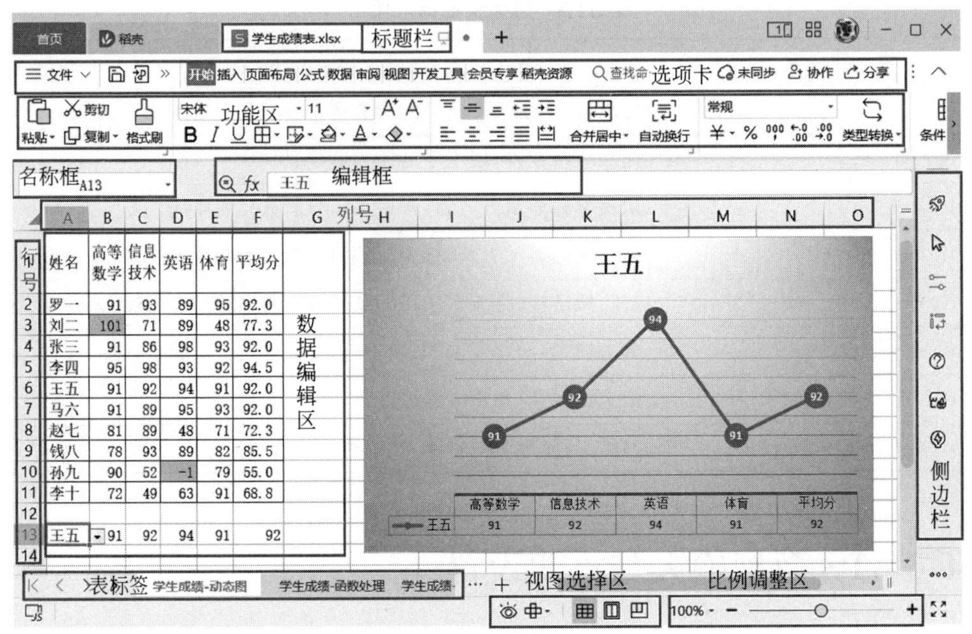

图 11.8　WPS 表格窗口界面

同的命令组合。

3）功能区

功能区以选项组的方式组织管理相应的功能按钮。单击选项卡最右侧的 ∧ 图标，可以将功能区隐藏起来。

4）名称框

显示正在编辑的单元格的名称，默认每个单元格以所在的列号与行号命名，例如 D09。

5）编辑栏

可以完成当前单元格数据的编辑，公式与函数的编辑等都在此完成。

6）行号

表格由多行构成，WPS 表格最多行数为 1048576 行，行号用阿拉伯数字标识，例如 8。

7）列号

表格由多列构成，WPS 表格最多列数为 16384 列，列号用英文字母标识，例如 D。

8）数据编辑区

完成对表格数据输入与格式设置的区域。

9）表标签区

一个 WPS 表格文档可以包含多张工作表，最多可创建 255 张工作表，表标签区显示的是每张工作表的标签。

10）视图选择区

在视图选择区，我们可以进行视图选择。

“护眼模式”，可以让窗口不再高亮显示。

“阅读模式”能够将当前单元格所在的行和列显示填充色，方便比对当前单元格同一行、同一列数据。

“普通视图”▦是我们对数据进行编辑的窗口。

“页面布局”◫可以查看打印文档的外观,并且可以设置页眉页脚。

“分页预览”◫能够预览工作表打印时分页的位置。

11) 比例调整区

可以根据个人需要求随时调整窗口显示比例。

2. 数据输入

在 WPS 表格中可以输入文本、数字、日期等各种类型的数据。通常输入数据的方法是:单击相应单元格,输入数据,按 Enter 键进行确认,或者单击“编辑栏”左侧✓。但是对于一些特殊数据,如学号(唯一)、性别(有限选项)、身份证号码(长度受限)、成绩(数据范围受限)等数据,在输入时可以通过自定义序列和填充柄实现限制输入内容为特定格式。另外,对于非 WPS 表格文件,还可以通过“数据”选项卡功能区中的“导入数据”来快速导入。

1) 数据有效性

数据有效性是指通过建立一定的规则来限制单元格中输入数据的类型和范围,以提高单元格数据输入的效率,保障输入规范。另外,还可以使用“数据有效性”来定义提示和帮助信息,或者圈释无效数据。

(1) 禁止输入重复数据。

在数据输入的过程中,有些数据的值是唯一的,比如学号、工号、身份证号码等。为了防止输入重复数据,可设置数据有效性。

选择需要设置的数据范围,在“数据”选项卡功能区中单击“有效性”下拉按钮,选择“有效性”命令,弹出“数据有效性”对话框,在“允许”下拉列表框中选择“自定义”选项,在“公式”文本框中输入公式=COUNTIF(A:A,A2)=1。此处的函数 COUNTIF(A:A,A2)是条件统计函数,该函数有两个参数,第一个参数为统计的数据范围,当前值为 A:A,即 A 列,可通过单击 A 列列号实现,第二个参数为统计的值,此处值为 A2。该函数的运算结果为 A2 单元格在 A 列出现的次数。COUNTIF(A:A,A2)=1 是个关系运算表达式,它判断 A2 单元格在 A 列出现的次数是否等于 1,如果等于 1(即 A2 仅出现一次)则返回逻辑值 TRUE,否则返回 FALSE。

选择“出错警告”选项卡,在“标题”文本框中输入“错误提示”,在“错误信息”文本框中输入“数据重复!”,单击“确定”按钮。

当在 A 列输入相同数据时,系统会自动出现错误提示。

(2) 限制数据输入为序列。

在 WPS 表格中输入有固定选项的数据,如性别、学历、部门等时,如果直接从下拉列表中进行选择,既可以提高数据输入的效率,又可以使数据输入规范。下拉列表的形成,可以通过数据有效性,将数据限制为序列。

以性别列设置为例,操作步骤如下。

选中需要设置的数据范围,单击“数据”选项卡功能区中的“有效性”下拉按钮,选择“有效性”命令,弹出“数据有效性”对话框,在“允许”下拉列表框中选择“序列”,在来源中输入“男,女”。(注意,此处的分割符为英文符号“,”,不要输入中文逗号)。

单击“确定”按钮，关闭“数据有效性”对话框。返回工作表后，在刚刚选中的任意单元格单击，单元格右边将显示下拉按钮，单击下拉按钮，弹出下拉选项。

此外，利用数据有效性还可以指定单元格输入文本的长度，数值范围、时间范围等。

(3) 圈释无效数据。

圈释无效数据是指系统自动将不符合条件的数据用红色的圈标出来，以便编辑修改。一般用于我们数据已经录入，要对无效数据进行管理的情形。接下来以成绩为例，讲述无效数据的圈释过程。

选择要圈释无效数据的单元格区域。单击“数据”选项卡功能区中的“有效性”下拉按钮，选择“有效性”命令，弹出“数据有效性”对话框，在“允许”下拉列表框中选择“整数”，在“数据”下拉列表框中选择“介于”，在“最小值”文本框中输入 0，在“最大值”文本框中输入 100。

单击“确定”按钮，关闭“数据有效性”对话框，在“数据”选项卡下的功能区中，单击“有效性”下拉按钮，选择“圈释无效数据”，此时工作表选定区域中不符合数据有效性要求的数据会被圈释出来。

圈释无效数据后，就可以方便地找出无效数据并进行修改了，数据修改正确后，红色标识圈将自动消除。若要手动清除圈注，可以在“数据”选项卡下的功能区中，单击“有效性”下拉按钮，选择“清除验证标识圈”命令，此时红色的标识圈就会自动清除。

2) 自定义序列

(1) 创建自定义序列。

在 WPS 表格中输入数据时，如果数据本身存在某些顺序上的关联特性，可以使用填充柄功能快速实现数据输入。WPS 表格中已内置了一些序列，例如：“星期一、星期二、星期三……”“甲、乙、丙……”“JAN、FEB、MAR……”等数据，如果要输入上述内置的序列，只要在单元格输入序列中的任意元素，把光标放在单元格右下角，变成实心十后按住鼠标左键拖动，就能实现序列的填充。对于系统未内置而个人经常使用的序列，可以采用自定义序列的方式来实现填充。

① 基于已有项目列表的自定义序列。

在工作表的单元格区域(D1:D11)依次输入一个序列的每一个项目，如“海运学院、轮机工程学院、船舶与海洋工程学院、信息与通信工程学院、土木与工程管理学院、港口与航运管理学院、航运经贸学院、外语学院、艺术设计学院、国际邮轮游艇学院、国际交流学院”，也可以按照不同的需求输入不同内容的序列。

选中 D1:D11 区域，单击“文件”→“选项”，进入“选项”对话框，在对话框中选择“自定义序列”，此时可以看到“从单元格导入”对话框中显示已经选中的数据范围 D1:D11。如果数据范围不是我们选中的数据范围，可单击多画框右侧的折叠按钮，对数据范围进行选择。单击右下角“导入”按钮，此时在上方“输入序列”对话框中将显示选中的数据范围。

序列自定义成功后，使用方法跟内置序列一样，在某一单元格内输入序列的任意值，拖动填充柄可以进行填充。

② 直接定义新项目列表序列。

选择“文件”→“选项”，进入“选项”对话框，在对话框中选择“自定义序列”。

在对话框右侧“输入序列”文本框中，依次输入自定义序列的各个条目，条目与条目之间

按 Enter 键进行分割。

全部条目输入完毕后，单击“添加”按钮，再单击“确定”，完成自定义序列定义。

(2) 自定义序列删除。

选择“文件”→“选项”，进入“选项”对话框，在对话框中选择“自定义序列”。

在左侧“自定义序列”中找到需要删除的序列，单击右侧的“删除”按钮，即可完成自定义序列删除。

(3) 自定义序列修改。

① 选择“文件”→“选项”，进入“选项”对话框，在对话框中选择“自定义序列”。

② 在左侧“自定义序列”中找到需要修改的序列，在“输入序列”对话框中对序列进行修改。

3. 获取外部数据

用户在使用 WPS 表格时，不但可以直接输入数据，也可以将外部数据直接导入。WPS 表格获取外部数据是通过“数据”选项卡功能区中的“导入数据”功能来实现的，可以导入文本文件的数据，也可以从 ACCESS 数据库中导入数据。下面以导入文本文件为例说明数据导入的过程。

(1) 新建一个空白工作簿，单击“数据”选项卡功能区中的“导入数据”，弹出“第一步：选择数据源”对话框。

(2) 单击“选择数据源”按钮，进入“打开”对话框，选择要导入的文本文件。

(3) 单击“打开”按钮，弹出“文件转换”对话框，利用此对话框可以预览导入数据的效果，接受默认设置即可。

(4) 单击“下一步”按钮，进入“文本导入向导-3 步骤之 1”对话框，选择“分隔符号”单选按钮，由于示例数据文本文件中第一行为空行，所以导入起始行设置为 2。

(5) 单击“下一步”按钮，进入“文本导入向导-3 步骤之 2”对话框，设置分隔符的种类，分隔符种类取决于文本文件类型。文本文件使用 Tab 键，所以默认选择 Tab 键。

(6) 单击“下一步”按钮，进入“文本导入向导-3 步骤之 3”对话框，设置每一列数据的文本类型，默认为常规。分别选中“编号”“身份证号”“联系电话”列，设置其数据类型为文本类型。

(7) 单击“完成”按钮，完成数据导入。

4. 单元格格式设置

通过单元格格式设置，我们可以设置选中内容的数据类型、字体、对齐、边框、图案、保护等。以“合并居中”为例介绍单元格格式设置的方法。

WPS 表格提供了多种合并居中方式。单击“开始”选项卡中“合并居中”下拉按钮，显示“合并居中”的多个选项。

(1) 合并居中：选中需要合并的区域，选择“合并居中”，将保留左侧第一个单元格的值，对齐方式为居中。

(2) 合并单元格：选中需要合并的区域，选择“合并单元格”，将保留左侧第一个单元格的值，对齐方式为靠左对齐。

(3) 合并相同单元格：选中需要合并的区域，选择“合并相同单元格”，将把相同单元格的内容合并。

(4) 合并内容：选中需要合并的区域，选择“合并内容”，位于不同行且同一列中的内容将被合并。

(5) 设置默认合并方式：选中需要合并的区域，选择“设置默认合并方式”，进入“选项”对话框，可以根据自己的习惯对选项进行设置。

11.4.3 任务实现

1. 创建工作簿文件

启动 WPS 表格，单击菜单栏中“文件”选项卡，选择“另存为”，在弹出的对话框中选择保存位置，并将文件名设置为“学生成绩表(二)”，文件类型可以选择“WPS 表格文件(.et)”，也可以选择“Excel 文件(.xlsx)”，学生成绩数据如表 11.4 所示。

表 11.4 学生成绩表(二)

学 号	姓 名	性 别	高等数学	信息技术	英 语	体 育
202205210901	罗一	男	91	93	89	95
202205211902	刘二	女	101	71	89	48
202205212903	张三	男	91	86	98	93
202205213904	李四	女	95	98	93	92
202205214905	王五	女	91	92	94	91
202205215906	马六	男	91	89	95	93
202205216907	赵七	女	81	89	48	71
202205217908	钱八	女	78	93	89	82
202205218909	孙九	男	90	52	−1	79
202205219910	李十	男	72	49	63	91

2. 标签重命名

WPS 表格创建的表格文档，默认包含一张工作表，工作表标签默认为“sheet1”，双击该工作表标签，或者右击工作表标签，在“快捷菜单”中选择“重命名”，将工作表命名为“学生成绩-原始数据”。

按照表 11.4 输入工作表中全部数据，并保存为文件“学生成绩表(二).xlsx”。

3. 一个单元格输入多行数据

如果需要在同一个单元格中输入多行数据。选中单元格，将光标在编辑栏中定位于内容之后，按快捷键 Alt+Enter(称之为软回车)，将光标在单元格内换行，输入下一行内容，重复上述操作可以在一个单元格内输入多行内容。

4. 使用填充柄填充序列

如果单元格的值为等差序列，输入序列的初始值后，可以使用填充柄对其他单元格进行填充。鼠标移到初始值单元格右下角，当鼠标变成实心✚时，按住鼠标左键，拖动鼠标至最后一个需要填充的单元格，松开鼠标，可以看到填充结果。如果结果不是预期的等差数列，在最后一个单元格右下角单击“填充选项”下拉按钮，在弹出的“填充”选项中进行选择即可。

5. 表格格式设置

1）标题合并居中

拖动鼠标选中从A1到G1的单元格，单击“开始”选项卡中的“合并居中”下拉按钮，选择“合并居中”。

2）字体设置

选中标题，选择“开始”选项卡功能区的“字体”选项组，将标题设置为“黑体、小三、加粗”。表中其他字体采用默认设置，“对齐方式”选择“居中”。

3）边框设置

选择某一区域，如A2:G11，右击，在快捷菜单中选择“设置单元格格式”，进入“单元格格式”对话框，选择“边框”选项卡。

在“线条样式”中选择细实线，颜色选择“自动”，预置中分别选择“外边框”“内部框”。在“边框”选项卡中可以预览设置好的边框样式。

如果需要对选中单元格的边框进行更个性化的设置，可以在选择线条样式、颜色的前提下单击“边框”选项卡中相应的边框线即可完成边框设置。

4）设置图案

选择A2:G11区域，右击，在快捷菜单中选择“设置单元格格式”，进入“单元格格式”对话框，选择“图案”选项卡。在“图案样式”对话框中可选择不同样式，可以选择不同样式进行比较。

单击“填充效果”按钮，进入“填充效果”对话框，在该对话框中，可对填充的双色进行设置，可对底纹样式进行选择。

单击“其他颜色”按钮，有“标准”“自定义”“高级”三种选择颜色的方式。

5）设置数字分类

选择D2:G11区域，右击，在快捷菜单中选择“设置单元格格式”，进入“单元格格式”对话框，选择“数字”选项卡。

在“数字”选项卡中选择“数值”来设置小数位数。

6. 创建“学生成绩表(二)-原始数据”工作表

“学生成绩表(二)-原始数据”工作表用来描述学生的相关属性，包括学号、姓名、性别和各科成绩等相关信息，如表11.4所示。

1）建立“学生成绩表(二)-原始数据”

单击工作表末尾的“新工作表”按钮，插入一张工作表，将其重命名为“学生成绩表(二)-原始数据”。

2）利用“数据验证”功能规范数据

“性别”列输入的数据为“男”“女”，数据相对规范。我们可以通过“数据验证”功能对输入数据的来源进行定义，这样在输入的时候既可以提高效率，也可以避免输入错误。选中“性别”列的C2:C11单元格，单击“数据”选项卡中“有效性”下拉按钮，选择“有效性”，打开“数据验证”对话框，选择“设置”选项卡，在验证条件中选择“序列”，在“来源”中输入“男,女”

(注意，此处用于分隔的符号“,”必须是英文符号)，设置完成以后该列在输入数据时，会出现下拉列表，这样就可以选择需要输入的数据了。

3）特殊字符输入

在编号列中，如果输入“001”，系统会自动处理为“1”，这是因为系统认为数值1左侧的0是无效的。如果要把这一列输入类似“001”“002”“003”这样的数据，需要将该列设置为“文本类型”的数据，选中该列，右击，在快捷菜单中选择“设置单元格格式”，在“数字选项卡”中选择“文本”类型，文本类型的数据就可以让单元格显示的内容与输入的内容完全一致。如果涉及的单元格较少，也可以在需要输入的文本之间输入单引号“'”，这样输入什么，系统就会显示什么(单引号不会显示)。

同样，对于身份证号码、手机号码的输入，系统会自动处理成科学记数法的形式，也需要将这两列设置为文本类型。

4）设置数据有效性

通过设置数据有效性来限制文本长度。

对于类似身份证号码、手机号码这样的长数据，在输入的时候是很容易输错的。可以通过设置数据有效性，限制文本的长度，从而避免低级的输入出错。选中身份证号码列，单击“数据”选项卡功能区中的“有效性”下拉按钮，选择“有效性”，打开“数据有效性”对话框，选择“设置”选项卡，有效性条件“允许”选项中选择“文本长度”，“数据”选项中选择“等于”，数值中输入18。选择“出错警告”选项卡，在“标题”中输入“数据长度出错”，在“错误信息”中输入“身份证号码长度应为18位”。

设置之后，假如身份证号码长度输入错误，系统就会自动弹出“出错警告”，直到输入正确为止。

参照上述方法，同样可以对学号列进行长度限制，比如限制文本长度为12位。

11.4.4 技巧与提高

1. 工作表相关操作

1）工作表标签颜色设置

如果工作表文件中包含多张工作表，为了美化工作表标签，可以设置工作表标签颜色。

选中需要设置颜色的工作表标签，右击，在快捷菜单中选择“工作表标签颜色”，菜单中显示填充颜色，选择想要填充的颜色即可。

2）插入工作表

单击工作表标签区域最右侧的＋或者单击某张已经存在的工作表，右击“快捷菜单”选择“插入工作表”，即可完成工作表的插入操作。

3）删除工作表

单击需要删除的工作表标签，右击快捷菜单，选择“删除工作表”，或者直接按Delete键，即可完成工作表的删除操作。注意：工作表一旦删除，将无法恢复。

4）创建副本

单击需要创建副本的工作表标签，右击出现快捷菜单，选择“创建副本”，即可完成工作表副本的创建，新生成的工作表将以原工作表标签后加“副本”的方式命名。

5）移动工作表

单击需要移动的工作表标签，右击在快捷菜单中选择“移动和复制工作表”，或者在选中工作表标签的情况下，按住鼠标左键拖动至相应位置即可。

6）工作表样式设置

WPS 表格提供了大量的表格样式。单击“开始”选项卡中“表格样式”下拉按钮，可以看到有“浅色系”“中色系”“深色系”三大类别的表格样式，同时还为会员提供了应用于不同场景的表格样式。选择其中一种表格样式，即可将该样式应用到表格中。

2. 特殊数据输入

1）数值型数据输入

(1) 分数的输入，如：输入“2/5”，应输入“0 2/5”。如果直接输入“2/5”，则系统将把它视为日期，显示成 2 月 5 日。

(2) 负数的输入，如：输入“－8”，应输入“－8”或“(8)”。

(3) 较大数字的输入，如：输入 1234567890123，将自动显示为 1.23457E＋12 的科学记数法形式，应在数字前加“'”。

2）日期型数据输入

输入日期的分隔符可以使用“/”或“-”，不能使用“.”或其他符号，例如“2022 年 12 月 20 日”，应输入“2022-12-20”或者“2022/12/20”，显示的日期格式可以在“单元格格式”中“数字”选项卡选择“日期”，然后进行设置。

11.5 WPS 公式与函数

11.5.1 任务描述

本任务将利用公式与函数，在前面任务中保存的“学生成绩表(二).xlsx”的基础上，完成求总分、平均分、等级、排名、最高分、最低分、及格人数和不及格人数等数据处理，学生成绩经过公式与函数计算之后，得到学生成绩表(三)如表 11.5 所示。

表 11.5　学生成绩表(三)

学　号	姓名	性别	高等数学	信息技术	英语	体育	总分	平均分	等级	名次
202205210901	罗一	男	91	93	89	95	368	92.0	优秀	2
202205211902	刘二	女	**101**	71	89	48	309	77.3	中等	7
202205212903	张三	男	91	86	98	93	368	92.0	优秀	2
202205213904	李四	女	95	98	93	92	378	94.5	优秀	1
202205214905	王五	女	91	92	94	91	368	92.0	优秀	2
202205215906	马六	男	91	89	95	93	368	92.0	优秀	2
202205216907	赵七	女	81	89	48	71	289	72.3	中等	8

续表

学　号	姓名	性别	高等数学	信息技术	英语	体育	总分	平均分	等级	名次
202205217908	钱八	女	78	93	89	82	342	85.5	良好	6
202205218909	孙九	男	90	52	**−1**	79	220	55.0	不及格	10
202205219910	李十	男	72	49	63	91	275	68.8	及格	9
最高分			101	98	98	95	378	94.5		
最低分			72	49	−1	48	220	55		
参加考试人数			10	10	10	10		10		
及格人数			10	8	8	9		9		
及格率			100%	80%	80%	90%		90%		
不及格人数			0	2	2	1		1		
不及格率			0	20%	20%	10%		10%		

11.5.2 知识准备

1. 条件格式

条件格式使满足某些条件的数据应用特定的格式，改变单元格区域的外观，以达到突出显示、识别一系列数值中存在的差异效果。

条件格式的设置可以通过 WPS 表格预置的规则（突出显示单元格规则、项目选取规则、数据条色阶、图标集）来快速实现格式化，也可以通过自定义规则实现格式化。前者操作相对简单，这里不再赘述。下面重点介绍自定义规则格式化，以前面任务中保存的“学生成绩表（二）.xlsx”的数据为例。

1）学生百分制成绩的设置条件规则

（1）将各科成绩小于 0 分的单元格字体加粗显示。

（2）将各科成绩大于 100 分的单元格字体加粗显示。

2）设置条件格式操作步骤

（1）选择工作表中需要进行格式设置的数据区域范围 D2:G11。

（2）单击“开始”选项卡中“条件格式”下拉按钮，弹出下拉菜单，选择“新建规则”，进入“新建格式规则”对话框。

（3）在“选择规则类型”中选择“只为包含以下内容的单元格设置格式”，在“编辑规则说明”中设置单元格值选择“小于”，值设置为“0”。

（4）单击“格式”按钮，进入“单元格格式”对话框，在“字体”选项卡中设置字形：粗体。单击“确定”，完成设置。

（5）第二个条件，重复上述操作即可，其中第（3）步的条件要设置为单元格值选择“大于”，值设置为“100”。

至此，条件格式设置完毕，可以看到有两个单元格数值为“粗体”显示，效果如表 11.5

所示。

2. 公式

1）WPS 公式的描述

WPS 提供了公式功能，让用户可以灵活地设置运算规则。公式包括运算符和操作数两部分，公式可以进行以下操作的表达式。

（1）执行计算；

（2）返回信息；

（3）操作其他单元格的内容；

（4）测试条件；

（5）公式始终以等号“＝”开头；

（6）公式中可以包含常量、运算符、函数和引用。

2）常量

常量是一个始终保持相同且不需要通过计算而得出的值。例如，日期 2030-9-1、数字 101 以及文本“信息与通信工程学院”都是常量。

3）运算符

运算符用于指定要对公式中的元素执行的计算类型。运算符分为 4 种不同类型：算术、比较、文本连接和引用运算符。

（1）算术运算符：使用算术运算符可进行基本的数学运算（如加法、减法、乘法或除法）以及百分比和乘方运算。表 11.6 列出了 WPS 表格中可用的算术运算符以及该算术运算符的运算含义。

表 11.6 算术运算符

算术运算符	含　义	示　例
＋（加号）	加法	A1＋B1
－（减号）	减法	A1－B1
＊（星号）	乘法	A1＊B1
/（正斜杠）	除法	A1/B1
%（百分号）	百分比	30%
^（脱字号）	乘方	4^2

（2）比较运算符：可以使用表 11.7 所示运算符比较两个值。当使用这些运算符比较两个值时，结果为逻辑值 TRUE 或 FALSE。

表 11.7 比较运算符

比较运算符	含　义	示　例
＝（等号）	等于	A1＝B1
＞（大于号）	大于	A1＞B1

续表

比较运算符	含　义	示　例
＜(小于号)	小于	A1＜B1
＞＝(大于或等于号)	大于或等于	A1＞＝B1
＜＝(小于或等于号)	小于或等于	A1＜＝B1
＜＞(不等号)	不等于	A1＜＞B1

(3) 文本连接运算符：可以使用 & 连接一个或多个文本字符串，以生成一段文本。例如“广东省”&“广州市”的结果为“广东省广州市”。

(4) 引用运算符：可以使用表 11.8 所示运算符对单元格区域进行合并计算。

表 11.8　引用运算符

引用运算符	含　义	示　例
:(冒号)	区域运算符，生成一个对两个引用之间所有单元格的引用(包括这两个引用)	C2:G2
,(逗号)	联合运算符，将多个引用合并为一个引用	SUM(C2:G2,C12:G12)
(空格)	交集运算符，生成一个对两个引用中共有单元格的引用	C2:G8,C6:G12
!(感叹号)	三维引用运算符，利用它可以引用另一张工作表中的数据	学生成绩原始数据! D2:H5

(5) 相对引用：相对引用是指在公式中需要引用单元格的值时直接用单元格名称表示，例如公式＝C2＋D2＋E2＋F2＋G2 就是一个相对引用，表示在公式中引用了单元格 C2、D2、E2、F2、G2；又如公式＝SUM(C2:G2)也是相对引用，表示引用 C2 到 G2 两个单元格区间的数值。

相对引用的特点是：当包含相对引用的公式被复制到其他单元格时，WPS 表格会自动调整公式中的单元格名称。

(6) 绝对引用：绝对引用是指在公式中引用单元格时单元格名称的行列坐标前加“$”符号，例如，单元格 H2 中的公式为“＝SUM($C$1:G3)”，如果将其中的公式复制或填充到单元格 H3，则该绝对引用在两个单元格中一样，但相对引用 G3 变成 G4，结果为：“＝SUM($C$1:G4)”。绝对引用一般用于指定数据范围的场景，可以使用功能键 F4 完成相对地址和绝对地址的切换。

(7) 混合引用：混合引用是指列标和行号其中之一采用了相对引用，另一部分则采用绝对引用。绝对引用列采用“$A1”“$B1”等形式。绝对引用行采用“A$1”“B$1”等形式。如果公式所在单元格的位置改变，则相对引用将改变，而绝对引用将不变。例如，单元格 A2 中的公式为“＝A$1”，如果将其中的公式复制或填充到单元格 H3，则公式将调整为“＝H$1”。

(8) 运算符优先级：如果一个公式中有若干运算符，WPS 表格将按表 11.9 所示的运算符优先级由高到低(表中由上到下的次序)进行计算。如果一个公式中的若干运算符具有相同的优先顺序(例如，如果一个公式中既有乘号又有除号)，则 WPS 表格将从左到右计算各运算符。但可以使用括号更改该计算次序。

表 11.9　运算符优先级

运　算　符	说　　明
:(冒号)(单个空格),(逗号)	引用运算符
−	负数(如−1)
%	百分比
^	乘方
* 和/	乘和除
+和−	加和减
&	连接两个文本字符串(串连)
=、<>、<=、>=、<>	比较运算符

注：表中运算符由上到下的排列次序就是运算符由高到低的优先级次序。

3. 函数

WPS 表格中的函数其实是一些预定义的公式，通过使用一些称为参数的特定数值按特定的顺序或结构进行计算。

函数的结构以函数名称开始，后面是左小括号、以逗号分隔的参数和右小括号。

参数可以是数字、文本、逻辑值“TRUE”或“FALSE”、数组、形如“#N/A”的错误值或单元格引用。给定的参数必须能产生有效的值。

例如：SUM(A1,D5)。

用户可以直接用函数对某个区域内的数值进行一系列运算，如分析和处理日期值和时间值、确定贷款的支付额、确定单元格中的数据类型、计算平均值、排序显示和运算文本数据等。

WPS 表格函数一共有 10 类，分别是文本函数、数学和三角函数、统计函数、日期与时间函数、查询和引用函数、逻辑函数、数据库函数、财务函数、信息函数、工程函数。下面介绍常用的函数。

1）文本函数

文本函数主要帮助用户快速设置文本方面的操作，包括文本的比较、查找、截取、合并、转换和删除等操作，在文本处理中有着极其重要的作用。

(1) 文本字符串连接函数 CONCAT。

格式：CONCAT(字符串 1,[字符串 2],…)。

功能：可将最多 255 个文本字符串连接成一个文本字符串。连接项可以是字符串、单元格引用及其组合。

参数说明如下。

字符串 1：必选项，是第一个需要连接的字符串。

字符串 2：可选项，其他文本项，最多为 254 项。项与项之间用逗号分隔。

例如，A1 单元格输入“中国”，A2 单元格输入“北京”，A3 单元格输入“=CONCAT

(A1,A2,"天安门")”,函数返回值为“中国北京天安门”。需要注意的是,第3个参数使用的是文本,所有的文本内容必须使用英文符号的双引号"引起来。

另外,也可以用 & 运算符代替 CONCAT 函数来连接文本项。上述 A3 单元格如果输入“=A1&A2&"天安门"”也可以返回“中国北京天安门”。

(2) 带指定分隔符的文本连接函数 TEXTJOIN。

格式：TEXTJOIN(分隔符,忽略空白单元格,字符串 1,[字符串 2],…)。

功能：使用分隔符将多个单元格区域或字符串的文本组合起来。

参数说明如下。

分隔符：必需,分隔符可以是键盘上的任意符号,例如逗号、分号、#号、减号、感叹号等。

忽略空白单元格：必需,若为 TRUE,则忽略空白单元格。

字符串 1：必需,表示要连接的文本项 1(文本字符串或单元格区域等)。

字符串 2：可选,表示要连接的文本项 2。

例如,若在 A2 单元格输入字符串"北京",B2 单元格空白,C2 单元格输入字符串"天安门",D2 单元格输入函数“=TEXTJOIN(";",TRUE,A2,B2,C2)”,返回值为“北京;天安门”;若输入“=TEXTJOIN(";",FALSE,A2,B2,C2)”,返回值为“北京;;天安门”。

(3) 文本比较函数 EXACT。

格式：EXACT(字符串,字符串)。

功能：比较两个字符串是否相同。如果两个字符串相同,则返回测试结果为 TRUE,否则返回 FALSE。

例如,若在 A3 单元格中输入"chn",B3 单元格输入"CHN",C3 单元格输入“=EXACT(A3,B3)”,则返回值为 FALSE。

2) 数学与三角函数

(1) 条件求和函数 SUMIF。

格式：SUMIF(区域,条件,求和区域)。

功能：根据指定条件对指定数值单元格求和。

参数说明如下。

区域代表用于条件计算的单元格区域或者求和的数据区域。

条件为指定的条件表达式。

求和区域为可选项,如果选择,是实际求和的数据区域,如果忽略,则第一个参数区域既为条件区域又为求和区域。

例如,公式=SUMIF(A2:G11,">60"),表示对 A2:G11 单元格区域中大于 60 分的数值相加。

再如公式=SUMIF(C2:C11,"女",G2:G11),假定 C2:C11 是“性别”列,G2:G11 是成绩,则该公式将返回女同学的成绩和。

(2) 求数组乘积的和函数 SUMPRODUCT。

格式：SUMPRODUCT(数组 1,[数组 2],…)。

功能：在给定的几组数组中,将数组间对应的元素相乘,并返回乘积之和。该函数一般用于解决用成绩求和的问题,也常用于多条件求和问题。

参数说明如下。

数组 1 必需，其相应元素需要进行相乘并求和的第一个数组参数。

数组 2、数组 3 等，可选。可以有 2～255 个数组参数，其相应元素需要进行相乘并求和。

注意：

① 数组参数必须具有相同的维数，否则，SUMPRODUCT 将返回错误值＃VALUE!。

② 函数 SUMPRODUCT 将非数值型的数组元素作为 0 处理。

例如，公式＝SUMPRODUCT(A2:B4,C2:D4)表示将两个数组的所有元素对应相乘，然后把成绩相加。

再如公式＝SUMPRODUCT((C2:C11＝"男")*(D2:D11＝"计算机科学与技术"),G2:G11)，假定 C2:C11 是性别列，D2:D11 表示专业，G2:G11 表示成绩，则该公式返回计算机科学与技术专业男生的所有成绩和，是该函数应用于多条件求和的应用示例。

(3) 条件求平均数函数 AVERAGEIF。

格式：AVERAGEIF(区域,条件,求平均值区域)。

功能：根据指定条件对指定数值单元格求算术平均值。

参数说明如下。

区域代表用于条件计算的单元格区域或者求平均值的数据区域。

条件为指定的条件表达式。

求平均值区域为可选项，如果选择，区域为实际求平均值的数据区域；如果忽略，则第一个参数区域既为条件区域又为求平均值区域。

例如，公式＝AVERAGEIF(A2:A11,"＞60")，表示对 A2:A11 单元格区域中大于 60 分的数值求平均。再如公式＝AVERAGEIF(C2:C11,"男",G2:G11)，假定 C2:C11 是性别列，G2:G11 是成绩，则该公式将返回男同学的成绩平均值。

(4) 取整函数 INT。

格式：INT(数值)。

功能：将数字向下舍入到最接近的整数。

例如，＝INT(6.5)，返回值为 6。

(5) 四舍五入函数 ROUND。

格式：ROUND(数值,小数位数)。

功能：对指定数据，四舍五入保留指定的小数位数。

例如，＝ROUND(4.65,1)，返回值为 4.7。

3) 统计函数

统计函数主要用于各种统计计算，在统计领域中有着极其广泛的应用。这里介绍几种最常用的统计函数。

(1) 统计计数函数 COUNT。

格式：COUNT(值 1,值 2,…)。

功能：统计指定数据区域中所包含的数值型数据的单元格个数。

与 COUNT 函数类似的函数还有如下几种。

COUNTA(值 1,值 2,…)：统计指定数据区域中所包含的非空值的单元格个数。

COUNTBLANK(区域)：函数用于计算指定单元格区域中空白单元格的个数。

（2）条件统计计数函数COUNTIF。

格式：COUNTIF(区域,条件)。

功能：统计指定数据区域中满足单个条件的单元格个数。

其中,区域为需要统计单元格个数的数据区域,条件的形式可以是常量、表达式或者文本。

例如：公式＝COUNTIF(A2:A11,"＞60"),返回A2:A11区域内大于60分的单元格个数。

（3）多条件统计计数函数COUNTIFS。

格式：COUNTIFS(区域1,条件1,[区域2,条件2,…])。

功能：统计指定数据区域中满足多个条件的单元格个数。

参数说明如下。

区域1为必选项,为满足第一个条件的要统计的单元格数据区域。

条件1为必选项,是第一个统计条件,形式为数字、表达式、单元格引用或文本,用来定义哪些单元格将被统计。

区域2、条件2为可选项,是第二个需要统计的数据区域及关联条件。最多可允许127个区域/条件对。

注意：每个附加区域都必须与参数区域1具有相同的行数和列数,但这些区域无须彼此相邻。

例如：统计“学生成绩表”中输入公式＝COUNTIFS(E2:E11,"＞＝80",E2:E11,"＜＝90"),假定E2:E11为信息技术成绩,该公式将返回信息技术成绩在80～90分的学生人数。

（4）排序函数RANK.EQ。

格式：RANK.EQ(数值,引用,排名方式)。

功能：返回某数值在指定区域内的排名,如果多个值具有相同排名,则返回最佳排名。

参数说明：数值为需要排位的数字;引用为数字列表或对数据列表的单元格引用;排位方式为可选项,0表示降序,非0表示升序,省略为降序排序。

例如：公式＝RANK.EQ(I2,$I$2:$I$11,0),假定$I$2:$I$11列为总分列,该公式将返回当前总分按照降序排序后的位次。

4）日期时间函数

日期和时间函数主要用于对日期和时间进行运算和处理,下面介绍最常用的几种函数。

（1）当前系统日期函数TODAY。

格式：TODAY()。

功能：返回当前系统的日期。

（2）当前系统日期和时间函数NOW。

格式：NOW()。

功能：返回当前系统的日期和时间。

（3）年函数YEAR。

格式：YEAR(日期)。

功能：返回指定日期对应的系统年份。

例如：公式＝YEAR(TODAY())，将返回当前系统的年份，如果返回的是日期格式，只需要将其设置为“常规”即可。

与YEAR函数类似的还有MONTH及DAY函数，它们分别返回指定日期中两位的月值和两位的日值。

(4) 小时函数HOUR。

格式：HOUR(时间序号)。

功能：返回指定时间值中的小时数。

例如：公式＝HOUR(NOW())，将返回当前系统的时间中的小时数。与之类似的还有MINUTE(时间序号)，将返回指定时间值中的分钟数；SECOND(时间序号)，将返回时间中的秒数。

5) 查找和引用函数

在WPS表格中，可以利用查找和引用函数的功能实现按指定条件对数据进行查询、选择和引用的操作，下面介绍最常用的几种函数。

(1) 列匹配查找函数VLOOKUP。

格式：VLOOKUP(查找值，数据表，列序数，匹配条件)。

功能：在数据表首列查找与指定的数值相匹配的值，并将指定列的匹配值填入当前数据表列。

参数说明如下。

查找值是要在数据表首列进行查找的值，可以是数值、单元格引用或文本字符串。

数据表是要查找的单元格区域数值或数组。

列序数为一个数值，代表要返回的值位于数据表中的列数。

匹配条件取TRUE或默认时，返回近似匹配值，即如果找不到精确匹配值，则返回小于查找值的最大值所在行的值，若取FALSE，则返回精确匹配值，如果找不到，则返回错误提示信息“#N/A”。

(2) 行匹配查找函数HLOOKUP。

格式：HLOOKUP(查找值，数据表，行序数，匹配条件)。

功能：在数据表首行查找与指定的数值相匹配的值，并将指定行的匹配值填入当前数据表行。

参数说明如下。

查找值是要在数据表首行进行查找的值，可以是数值、单元格引用或文本字符串。

数据表是要查找的单元格区域数值或数组。

行序数为一个数值，代表要返回的值位于数据表中的行数。

匹配条件取TRUE或默认时，返回近似匹配值，即如果找不到精确匹配值，则返回小于查找值的最大值所在行的值，若取FALSE，则返回精确匹配值，如果找不到，则返回错误提示信息“#N/A”。

6) 逻辑函数

WPS表格共有10个逻辑函数，分别为IF、AND、OR、NOT、IFS、SWITCH、IFERROR、IFNA、TRUE、FALSE，其中TRUE和FALSE函数没有参数，表示“真”和“假”。下面介绍常用的几种逻辑函数。

（1）条件判断函数 IF。

格式：IF(测试条件,真值,假值)。

功能：根据测试条件来决定相应的返回结果。

参数说明如下。

测试条件为要判断的逻辑表达式；真值表示条件判断为逻辑“真(TRUE)”时要输出的内容，如果省略返回“TRUE”；假值表示条件判断为逻辑“假(FALSE)”时要输出的内容，如果省略返回“FALSE”。具体使用 IF 函数时，如果条件复杂可以使用 IF 的嵌套实现，WPS 表格中 IF 函数最多可以嵌套 7 层。

（2）逻辑与函数 AND。

格式：AND(逻辑值 1,逻辑值 2,…)。

功能：返回逻辑值。如果所有参数值均为“真(TRUE)”，则返回逻辑值“TRUE”，否则返回逻辑值“FALSE”。

参数说明：逻辑值 1,逻辑值 2,…：表示待测试的条件或表达式，最多为 255 个。

与 AND 函数相类似的还有以下函数。

OR(逻辑值 1,逻辑值 2,…)。当且仅当所有参数值为“假(FALSE)”时，返回逻辑值“FALSE”，否则返回逻辑值“TRUE”。

NOT(逻辑值)函数对参数值求反。

7）数据库函数

数据库是包含一组相关数据的列表，其中包含相关信息的行为记录，而包含数据的列称为字段。列表的第一行为字段名称。WPS 表格中具有以上特征的工作表或一个数据清单就是一个数据库。

数据库函数就是用于对存储在数据清单或数据库中的数据进行分析、判断，并求出指定数据区域中满足指定条件的值。这一类函数具有以下共同特点。

特点 1：每个函数有三个参数(数据库区域、操作域和条件)。

特点 2：函数名以 D 开头。如果去掉 D，大多数数据库函数已经在 WPS 表格的其他类型函数中出现过。例如 DMAX 将 D 去掉，就是求最大值的函数 MAX。

数据库函数的格式与参数的含义如下。

格式：函数名(数据库区域,操作域,条件)。

参数说明如下。

数据库区域：构成数据清单或数据库的单元格数据区域。

操作域：指定函数所使用的数据列，Field 可以是文本，即两端标志引号的标志项，也可以用单元格引用，可以是代表数据清单中数据列位置的数字：1 表示第一列，2 表示第二列。

条件：一组包含给定条件的单元格区域。可以为参数指定任意区域，只要它至少包含一个列标志和列标志下方用于设定条件的单元格。

WPS 表格的数据库函数如果能够灵活应用，可以方便地分析数据库中的数据信息。下面介绍常用的数据库函数。

（1）DSUM。

格式：DSUM(数据库区域,操作域,条件)。

功能：返回列表或数据库中满足指定条件的记录字段(列)中的数值之和。

注意：条件区域至少应离开原始表格数据一行的距离，以便与数据库区域分开。

条件区域中，条件写在同行中，标明条件与条件之间是逻辑与的关系。如果条件与条件之间是逻辑或的关系，那么条件应以错开位的方式进行表达。

(2) DAVERAGE。

格式：DAVERAGE(数据库区域，操作域，条件)。

功能：返回列表或数据库中满足指定条件的记录字段(列)中的数值平均值。

8) 财务函数

财务函数是财务计算分析的重要工具，可使财务数据的计算更便捷和准确。下面介绍几个常用的财务函数。

(1) 求贷款按年(或月)还款数函数 PMT。

格式：PMT(利率，支付总期数，现值，终值，是否期初支付)。

功能：返回某项资产在一段时间内的线性折旧值。

参数说明如下。

利率为贷款利率；支付总期数为该项贷款的总贷款期限；现值为从该项贷款开始计算时已经入账的款项(或一系列未来付款当前值的累积和)；终值为未来值(或在最后一次付款后希望得到的现金金额)，默认为 0；是否期初支付为一逻辑值，用于指定付款时间是在期初还是期末(1 表示期初，0 表示期末，默认为 0)。

(2) 求某项投资的未来值函数 FV。

格式：FV(利率，支付总期数，定期支付额，现值，是否期初支付)。

功能：求基于固定利率及等额分期付款方式，返回某项投资的未来值。

参数说明如下。

利率为贷款利率；支付总期数为该项贷款的总贷款期限；定期支付额为每一期需要支付的固定支付金额；现值为从该项贷款开始计算时已经入账的款项(或一系列未来付款当前值的累积和)；是否期初支付为逻辑值，用于指定付款时间是在期初还是期末(1 表示期初，0 表示期末，默认为 0)。

11.5.3　任务实现

1. 使用条件格式突出显示部分数据

在文件“学生成绩表(三).xlsx”中，使用条件格式来突出分数小于 0 或者大于 100 分的数据，使其以“浅红填充色深红色文本”的方式显示。具体方法如下。

(1) 选中单元格区域 D2:G11，单击“开始”选项卡中的“条件格式”下拉按钮，选择其中的“突出显示显示单元格规则”对话框选择“小于”，在左侧对话框中输入数字“0”，右侧对话框选择“浅红填充色深红色文本”，单击“确定”按钮。

(2) 重复上一步，选择“突出显示显示单元格规则”对话框选择“大于”，在左侧对话框中输入数字“100”，右侧对话框选择“浅红填充色深红色文本”，单击“确定”按钮。

(3) 结果：当出现小于 0 分或大于 100 分的成绩时，就会以“浅红填充色深红色文本”的方式显示，方便及时发现不合规的成绩分数。

当数据量不是特别多也不算太少的情况，通过条件格式的合理使用，可以避免一些超出边界的数值出现在特定区域中，通过显色提示，降低劳动强度和工作负担。

2. 使用函数进行公式计算

1）增加数据列

在前面部分保存的“学生成绩表(三).xlsx”的基础上，增加数据列总分、平均分、等级和排名等，并使用函数进行公式计算。

(1) 使用求和函数 SUM()计算每一位同学的总分。

=SUM(D2:G2)，并通过拖动的方式分别得到 10 位同学的总分。

(2) 使用求平均值函数 AVERAGE()计算每一位同学的平均分。

=AVERAGE(D2:G2)，并通过拖动的方式分别得到 10 位同学的平均分。

(3) 使用 IF()函数，按照成绩等级的划分方式，求得每一位同学的成绩等级。

成绩等级规则如下。

```
不及格：成绩<60
及格：60<=成绩<70
中等：70<=成绩<80
良好：80<=成绩<90
优秀：90>=成绩
=IF(I2<60,"不及格",IF(I2<70,"及格",IF(I2<80,"中等",IF(I2<90,"良好","优秀"))))
```

(4) 使用 RANK.EQ()函数计算排名。

使用 RANK.EQ()函数的作用是返回某一个数字在一段数字列表中的排位。其大小与列表中的其他值相关，如果多个值具有相同的排位，则返回该组数值的最高排位。

=RANK.EQ(I2,I$2:I$11)

注意：进行比较的固定的一列数值，此处使用绝对引用。

2）增加数据行

在前面部分保存的基础上，增加数据行最高分、最低分、参加考试人数、及格人数、及格率、不及格人数和不及格率等 7 行，使用合并单元格功能，将它们进行合并，美化表格显示，并使用函数进行公式计算。

(1) 使用 MAX()函数求得课程的最高分。

=MAX(D2:D11)，并通过拖动的方式得到每一门课程的最高分。

(2) 使用 MIN()函数求得课程的最低分。

=MIN(D2:D11)，并通过拖动的方式得到每一门课程的最低分。

(3) 使用 COUNT()函数求得参加考试人数。

=COUNT(D2:D11)，并通过拖动的方式得到每一门课程的参加考试人数。

(4) 使用 COUNTIF()函数求得及格人数。

=COUNTIF(D2:D11, ">=60")，并通过拖动的方式得到每一门课程的及格人数。

(5) 通过及格人数/参加考试人数，设置单元格格式，得到及格率。

重复上一步，将条件设置为"<60"，可得到不及格人数和不及格率。

3. 使用数据图表将每位同学的平均分可视化

二维表格中的数据，往往不够直观。接下来建立每位同学的平均分柱状图表，可视化显示每位同学的平均分。

将数据用图形表示出来能够更直观地对数据进行对比分析。在 WPS 表格中,利用它的图表功能可以很方便地将表格中的数据转换成各种图形,并且图表中的图形会根据表格中数据的修改而自动调整。

选中“学生成绩表(三).xlsx”中的 B1:B11 和 I1:I11 区域,单击“插入”选项卡中“全部图表”下拉按钮,选择“全部图表”工具,在左侧“图表类型”列表中选择“柱形图”,选择簇状柱形图(预设图表),即在当前鼠标所在位置插入柱形图,得到学生平均分柱形分析图,如图 11.9 所示。

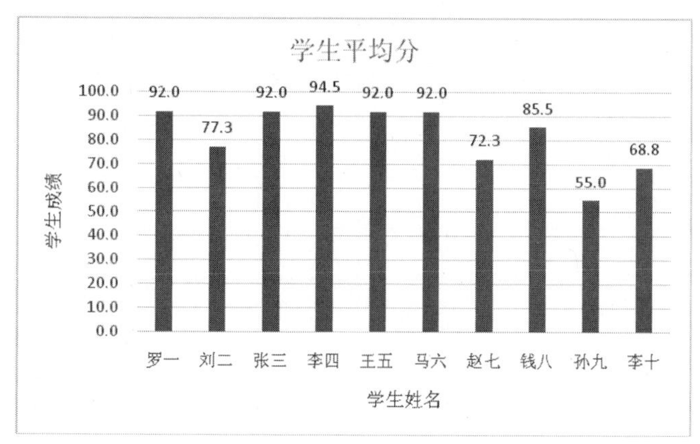

图 11.9 学生平均分柱形分析图

说明如下。

图表标题:图表标题默认为选中区域数值列的字段名,双击可以修改。

数据系列:数据系列为选中区域的数值列,选中后右击,可对数据系列的格式进行修改。

纵坐标轴:又称数值轴。根据数值列数据的范围,在最小值到最大值区间内,确定主要单位和次要单位,显示主要刻度线。选中后右击,可对相关属性进行修改。

横坐标轴:又称分类轴。一般选择选中数据区域中的文本类型列作为分类轴。选中后右击,可对横坐标轴属性进行设置。

数据系列:以不同大小色块形式显示数据。如果要修改数据属性,选中后右击即可修改。

网格线:纵坐标轴主要刻度值的延伸线。

图例项:标明数据系列中颜色和数据系列的对应关系。选中后右击,可以修改图例项位置及其他相关属性。

图表选中的情况下,选项卡中会增加“绘图工具”“图表工具”两个选项卡。可以根据需要完成对图表相关属性的修改。

11.5.4 技巧与提高

WPS 表格提供了柱形图、折线图、饼图、条形图、面积图、XY 散点图、股价图、雷达图、组合图和在线图表等图形。前面在任务实现的过程中,我们已经讲述了普通图表的创建,接下来介绍动态图表的创建。

动态图表也称交互式图表，是指通过鼠标选择不同的预设项目，在图表中动态显示对应的数据，它既能充分表达数据的说服力，又能使图表不过于烦琐。

下面以文件“学生成绩表(四).xlsx”为例，数据如表11.10所示，创建一个动态折线图，该动态折线图将根据姓名的不同选择，动态展示不同学生成绩的折线图。

表 11.10　学生成绩表(四)

姓　名	高等数学	信息技术	英　语	体　育	平均分
罗一	91	93	89	95	92.0
刘二	101	71	89	48	77.3
张三	91	86	98	93	92.0
李四	95	98	93	92	94.5
王五	91	92	94	91	92.0
马六	91	89	95	93	92.0
赵七	81	89	48	71	72.3
钱八	78	93	89	82	85.5
孙九	90	52	−1	79	55.0
李十	72	49	63	91	68.8

创建动态图表过程如下。

1）利用“有效性”设置“姓名”的动态选择

选择A13单元格，单击“数据”选项卡中的“有效性”下拉按钮，选择“有效性”，在“设置”选项卡中“有效性条件”→“允许”中选择“序列”，在“来源”对话框中单击右下角折叠按钮，选择“A2:A11”单元格，设置完成之后，单击A13单元格，将出现下拉按钮，从而实现姓名的动态选择。

2）利用VLOOKUP函数来获取该生的不同课程成绩

选中B13单元格，输入公式=VLOOKUP($A$13,$A$1:$F$11,COLUMN(),0)，再用填充柄填充其余成绩列。即填充C13及F13。

请读者观察最后一个参数分别修改为“TRUE,FALSE”与0的不同效果。

3）生成折线图

选择区域A1:F1(横坐标轴数据)，按住Ctrl键，选择区域A13:F13(纵坐标轴数据)，单击“插入”选项卡中“全部图表”下拉按钮，选择“全部图表”中的折线图，即生成折线图。单击A1单元格下拉按钮，选择不同的姓名，即可看到不同学生成绩的动态折线图。

11.6　WPS数据分析与统计

11.6.1　任务描述

当拥有越来越多数据的时候，可以使用WPS表格的数据分析工具对数据进行对比分析，分类比较，从中找出轨迹或规律。同时为了能够更直观地观察和分析，还需要利用图表、数据透视图等工具将数据可视化后进行研究。

本任务将在前面两个任务的基础上，利用排序、分类汇总、筛选、数据透视表与数据透视图等数据分析工具，完成对学生成绩的分析和统计。

11.6.2　知识准备

1. 排序

创建数据记录单时，它的数据排列顺序是按照记录输入的先后排列的，没有什么规律，WPS 表格提供了多种方法对数据进行排序，用户可以根据需要按行或列、按升序或降序或使用自定义序列进行排序。

1）按单一关键字排序

将学生成绩表按照平均分由高到低的顺序进行排序。操作步骤如下。

（1）单击“平均分”列中的任一单元格。

（2）单击“数据”选项卡中的“排序”按钮，或者单击“排序”下拉按钮，选择“降序”，或者单击“排序”下拉按钮，选择“自定义排序”，打开“排序”对话框，主要关键字默认为“平均分”，排序依据默认为“数值”，次序默认“降序”，单击“确定”按钮完成排序。

2）按多关键字排序

遇到排序字段的数据出现相同值时，单个关键字无法确定数据顺序，需要通过其他成绩的高低来确定排序顺序或名次顺序。此时可以通过添加关键字的方式确定数据的准确顺序。

比如平均分相同的有多位同学，这时就可以先按“高等数学”成绩降序排序，如果“高等数学”成绩又相同，再按“信息技术”成绩降序排序，以此类推。操作步骤如下。

（1）单击“平均分”列中的任一单元格，单击“数据”选项卡中的“排序”下拉按钮，选择“自定义排序”，进入“排序”对话框。

（2）在对话框中单击“添加条件”，在“主要关键字”中选择“平均分”，排序依据选择“数值”，次序选择“降序”。在“次要关键字”中选择“高等数学”，排序依据选择“数值”，次序选择“降序”，以此类推。

注意：为了防止数据记录单的标题被包含到排序数据区中，“排序”对话框中可选择“数据包含标题”。

3）自定义序列排序

用户在使用 WPS 表格对相应数据进行排序时，无论是按拼音还是按笔画，可能都达不到所需求，可以按照自定义序列进行排序，比如按照“一级”“二级”“三级”“四级”“五级”进行排序，操作步骤如下。

（1）单击数据区域中的任一单元格。

（2）单击“数据”选项卡中的“排序”下拉按钮，选择“自定义排序”，进入“排序”对话框。

（3）“主要关键字”选择“自定义序列”，弹出“自定义序列”对话框，选择合适的序列，单击“确定”按钮完成排序。

2. 分类汇总

分类汇总可以将数据记录单中的数据按某一字段进行分类，并实现按类求和、计数、平均值、最大值、最小值等运算，还能将计算的结果进行分级显示。比如要统计男生、女生的各科平均分，总分平均分等。

1）创建分类汇总

创建分类汇总的前提是：先按照分类字段进行排序，使相同数据集中在一起后汇总。下面以学生成绩为例，讲述分类汇总的创建。在数据表中，创建以下分类汇总。

（1）按“性别”对学生进行分类计数，统计男女生人数（单级分类汇总）。

① 按分类字段“性别”进行排序（排序升序和降序都可以）。

② 单击数据区域的任一单元格，单击“数据”选项卡功能区中的“分类汇总”，进入“分类汇总”对话框，分类字段选择“性别”，汇总方式选择“计数”，选定汇总项选择“姓名”（也可以选择其他项目，汇总结果将出现在汇总项下方。

③ “汇总方式”分别有“求和”“计数”“平均值”“最大值”“最小值”“乘积”“标准偏差”等，其意义分别如下。

- 求和：汇总项若为数值，返回各类别的和，否则，返回0。
- 计数：返回各类别汇总项单元格个数。
- 最大值：返回各类别汇总项中的最大值。
- 最小值：返回各类别汇总项中的最小值。
- 乘积：返回各类别汇总项乘积值。
- 标准偏差：返回各类别汇总项中所包含的数据相对于平均值的离散程度。

④ 对话框的下面有三个复选框，其意义分别如下。

- 替换当前分类汇总：用新分类汇总的结果替换原有的分类汇总结果。
- 每组数据分页：表示以每个分类值作为一组分页显示。
- 汇总结果显示在数据下方：每组的汇总结果放在该组数据下方，如果不选，则汇总结果放在该数据的上方。

（2）按“性别”对学生进行分类计数，并求最高分（多级分类汇总）。

在上一种方式的汇总中，已经完成了按“性别”对学生分类计数，因此我们只需要在前面操作的基础上，完成对“总分”列最高分的分类汇总。

单击数据区域的任一单元格，单击“数据”选项卡功能区中的“分类汇总”，进入“分类汇总”对话框。分类字段选择“性别”，汇总方式选择“最高分”，选定汇总项选择“总分”，取消选择“替换当前分类汇总”。

2）删除分类汇总

（1）单击分类汇总结果中的任一单元格。

（2）单击数据区域的任一单元格，单击“数据”选项卡功能区中的“分类汇总”，进入“分类汇总”对话框，单击“全部删除”即可完成删除。

3）汇总结果分级显示

在分类汇总的结果中，左边有几个标有“1”“2”“3”“4”的小按钮，利用这些按钮可以实现数据的分级显示。单击外括号下的“－”，则将数据折叠，仅显示汇总的总计，单击“＋”展开。单击左上方“1”，仅显示汇总总计；单击左上方“2”，显示二级汇总；单击左上方“3”，显示三级汇总；单击左上方“4”，显示所有数据。

3. 筛选

数据筛选是在数据表中只显示出满足条件的行，而隐藏不满足条件的行。WPS 表格提

供了自动筛选和高级筛选两种操作来筛选数据。

1）自动筛选

自动筛选是一种简单方便的方法，当用户确定筛选条件后，可以只显示符合条件的数据，隐藏不符合条件的数据。在学生成绩数据中自动筛选以下数据。

（1）男生或女生的数据筛选。

① 单击表格中的任一单元格。

② 单击“数据”选项卡功能区中的“筛选”，或者单击“筛选”下拉按钮中的筛选，每个字段右边出现一个下拉按钮。

③ 单击字段列“性别”处的下拉按钮，弹出一个下拉列表，提供了有关“筛选”和“排序”的详细选项。

④ 在字段列“性别”中选择“男”或“女”，即可完成数据的筛选。

注意：自动筛选完成以后，数据记录单中只显示满足筛选条件的记录，不满足条件的记录被隐藏。如果需要显示全部数据，选择“数据”选项卡功能区的“全部显示”即可。

（2）平均分在80～95分的数据筛选。

① 单击表格中的任一单元格。

② 单击“数据”选项卡功能区中的“筛选”，选择“平均分”的下拉按钮，单击“数字筛选”→“介于”，进入“自定义自动筛选方式”对话框。

③ 在“大于或等于”对话框中输入80，“小于或等于”对话框中输入95，单击“确定”按钮，完成平均分在80～95分的数据筛选。

（3）男生平均分成绩75分及以上的数据筛选。

① 单击表格中的任一单元格。

② 单击“数据”选项卡功能区中的“筛选”，单击“性别”的下拉按钮，“内容筛选”中选择“男”，将完成男生的数据筛选，再单击“平均分”的下拉按钮，单击“数字筛选”→“大于或等于”，进入“自定义自动筛选方式”对话框，在“大于或等于”对话框中输入75，即可完成男生平均分成绩75分及以上的数据筛选。

总结前面3个案例，可以看到自动筛选能够解决如下3种情况的筛选。

① 只有一个条件的数据筛选。

② 针对同一列的多条件数据筛选。

③ 条件针对多列数据，且条件与条件之间是逻辑“与”的关系。

如果条件针对多列数据，且条件与条件之间是逻辑“或”的关系的时候，就必须使用高级筛选来实现。

2）高级筛选

仍以学生成绩数据为例，筛选女生和分数在85分及以上的数据。由于此筛选条件更加复杂，需要选用高级筛选。在进行数据筛选之前，先要完成条件区域的定义。

（1）条件区域的要求。

① 条件区域要放在与数据列表至少隔开一行或者一列的位置，以便与数据列表区分开。

② 条件区域的第一行是所有作为筛选条件的字段名，这些字段名与数据列表中的字段名必须一致（建议使用复制、粘贴功能）。

③ 条件区域的构造规则：不同行的条件之间是“或”关系，同一行中的条件之间是“与”关系。

（2）高级筛选操作步骤。

① 建立条件区域：将条件涉及的字段名“性别”和“平均分”复制到数据记录下方的空白区域，然后在不同的字段中输入筛选条件“女”和“>=85”，条件放置同一行表示条件之间是“与”的关系，把条件错位放置的方式表达条件之间是“或者”关系。

② 单击数据记录表中的任一单元格。

③ 单击“数据”选项卡功能区中的“筛选”，单击“筛选”下拉按钮中的“高级筛选”，进入“高级筛选”对话框。“方式”选择“在原有区域显示筛选结果”，“列表区域”默认为数据列表区域，“条件区域”选择第①步建立的条件区域，单击“确定”按钮，完成高级筛选。

用于筛选数据的条件，有时并不能明确指定某项内容，而是指定某一类内容，如所有“李”姓学生，这种情况下，可以使用 WPS 表格提供的通配符来筛选。

WPS 表格允许两种通配符：“?”和“*”。

“?”表示任意一个字符，如果要表示字符“?”本身，则需要用“～?”表示。

“*”表示任意多个字符，如果要表示字符“*”本身，则需要用“～*”表示。

通配符仅适用于文本型数据，对数字和日期无效。

4. 数据透视表

数据透视表是一种对大量数据快速汇总和建立交叉列表的交互式报表。它可以快速分类汇总、比较大量数据，并可以随时选择其中页、行和列中的不同元素，以达到快速查看源数据的不同统计结果。使用数据透视表可以深入分析数值数据，以不同的方式来查看数据，从而挖掘数据之间的关系与规律。合理使用数据透视表进行计算和分析，能将复杂问题简单化，并且极大地提高工作效率。

1）创建数据透视表

（1）单击数据表的任一单元格。

（2）选择“插入”或者“数据”选项卡中的“数据透视表”菜单，打开“数据透视表”对话框。

（3）由于在插入数据透视表之前，单击了数据表中的任一单元格，所以数据表区域会默认被选中。如果“请选择单元格区域”中不是数据表区域，可以单击对话框右侧的折叠按钮，对数据区域进行重新选择。

（4）如果数据透视表的位置选择“新工作表”，单击“确定”按钮后，将会添加一张新的工作表，数据透视表被放置到新的工作表中。如果选择“现有工作表”，需要指定数据透视表所在的区域。

（5）数据透视表布局窗口中，被划分成三个区域。

① 数据透视表生成区域：位于左侧窗口区域，生成的数据透视表将显示在此处。

② 字段列表区域：位于右侧窗口区域的上方区域，显示数据表中的所有字段名。

③ 数据透视表字段设置区域：位于窗口下方区域，“行字段”“列字段”“值”“筛选器”等的设置均在此处完成。

（6）通过选中字段名后拖动鼠标的方式，可将字段添加到数据透视表中。如果要完成男女生的平均分统计，可选中“性别”字段拖动到行字段，然后将“平均分”等字段拖到值字段，值字段默认的统计方式为“求平均值”，可单击值字段中“求平均值项：平均分”的下拉按

钮，选择“值字段设置”，进入“值字段设置”对话框，“计算类型”选择“平均值”。即可完成对男女生平均分的计算。

2）修改数据透视表

创建数据透视表后，根据需要可以对布局、样式、数据汇总方式、值的显示方式、字段分组、计算字段和计算项、切片器等进行修改。

（1）修改数据透视表结构。

数据透视表创建完成后，可以根据需要对其布局进行修改。对已创建的数据透视表，如果要改变行、列、数字、筛选器中的字段，可直接选中字段，拖动鼠标完成，也可以单击标签编辑框右端的下拉按钮，在“快捷菜单”中选择“删除字段”，然后重新将新的字段拖入到相应位置即可。如果一个标签中添加了多个字段，想改变字段的顺序，只需要选中字段向上拖动或向下拖动就可以调整字段的顺序。字段顺序发生改变，透视表的外观也将发生改变。

（2）修改数据透视表样式。

数据透视表可以像工作表一样进行样式的设置，用户可以单击“设计”选项卡功能区中的任意一个样式，将 WPS 内置的数据透视表样式应用到选中的数据透视表中，同时也可以新建数据透视表样式。

（3）设置数据透视表字段分组。

数据透视表提供了强大的分类汇总功能，但由于数据分析需求的多样性，使得数据透视表的常规分类方式不能适用所有的应用场景。通过对数字、日期、文本等不同类型的数据进行分组，可增强数据透视表分类汇总的适应性。

（4）使用计算字段和计算项。

数据透视表创建完成后，不允许手动更改或者移动数据透视表中的任何区域，也不能在数据透视表中插入单元格或者添加公式进行计算。如果需要在数据透视表中添加自定义计算，则必须使用“计算字段”功能或“计算项”功能。

计算字段是指通过对数据透视表中现有的字段执行计算后得到的新字段。

计算项是指在数据透视表的现有字段中插入新的项，通过对该字段的其他项执行计算后得到该项的值。

11.6.3　任务实现

1. 筛选女生的成绩数据

筛选女生成绩，只有一个条件，因此只需要筛选功能即可完成筛选，操作步骤如下。

① 单击“学生成绩表(四)”中的任一单元格。

② 单击“数据”选项卡功能区中的“筛选”，或者单击“筛选”下拉按钮中的筛选，每个字段右边出现一个下拉按钮。

③ 单击数据列“性别”的下拉按钮，在“内容筛选”中选择“女”，单击“确定”按钮，完成数据筛选。

2. 男生或者平均分大于 80 分的学生数据

筛选男生或者平均分大于 80 分的学生数据，两个条件分别涉及两个不同的字段，条件之间是逻辑“或”的关系，使用高级筛选来完成本任务。操作步骤如下。

① 在离原始表格至少一列的空白位置处建立条件区域，将涉及的两个字段名“性别”和“平均分”复制到第一行。

② “性别”列输入筛选条件“男”，“平均分”列输入筛选条件“＞80”，条件放置的方式表示条件之间的“或者”关系。

③ 单击数据记录表中的任一单元格。

④ 单击“数据”选项卡功能区中的“筛选”，单击“筛选”下拉按钮中的“高级筛选”，进入“高级筛选”对话框，“方式”选择“在原有区域显示筛选结果”，“列表区域”默认为数据列表区域，条件区域选择第①步建立的条件区域，单击“确定”按钮，完成高级筛选。

3. 分别计算男生和女生的各项平均分

要分别计算男生和女生的各项平均分，可以使用分类汇总实现，也可以通过数据透视表实现。

(1) 使用分类汇总计算。

① 按分类字段排序。按照“性别”字段排序，单击“数据”选项卡中的“排序”下拉按钮，选择“升序”或“降序”。

② 单击数据表中任一单元格，选择“数据”选项卡中的“分类汇总”，进入“分类汇总”对话框，“分类字段”设置为“性别”，“汇总方式”选择“求平均值”，“汇总项”选择“高等数学、信息技术、英语、体育、总分、平均分”，其他选择默认值，单击“确定”按钮，完成各科成绩求平均分。

(2) 使用数据透视表计算男生或女生的平均值。

① 单击“学生成绩表(四)”中的任一单元格。

② 单击“数据”或者“插入”选项卡中的“数据透视表”，在“数据透视表”对话框中选择“现有工作表”，“位置”选择本表中的任一空白单元格。

③ 筛选器字段设置为“性别”，行字段设置为姓名，值字段设置为“高等数学、信息技术、英语、体育”，选择求平均值，完成计算。

11.6.4 技巧与提高

合并计算是数据分析和统计时常用的工具，如果待合并的数据来自同一模板创建的多个工作表，则可以通过位置合并计算，操作方法如下。

① 在工作表标签处单击“新建工作表”按钮，新建多个工作表，标签分别重命名为“平时成绩”“中期成绩”“期末成绩”和“汇总成绩”。

② 在这些新建的工作表中输入相同的列标题，行数据保持学号、姓名的顺序一致。

③ 单击工作表“汇总成绩”的平均分，选择“数据”选项卡中的“合并计算”按钮，进入“合并计算”对话框。

④ “函数”选择“平均值”，引用位置处，如果要引用的数据在另一个工作簿中，可单击“浏览”，找到相应数据进行引用；如果要引用当前工作簿的数据区域，需要单击引用位置对话框右侧折叠按钮，本例分别选择工作表“平时成绩”“中期成绩”“期末成绩”中的相应范围，单击“添加”按钮，不勾选标签位置下面的“首行”，单击“确定”按钮，完成这些工作表数据的合并运算。

11.7　WPS 演示文稿内容页制作

11.7.1　任务描述

在演示文稿框架基础上，完成演示文稿内容页的设计与制作，本任务将综合使用多媒体元素，完成单主题页面、多主题页面的设计与制作，结合中华人民共和国国歌与国旗，党旗与入党誓词，团旗与入团誓词来进行制作。

11.7.2　知识准备

1. 多媒体处理和应用

演示文稿制作的一个目的，是使用声音、图片、图形、视频、图表等多媒体元素，弥补语言表达过于抽象的不足。同时，恰当使用多媒体元素，可以使幻灯片更富有感染力和吸引力。

1）音频

演示文稿设计是一门集文本、声音、图像、视频等多种元素的综合艺术，恰当地使用声音，可以让幻灯片更富有表现力。

（1）插入音频。

① 选择要插入音频的幻灯片，单击“插入”选项卡功能区中的“音频”下拉按钮，可以根据需要选择“嵌入音频”“链接到音频”“嵌入背景音乐”“链接背景音乐”。

嵌入音频和链接到音频的主要区别：音频的存储位置不同。

- 嵌入音频：嵌入音频会成为演示文稿的一部分，演示文稿发送到其他设备中也可以正常播放。
- 链接到音频：在演示文稿中只存储源文件的位置，如果想要在其他设备中播放演示文稿，需要将音频文件和演示文稿一起打包，再将打包后的文件发送到其他设备才可以正常播放。

如果设为背景音乐，音频在幻灯片放映时会自动播放，当切换到下一张幻灯片时不会中断播放，一直循环播放到幻灯片放映结束。

② 在打开的“插入音频”对话框中选择声音文件插入幻灯片，幻灯片将会出现音频图标，在此可以预听音频播放效果，调整播放进度和音量大小等。

③ 选中插入的音频图标，在“音频工具”选项卡功能区中根据需要设置“跨幻灯片播放”“放映时隐藏”“循环播放，直到停止”“播放完返回开头”等选项。

④ 假如音频长度过长，单击“剪裁音频”按钮，可对音频进行裁剪。

（2）使用多个背景音乐。

在演示文稿中将音频直接设为背景音乐，该音频将一直循环播放到幻灯片放映结束。如果想要在一个演示文稿中使用多个背景音乐，例如第 1、第 2 张幻灯片使用一个背景音乐，第 3～5 张使用另一个背景音乐，具体步骤如下。

① 选中第 1 张幻灯片，单击“插入”选项卡功能区中的“音频”下拉按钮，选择“嵌入音频”命令在打开的第一个声音文件插入幻灯片中。

② 选中插入的音频，在“音频工具”选项卡功能区中，“开始”选择“自动”，勾选“放映时

隐藏”“循环播放，直到停止”“播放完后回开头”复选框，“跨幻灯片播放”设置为至第2页停止。

③ 重复上述操作设置第3～5张幻灯片使用同一背景音乐（与第1、2张不同音乐）。

④ 设置完成后，演示文稿将在1～2页幻灯片中播放一段背景音乐，在3～5页播放另一段背景音乐。

2）视频

在演示文稿中添加一些视频并进行相应的处理，可以大大丰富演示文稿的内容和表现力。WPS演示提供了丰富的视频处理功能。

（1）插入本地视频。

插入本地视频有两种方式：嵌入本地视频和链接到本地视频。

嵌入本地视频后演示文稿将变大。

链接到本地视频可以有效减小演示文稿的大小，但如果要在其他设备播放，则必须将演示文稿和视频一起打包复制，否则视频将无法播放。

单击“插入”选项卡功能区中的“视频”下拉按钮，选择“嵌入本地视频”或者“链接到本地视频”命令，在“插入视频”对话框中选择合适的视频文件插入幻灯片，视频大小默认为幻灯片大小。

如果插入的视频是手机竖屏录制的视频，视频将横屏显示，可以选中视频对象，按住控制点旋转视频；通过拖动视频周边的控制点，可调整视频的大小；选中视频，可移动视频位置，预览视频播放效果，调整播放进度和音量大小等。

在“视频工具”选项卡中，可以完成是否全屏播放、是否隐藏播放等选项设置。

（2）为视频添加封面。

视频封面可以是事先制作的图片，也可以选择当前视频中某一帧画面。

① 设置图片作为封面。“视频工具”选项卡功能区中单击“视频封面”下拉按钮，选择“来自文件”，找到事先准备好的图片即可。

② 设置某一帧画面为封面。定位到某帧画面后，在播放条上方将显示“将当前画面设为视频封面”提示，单击“设为视频封面”按钮，即可将当前帧设置为视频封面。

若要恢复到以前的面貌，可以单击“视频工具”选项卡功能区中的“重置视频”按钮。

③ 裁剪视频。选中视频，单击“视频工具”选项卡中功能区中的“裁剪视频”按钮，弹出“裁剪视频”对话框，通过调整开始时间和结束时间，可以完成视频的裁剪工作。

2. 图表

演示文稿制作过程中，如果需要直观、明确地表达数据之间的对比关系、数据呈现的规律和趋势，可以使用图表，下面以学生成绩数据制作成图表为例来进行讲授。

1）图表插入

单击“插入”选项卡功能区的“图表”下拉按钮，选择“图表”，打开“图表”对话框。WPS提供了非常丰富的图表类型，如柱形图、折线图、饼图、面积图等，用户可以根据需要选择图表类型，本例选择“簇状柱形图”。

2）数据选择或编辑

选中图表右击，在“快捷菜单”中选择“选择数据”或“编辑数据”，WPS将自动调用WPS

表格插件，打开“WPS 演示中的图表”窗口，数据表中将显示默认数据，紫色边框范围内的是水平（分类）轴数据，蓝色边框范围内的是数据系列，将学生成绩表（四）中的姓名作为横轴数据，各科成绩和平均分作为纵轴数据（此处建议不选择总分），也可以按不同需求自由调整，得到满足需求的图表。

3）图表属性设置

完成图表数据编辑之后，通过“图表工具”选项卡功能区中的命令，可以完成对图表属性的设置。单击标题，输入“学生成绩图表”，单击“图表工具”选项卡功能区中的“预设样式”下拉按钮，选择“样式 1”，图表完成。

11.7.3　任务实现

1. 制作幻灯片（一）

新建 WPS 演示文稿文件，设计制作演示文稿的内容页。

1）选择版式

第一张幻灯片的内容，要设计成一个左侧为文本说明，右侧插入视频，因此，新建演示文稿时选择“两栏内容”的版式。

2）标题设置

在标题中输入“升国旗仪式”，并设置“居中”“加粗”等。

3）文本内容设置

输入相关文本内容，在设置文本内容的字体大小等属性时，一定要考虑跟右侧内容对齐的问题。可以通过调整文本字体大小，占位符的高度与宽度等要素，完成文本内容与右侧内容的对齐。

4）视频插入与剪辑

（1）插入视频。

单击占位符中“视频”的提示图片，找到事先准备好的视频素材（预先上网搜索一些升国旗视频），插入视频后，调整视频大小和位置，完成与左侧文本对齐。

（2）视频裁剪。

选中视频，右击，在“快捷菜单”中选择“视频裁剪”，或者在“视频工具”选项卡中选择“视频裁剪”，根据需要，设置视频开始的时间和结束的时间，完成视频裁剪。

（3）设置视频封面。

播放视频，当播放至合适的画面时，暂停视频播放，此时视频页面将显示“将当前画面设为视频画面”提示，单击“设为视频封面”，即可完成视频封面设置。

2. 制作幻灯片（二）

1）选择版式

为了与前一页幻灯片内容风格保持一致，继续选择“两栏内容”的版式。

2）内容设置

标题设置为“中华人民共和国国旗”，格式可以自由设置。左侧单击“图片”提示按钮，将事先准备好的素材图片“中华人民共和国国旗”插入。右侧输入相关文本“中华人民共和国国旗简介”。通过调整图片大小和占位符大小、字体大小等属性，完成图片与文本内容的对齐和其他设置。

注意：为了突出显示文本内容中的关键点，使用字体颜色和格式的变化来突出强调重点。

3. 制作幻灯片（三）

1）选择版式

选择“空白”版式，即没有任何占位符的版式。

2）标题设置

本页幻灯片使用图形完成标题内容的处理。

单击“插入”选项卡功能区中的“形状”下拉按钮，选择“矩形”，此时鼠标变成十字加号，拖动鼠标，确定矩形的大小和位置。输入标题内容为“中华人民共和国国歌”，设置字体为“微软雅黑”，字号：32，颜色：红色，加粗显示。

3）文本内容设置

使用图形组合完成文本内容设置。

(1) 单击“插入”选项卡功能区中的“形状”下拉按钮，选择“圆形”，此时鼠标变成十字加号，拖动鼠标，确定“圆形”的大小和位置，选中已完成的“圆形”，复制之后粘贴，继续单击“插入”选项卡功能区中的“形状”下拉按钮，选择“矩形”，此时鼠标变成十字加号，拖动鼠标，完成“矩形”插入。

(2) 选中两个“圆形”，右击，“快捷菜单”选择“置于底层”。确定“矩形”的大小和位置，使其左端与圆形重叠，覆盖一半圆形，右端与另一个圆形重叠，覆盖一半圆形。

(3) 同时选中两个“圆形”和“矩形”，单击“绘图工具”选项卡中的“合并形状”的下拉按钮，选择“结合”，三个图形完成组合，结合成一个图形，也可以自由发挥，多画几个图形进行操作。

(4) 选中组合后的图形，设置填充色为“红色渐变”，边框颜色为“黄色”。复制图形两次，分别在三个图形中输入“不忘初心，砥砺前行”“不要忘记自己的最初想法与意志，并将自己磨炼成像一把利剑一样奋进前行。”“以梦为马，不负韶华，未来可期”，并设置字体、字号和颜色等。

4）图片插入

在三个组合图形左侧插入素材中的图片，调整大小和位置，让图片与组合图形对齐。

5）插入图形，完成图片与组合图形连接

单击“插入”选项卡功能区中的“形状”下拉按钮，“线条”中选择“曲线箭头连接符”，连接图片中部分内容与组合图形的内容，继续重复以上操作两次完成连接。选中“曲线箭头连接符”，右击，在“快捷菜单”中选择“设置形状格式”，设置线条颜色为“红色”，宽度为“2 磅”，也可以进行个性化设置。

4. 制作幻灯片（四）

本页幻灯片主体部分以学生成绩制成的图表作为主要内容插入幻灯片中。

(1) 单击“开始”选项卡中的“新建幻灯片”下拉按钮，选择“空白”版式，插入一张新的幻灯片。

(2) 单击“插入”选项卡中的“图表”下拉按钮，选择“图表”中的“簇状条形图”。

(3) 选中图表，右击，在"快捷菜单"中选择"编辑数据"，打开"WPS 演示中的图表"插件，显示 A 列"类别 1、类别 2…"是分类轴数据，蓝色边框范围内的"系列 1、系列 2…"是数值轴数据。选中"系列 2""系列 3"，将其删除。

(4) 打开本任务提供的素材数据："学生成绩表(四).xlsx"文件，将相关内容复制到指定位置，调整蓝色边框范围，使其包括所有数值数据，调整紫色边框范围，使其包括各科成绩，关闭"WPS 演示中的图表"窗口，得到幻灯片中的图表。

(5) 单击图表标题，内容输入"学生成绩表"。选中图表，右击，在"快捷菜单"中选择"设置绘图区格式"，图表"填充"修改为"红色渐变"，颜色选择"白色"，调整图表大小和范围。

5. 制作其他幻灯片

使用图形及图片的任意组合来完成其他幻灯片的制作，此处不再赘述。

11.7.4 技巧与提高

1. 模板

利用模板可以让普通用户快速地制作出具有专业设计水准的演示文稿，WPS 演示提供了大量的演示文稿模板。在联网状态下，用户可以通过不同条件的筛选或搜索，选取自己喜欢的模板。

1) 基于模板创建演示文稿

操作步骤如下：单击"文件"选项卡中的"新建"，左侧列表选择"新建演示"，打开"新建演示"窗口，可通过选择不同类型相应的模板，也可以通过搜索相关主题进行模板的选择。

2) 新建幻灯片套用模板

幻灯片的种类繁多，有封面页、目录页、章节页、结束页、纯文本页等多种类型。WPS 演示提供了模板素材库，几乎覆盖演示文稿的所有内容。对于不同种类的幻灯片，可以套用合适的模板，使得幻灯片的设计更加高效、专业。

具体步骤如下：在"开始"选项卡功能区中单击"新建幻灯片"下拉按钮，对话框中根据演示文稿整体风格、页面类型、页面内容等因素，完成模板选择。

3) 演示文稿套用模板

如果想要快速改变已经创建好的演示文稿的外观，可以直接套用本地或线上的模板，套用完成后，整个演示文稿的幻灯片版式、文本样式、背景、配色方案等都会随之改变。

套用本地模板的具体步骤如下：单击"设计"选项卡功能区中的"更多设计"按钮，进入"全文美化"对话框。可根据需要选择"全文换肤""统一版式""智能配色""统一字体"等，选中模板后，右侧将出现应用后的效果图，如果满意，单击"确定"按钮即可完成设置。

2. 配色方案

1) 配色

配色是演示文稿制作过程中的重要元素，不同的配色代表不同的主题。在选择演示文稿配色时，首先要了解不同颜色代表的风格和气质，例如以下几种。

(1) 红色代表喜庆、热烈，适合节日、党政主题等。

(2) 橙色代表活泼轻快，适合儿童品牌、美食等。

(3) 蓝色代表科技、商务，适合展示科技产品、商务会议等。

(4) 绿色代表自然、环保，适合农业、医药等主题。

(5) 紫色代表优雅、华丽、适合服装、酒店等主题。

(6) 粉色代表浪漫、可爱、适合婚庆、服装等主题。

(7) 灰色代表质感、成熟、低调，适合电子产品、机械等主题。

(8) 黑色代表神秘、庄严，适合电子科技、高端定制等。

在制作演示文稿时，需要根据主题表达的需要，为演示文稿选择合适的配色。WPS 演示提供了专业的文档配色设计，根据演示文稿的主题选择符合主题的色彩搭配，一键套用，轻松快捷。文档配色设计具体步骤如下。

(1) 在“设计”选项卡中单击“配色方案”下拉按钮，进入“配色方案”对话框。

(2) 在“推荐方案”中，可以“按颜色”“按色系”“按风格”进行“配色方案”选择。

(3) 在“推荐方案”中没有合适方案，选择“自定义”选项卡，进入“自定义颜色”窗口

(4) 在“自定义颜色”窗口中，可以对“文字/背景”进行颜色选择和定义：深色 1、2、浅色 1、2，着色 1、着色 2、着色 3、着色 4、着色 5、着色 6、超链接、已访问的超链接等。

(5) 定义完毕后，单击“保存”按钮，可以将修改后的配色添加到“配色方案”中。

当选择不同的配色方案时，幻灯片的色板会随着变化，相应的图形、表格、背景灯颜色也会跟着变化。

注意：在一个演示文稿中配色用色不宜过多，一般控制在三种颜色以内。

2) 背景设置

在 WPS 演示中，可以为幻灯片设置不同的颜色、图案或纹理、图片等背景，如果只是设置单张或几张幻灯片的背景，可以在普通视图完成背景设置，如果需要设置一批或者全部幻灯片的背景，可以选择母版视图进行背景设置。

(1) 纯色填充。

① 选择想要设置背景的幻灯片，单击“设计”选项卡功能区中的“背景”按钮，下拉菜单命令中选择“背景”，右侧的“对象属性”窗格中选中“纯色填充”单选按钮，单击“填充”对话框的下拉按钮，完成背景的颜色选择。

② 确定颜色后，可以通过左右拖动下方的标尺调整透明度。

③ 如果需要将背景应用到所有幻灯片，单击“全部应用”按钮，否则将只应用到当前幻灯片中。

(2) 渐变填充。

渐变填充背景的具体操作步骤如下。

① 选择想要设置背景的幻灯片，单击“设计”选项卡功能区中的“背景”按钮，下拉菜单命令中选择“背景”，右侧的“对象属性”窗格中选中“渐变填充”单选按钮，在颜色对话框中选择渐变填充的预设颜色，完成渐变颜色选择。

② 完成颜色选择后，可以对“渐变样式”“角度”“色标颜色”“位置”“透明度”等选项进行设置。

③ 如果需要将背景应用到所有幻灯片，单击“全部应用”按钮，否则将只应用到当前幻灯片中。

(3) 图片或纹理填充。

图片或纹理填充背景的具体操作步骤如下。

① 选择想要设置背景的幻灯片，单击“设计”选项卡功能区中的“背景”按钮，在下拉菜单命令中选择“背景”，在右侧的“对象属性”窗格中选中“图片或纹理”单选按钮。

② 如果需要设置图片作为背景，可以单击“选择图片”下拉按钮，单击“本地文件”“剪贴板”或“在线文件”可选择三种不同来源的文件作为背景图片。如果需要设置纹理作为背景，单击“纹理填充”下拉按钮，完成纹理选择。

③ 完成图片或纹理选择后，可以选择“放置方式”，有“拉伸”和“平铺”两种选择。设置向左偏移、向右偏移、向上偏移的百分比，可以调整图片的位置。

④ 如果需要将背景应用到所有幻灯片，则单击“全部应用”按钮，否则将只应用到当前幻灯片中。

（4）图案填充。

图案填充具体操作步骤如下。

① 选择想要设置背景的幻灯片，单击“设计”选项卡功能区中的“背景”按钮，在下拉菜单命令中选择“背景”，在右侧的“对象属性”窗格中选中“图案”单选按钮。

② 在图案下拉按钮中选择相应的图案，可以设置“前景”“背景”颜色。

③ 如果需要将背景应用到所有幻灯片，则单击“全部应用”按钮，否则将只应用到当前幻灯片中。

3. 字体替换与设置

一个演示文稿中的字体种类不宜过多，多了会影响幻灯片的视觉效果，WPS 演示提供了“替换字体”和“批量设置字体”功能，可以对幻灯片的字体进行统一设置，有效减少重复性工作，提高了工作效率。

1）替换字体

如要将全部幻灯片中的“微软雅黑”字体替换为“仿宋”字体，具体操作步骤如下。

① 单击“开始”选项卡功能区中的“演示工具”下拉按钮，选择“替换字体”命令。

② 在“替换字体”对话框中的“替换”选项卡中选择“微软雅黑”，在“替换为”对话框中选择“仿宋”。

③ 单击“替换”按钮，即可完成字体的批量替换，可以看到幻灯片中所有“微软雅黑”字体都变成了“仿宋”字体。

2）批量设置字体

批量设置字体不仅可以完成字体的替换，还可以针对不同范围、不同目标进行设置，具体操作步骤如下。

① 单击“开始”选项卡功能区中的“演示工具”下拉按钮，选择“批量设置字体”命令。

② 在“批量设置字体”对话框中，可以设置字体替换范围、替换目标、设置样式、字号、加粗、下画线、斜体、颜色等。

- 替换范围：可以选择“全部幻灯片”“所选幻灯片”“指定幻灯片”任一方式。
- 选择目标：指幻灯片中包含文本的不同对象，包括标题、正文、文本框、表格和形状，可多选。
- 设置样式：中文字体和西文字体的设置以及幻灯片中的字体格式设置。

③ 设置完成后，单击“确定”按钮，批量设置字体完成。

11.8 WPS演示文稿放映设置

11.8.1 任务描述

使用演示文稿的目的主要有三方面。

第一是以提纲的方式表达演讲者的意图。

第二是对演讲者所讲的内容用图片、图表等形象化的表达方式补充语言、文字表达的不足。

第三是适当使用各种放映技巧和动画效果，强调主题，吸引观众的注意力，增强与观众的现场互动。

在前面学习和创建演示文稿的基础上，完成对演示文稿中的幻灯片中的对象设置动画效果，页面之间的切换方式设置，放映方式设置等是实现第三个要点的关键。本任务主要讲述与文稿放映设置相关的知识。

11.8.2 知识准备

1. 动画

制作演示文稿是为了辅助语言表达，让沟通更加有效，表达更加精彩。通过排版、配色、配图、多媒体等多种手段，提升演示文稿的平面设计表达效果，是演示文稿设计的一个重点。同时，通过动画设计提升演示文稿的动感和美感，是演示文稿设计的另一个重点。

1）动画设计的目的

人类对运动和变化具有天生的敏感。不管这个运动有多么微不足道，变化多么微小，都会抓住人们的视线，吸引注意力。动画设置要达到以下效果。

（1）抓住观众的视觉焦点，如逐条显示，通过放大、变色、闪烁灯方法突出关键词。

（2）显示各个页面的层次关系，如通过页面之间的过渡区分页面的层次。

（3）帮助内容视觉化。动画本身也是有含义的，它与图片刚好形成互补关系。与图片可以表示人、物、状态等含义类似，动画可以表示动作、关系、方向、进程和变化、序列以及强调等含义。

2）动画设计的误区

初学者设计动画，往往存在如下误区。

（1）动画本身成为焦点。动画设计的目的是强调或突出显示某些内容，不能让动画喧宾夺主，把观众的注意力吸引到动画本身。

（2）动作设计不自然、不得体。跟人穿衣服一样，动画设计要得体。得体，指的是动画的设计符合内容的需要，符合幻灯片整体风格的需要，符合观众的审美需要。不能把动画设计得跟奇装异服一般，更不能把动画设计当成炫技表演。

3）动画设计的原则

在演示文稿添加动画时，要掌握以下几个动画设计原则，可以让演示文稿更专业。

（1）强调原则。

如果一页幻灯片内容比较多，要突出强调某一点，可以单独对某个元素添加动画，其他页面元素保持静止，达到强调的效果。

(2) 符合自然规律原则。

自然的基本思想就是要符合常识。

由远及近的时候肯定也会由小到大；球形物体运动时往往伴随着旋转；两个物体相撞时肯定会发生抖动；场景的更换最好是无接缝效果；物体的变化往往与阴影的变化同步发生；不断重复的动画往往让人感到厌倦。

自然在视觉上的集中体现就是连贯。例如制造空间感极强或者颜色渐变的页面切换，在观众不知不觉中转换背景。

(3) 把握节奏，依次呈现原则。

把握节奏的本质是隐藏信息，不让所有信息一次性全部出现，而是按照设计逻辑以某种节奏依次出现。这样做的目的是抓住观众的注意力，引导观众按照设计者的思路和逻辑思考问题。

(4) 展现逻辑原则。

为了表达内容之间的各种逻辑关系，例如平衡、交叉、聚集、平行、包含等关系，仅仅靠平面空间上的设计无法准确呈现。通过动画设计，可以更好地表达内容之间的逻辑关系。

4) 智能动画

利用 WPS 演示提供的“智能动画”功能，可以让用户方便快捷地制作出酷炫的动画效果。

在幻灯片中，想要强调“不忘初心，砥砺前行”。可以选中文本框，单击“动画”选项卡功能区中的“智能动画”，WPS 演示会推荐一个智能动画列表。选择“放大强调”，一个酷炫的动画效果就制作好了。

在幻灯片中，选中文本框，同样选择“智能动画”，选择“上方缩放飞入”。

在幻灯片中，选中三张图片，选择“智能动画”中的“图片轮播”，即可快速完成动画效果设置。

5) 自定义动画

“智能动画”效果设置是系统推荐的动画方案，当预设的动画效果不能满足需求时，用户可以使用“自定义动画”来详细设置动画效果。

(1) 动画类型。

WPS 演示提供了五种类型的动画，分别是进入、强调、退出、动作路径、自定义动作路径。

① 进入：用于设置对象进入幻灯片时的动画效果。常用的进入效果适合的场景较多，单击右侧的⌄扩展按钮，可以看到更多的进入效果，进入效果分为“基本型”“细微型”“温和型”“华丽型”等多种类型。

② 强调：用于强调已经在幻灯片中的对象设置的动画效果。同样单击右侧的⌄扩展按钮，可以看到更多的强调效果。

③ 退出：用于设置对象离开幻灯片时的动画效果。单击⌄扩展按钮，可以看到更多退出效果。

④ 动作路径：用于设置动画对象按照一定路线运动的动画效果，单击扩展按钮，可以看到更多动作路径。

⑤ 绘制自定义路径：如果“动作路径”列表提供的路径不能满足需要，可以对动作路径进行自定义。

（2）给幻灯片中的对象添加动画。

若要为幻灯片中的对象添加动画，首先需要选中幻灯片中的动画对象，选择“动画”选项卡中“动画列表”的下拉按钮，选择需要添加的“动画类型”，如果常用列表中的“动画类型”不能满足需要，单击扩展按钮进行更多类型选择。单击“预览效果”或放映幻灯片，将看到添加动画的效果。

注意：动画设计时，务必单击“动画”选项卡中的“动画窗格”。在“动画窗格”中，能够看到所添加的动画列表，并可以完成对动画的各种属性设置。

（3）修改动画效果。

可以通过三种途径修改动画效果。

① 在“动画窗格”中修改：在“动画窗格”中选中需要修改效果的动画，上方将显示该动画相关的属性，选择相应的属性进行修改即可。

② 在“动画”选项卡中修改：在“动画窗格”中选中需要修改效果的动画，单击“动画”选项卡中的“动画属性”下拉按钮，设置动画的相关属性(不同动画类型的属性是不一样的)；“持续时间”对话框可以设置动画的持续时间；“延迟时间”对话框可以设置动画播放后的延迟时间；“开始播放”对话框可以选择动画播放的时间。

③ 在“效果选项”中修改：在“动画窗格”中选中需要修改效果的动画，单击右侧的下拉按钮，在“快捷菜单”中选择“效果选项”，此时将进入“效果选项”对话框。单击“效果”选项卡，可以完成对动画效果的设置，单击“计时”选项卡，完成对动画开始、延迟、速度、是否重复、是否使用触发器的修改。

通过上述三种办法，都可以完成对动画效果的修改，其中“效果选项”对话框集中了所有属性的修改。

（4）修改动画顺序。

如果需要调整动画顺序，可以在“动画窗格”中，选中动画，拖动鼠标完成动画顺序的调整。

（5）删除动画。

① 删除单条动画：在“动画窗格”中选中动画，右击删除，或者单击“动画窗格”中的“删除”按钮，或者直接按键盘上的 Delete 键，即可完成单条动画删除。

② 删除选中对象的所有动画：幻灯片“动画窗格”中选中即将删除动画的动画对象，单击“动画”选项卡中的“删除动画”下拉按钮，选择“删除选中对象的所有动画”完成删除。

③ 删除选中幻灯片的所有动画：单击幻灯片“动画窗格”的任一对象，单击“动画”选项卡中的“删除动画”下拉按钮，选择“删除选中幻灯片的所有动画”完成删除。

④ 删除演示文稿中所有动画：单击“动画”选项卡中的“删除动画”下拉按钮，选择“删除演示文稿中所有动画”完成删除。

2. 切换

幻灯片切换效果是指在幻灯片放映过程中，当一张幻灯片转到下一张幻灯片时所出现的动画效果。通过设置幻灯片切换效果，可以让幻灯片与幻灯片之间过渡更加自然，衔接更加流畅，能够更好地体现幻灯片内容的整体性。

1）切换的类型

WPS 演示提供了多种幻灯片切换的效果。单击“切换”选项卡中“切换效果”选择列表最右侧的下拉按钮，可以看到 WPS 提供的切换类型列表。

2）切换选项设置

完成切换效果设置后，如果单击“应用到全部”按钮，选中的切换效果将应用到全部幻灯片，否则应用到选中的幻灯片。单击“切换”选项卡中的“效果选项”，将完成对切换效果的设置（不同的切换类型，对应着不同的效果选项）。通过对“速度”的修改，可以修改切换的速度，“声音”的选择可以在切换的同时有音效。默认“换片方式”为“单击鼠标时换片”，可以选择“自动换片”，也可以同时选择两种换片方式。

注意：

“单击鼠标时换片”是演讲者放映模式对应的换片方式，一般在讲课、会议、报告等场合，需要用幻灯片配合发言时，使用这种换片方式。

“自动换片”是展台自动循环放映模式对应的换片方式，一般在展会、路演等场合，没有演讲者发言，只需要播放幻灯片时采用。

3. 放映

不同的场合，演示文稿需要设置不同的放映方式，WPS 演示为用户提供了多种幻灯片放映方式。

1）放映方式设置

单击“放映”选项卡中的“放映设置”下拉按钮，选择“放映设置”，打开“设置放映方式”对话框。

① 演讲者放映：这是最常用的放映方式。放映过程中幻灯片全屏显示，由演讲者通过鼠标控制演示文稿的换片、各种动画以及超链接等动作。

- 放映幻灯片：默认放映幻灯片为“全部”，也可以选择幻灯片放映的范围。
- 放映选项：如果选择循环放映，可以按 Esc 键终止放映；绘图笔是放映时使用的，通过下拉按钮可以进行颜色选择，默认为红色；如果选择“放映时不加动画”，则演示文稿播放时将不再播放所有动画。
- 换片方式：一般选择“手动”，“如果存在排练时间，则使用它”选项是在已经排练计时并且保存过时间的情况下，使用计时时间自动播放幻灯片。
- 显示器：如果存在多个显示器，可以通过该选项对显示器进行选择。

② 展台自动循环放映：这种放映方式一般适用于大型的放映场所，如展览、户外广告等。这种放映方式将自动循环放映演示文稿，鼠标此时已经不起作用，退出需要按键盘上的 Esc 键。

- 放映幻灯片：默认放映幻灯片为“全部”，也可以选择幻灯片放映的范围。
- 放映选项：默认循环放映，按 Esc 键退出，默认“放映时不加动画”，也可以选择播放动画。
- 换片方式：如果存在排练时间，使用排练时间自动换片，如果不存在排练时间，使用幻灯片切换中的“自动换片”时间。

2）自定义放映

自定义放映可以称作演示文稿中的演示文稿，可以对现有的演示文稿中的幻灯片进行重新组合，以便为特定的观众进行个性化的播放。

创建自定义放映的步骤如下。

（1）单击“放映”选项卡功能区中的“自定义放映”按钮，弹出“自定义放映”对话框，若左侧自定义放映列表中没有需要的放映，单击右侧“新建”按钮，进入对话框，左侧列表将列出演示文稿中所有幻灯片，选中需要添加的幻灯片，单击“添加”按钮，在“自定义放映中的幻灯片”中显示已添加的幻灯片。

（2）在“自定义放映中的幻灯片”列表中，可通过拖动的方式完成幻灯片顺序的调整。

（3）如果列表中发现有不需要的幻灯片，可单击“删除”按钮进行删除。

（4）在“幻灯片放映名称”中输入新建幻灯片放映名称。

（5）单击“确定”按钮，回到“自定义放映”窗口，在“自定义放映”列表框中，将出现刚刚新建的放映名称。

（6）如果需要修改自定义放映，单击“编辑”即可。单击“放映”按钮，可以完成放映。单击“删除”按钮，将删除此放映，但是不会删除幻灯片。

3）交互式放映

放映幻灯片时，默认顺序是按照幻灯片的次序进行播放，可以通过设置超链接和动作按钮来改变幻灯片的播放次序，从而提高演示文稿的交互性，实现交互式放映。

（1）超链接。

可以在演示文稿中添加超链接，利用超链接跳转到其他文件、网页或本文档中的其他幻灯片。

具体操作步骤如下。

① 选择要创建超链接的对象，可以是文本或图片。

注意：超链接对象只能是文本或图片，智能图形或图表不能作为超链接对象。

② 单击“插入”选项卡功能区中的“超链接”下拉按钮，选择“本文档中的幻灯片”，弹出“插入超链接”对话框，根据需要，用户可以建立如下 4 种超链接。

- 原有文件或网页：可以链接到本机中的其他文件或者链接到某个 URL 地址。
- 本文档中的位置：本文档中的其他幻灯片。
- 电子邮件地址：链接到某个电子邮箱。
- 链接附件：可以添加某个文件作为演示文稿的附件，此时附件将被发送至 WPS 云端保存，放映时，单击链接，显示附件文档的内容。

③ 单击“超链接颜色”按钮，可以对超链接的颜色进行设置。

超链接创建之后，在该链接上右击，可以根据需要进行超链接的编辑或取消超链接等操作。

（2）动作按钮。

动作按钮是一种现成的按钮，可将其插入演示文稿中，也可以为其定义超链接。动作按钮包含形状（如右箭头和左箭头）及通常被理解为用于转到下一张、上一张、第一张、最后一张幻灯片和用于播放影片或声音的符号。动作按钮通常用于观众自行放映的模式，如在公共区域的触摸屏上自动、连续播放的演示文稿。

插入动作按钮的步骤如下：单击“插入”选项卡功能区中的“形状”下拉按钮，在形状下拉列表中的“动作按钮”区域选择需要的动作按钮，在幻灯片的合适位置拖动鼠标，确定按钮的大小和位置，可以在“动作设置”对话框中进行相应的设置。

4）手机遥控

在放映演示文稿时除了通过鼠标、键盘控制幻灯片的换页外，还可以通过手机遥控。具体操作步骤如下。

（1）打开需要放映的演示文稿，在“放映”选项卡功能区中单击“手机遥控”按钮，生成遥控二维码。

（2）打开手机端的 WPS Office 移动端，单击“扫一扫”功能，扫描计算机上的二维码。

（3）在手机端可以通过左右滑动控制幻灯片的播放。

4. 输出

演示文稿制作完成之后，为了便于在没有安装 WPS 的计算机中演示，WPS 演示提供了多种输出方式，可以将演示文稿打包成文件夹、转换为视频或者 PDF 等。

1）演示文稿的多种输出格式

在 WPS 演示的“文件”选项卡功能区中，选择“另存为”命令，可以看到 WPS 演示的多种输出格式。

（1）.dps 是 WPS 演示的默认格式。

（2）.dpt 是 WPS 演示的模板文件格式。

（3）.pptx 是 Microsoft Office PowerPoint 2007 以后版本的默认格式。

（4）.ppt 是 Microsoft Office PowerPoint 97-2003 版本的默认格式。

（5）.pot 是 Microsoft Office PowerPoint 的模板文件格式。

（6）.pps 是放映文件格式。

（7）输出为视频：将以.webm 的格式输出为视频，这种视频格式只有安装 WebM 视频解码器插件后才能输出及使用 Windows Media Player 播放。

（8）转图片格式 PPT：所有内容将被转成图片，从而避免了排版错乱、字体丢失、内容被修改等问题。默认保存的文件夹与源文件一致。

（9）转为 WPS 文字文档：将对演示文稿中的文字内容进行保存，特别适用于要提取演示文稿中的文字的场景，进入“转为 WPS 文字文档”对话框，可以选择幻灯片，选择转换后的版式。

2）演示文稿输出为 PDF

单击“文件”选项卡中的“输出为 PDF”，可将演示文稿文件以 PDF 文件格式输出。

3）输出为图片

单击“文件”选项卡中的“输出为图片”，进入对话框，可将演示文稿输出为长图片，或者逐页输出，可以编辑水印，对页数进行选择，选择输出格式等。

4）将演示文稿打包成文件夹

如果演示文稿中以链接的形式插入了音频与视频，当换设备播放幻灯片时，如果链接的文件不存在，相关内容将无法播放。为了防止这种情况的出现，可以先将演示文稿打包成文件夹，具体操作步骤如下。

（1）打开要打包的演示文稿。

（2）在“文件”选项卡功能区中，选择“文件打包”，有“将文件打包成压缩包”和“将文件打包成文件夹”两种选择。

（3）选择“将文件打包成文件夹”，进入“演示文件打包”对话框，输入文件夹名称，选择文件夹的位置，如果有需要，还可勾选“同时打包成一个压缩文件”复选框。

（4）单击“确定”按钮，完成文件打包。

（5）打包文件成功后出现“已完成打包”对话框，单击“打开文件夹”按钮可查看打包好的文件夹内容。

11.8.3 任务实现

1. 制作滚动字幕

为了强调突出，使用从右向左循环滚动的滚动字幕效果来展示“中华人民共和国国歌是中华人民共和国的象征和标志。全体中华人民共和国公民和一切组织都应当尊重国歌，维护国歌的尊严。”具体操作步骤如下。

（1）将“中华人民共和国国歌是中华人民共和国的象征和标志。全体中华人民共和国公民和一切组织都应当尊重国歌，维护国歌的尊严。”文本框的最右端拖动到幻灯片的最左边，并使得最后一个字刚好拖出。

（2）单击“动画”中的“动画窗格”，打开“动画窗格”。

（3）选中文本框，单击“动画”选项卡中的“进入”效果中的“飞入”效果。

（4）在“动画窗格”中选中刚刚创建的“飞入”动画，单击右侧下拉按钮，在快捷菜单中选择“效果选项”。在“效果”选项卡中设置方向为“自右侧”。单击“计时”选项卡。开始选择“在上一动画之后”，延迟：“0 秒”，速度：“非常慢(5 秒)”，重复“直到下一次单击”。

（5）单击“确定”，从右向左的循环滚动字幕设置完成。

2. 制作电影字幕

1）片头字幕效果

演示文稿开始放映时，增加一个片头效果：先出现一个文本，然后消失，接着再出现一个文本，再消失。类似于电影片头字幕的效果，具体操作步骤如下。

（1）演示文稿首页后插入一个空白版式的幻灯片。

（2）单击“插入”选项卡中“文本框”下拉按钮，选择“横向文本框”。

（3）确定文本框的大小和位置，输入第一个文本框内容：“汇报：张三组长”，并设置字体大小和颜色。

（4）单击“动画”选项卡中的“动画窗格”，打开“动画窗格”。

（5）选中文本框，在“动画窗格”中单击“添加效果”，选择“温和型进入”，动画效果“上升”，“开始”选择“从上一动画之后”。

（6）继续单击“添加效果”，为文本框添加“温和型退出”，动画效果“上升”，“开始”设为“从上一动画之后”。这样就为文本框设置了两个动画，一个进入动画，一个退出动画。单击预览效果，可以看到文本框从下方缓缓进入，然后再缓缓消失。

（7）复制上述文本框，文本框内容被复制的同时，动画也被复制。文本框内容修改为“设计：李四组长”。调整文本框的位置，让其与前一文本框重合。

这样一个类似电影片头字幕的动画效果就做好了，预览效果可以看到一个文本框先慢慢升起，再缓缓消失。另一个文本框继续慢慢升起，再缓缓消失。

2）片尾字幕效果

演示文稿播放即将完毕之后，如果是团队合作项目，需要列出团队成员的分工，此时可以使用电影字幕的方式完成动画效果，具体操作步骤如下。

(1) 演示文稿致谢页前插入一个空白版式的幻灯片。

(2) 单击“插入”选项卡中“文本框”下拉按钮，选择“横向文本框”。

(3) 确定文本框的大小和位置，输入团队成员分工，并设置字体大小和颜色。

(4) 单击“动画”选项卡中“进入”动画右侧的⌄扩展，“华丽”中选择“字幕式”。

一个类似电影片尾字幕就完成了。预览效果可以看到相关字幕从幻灯片底部慢慢向幻灯片上方移动，直到移出幻灯片为止。

3. 制作图表动画

为了突出表达主题，吸引观众注意力，为图表设置动画效果，以前面所产生的学生成绩图表为例。

(1) 单击“动画”选项卡中的“动画窗格”，打开“动画窗格”浮动窗口。

(2) 选中图表，“动画窗格”中单击“添加效果”，选择动画效果“擦除”，“方向”选择底部，“速度”设为“中速”。

(3) 选中图表下方文本框，“动画窗格”中单击“添加效果”，选择动画效果“擦除”，“方向”选择底部，“速度”设为“中速”“开始”选择“从上一动画之后”。

动画设置完成后，图表和文本先后以擦除方式进入页面，图表展现的过程呈现出缓缓展开的效果。

4. 选择题制作

使用触发器功能，可以完成选择题的制作，从而通过幻灯片的设计与制作，提升现场的互动效果。接下来，完成一组选择题的判断正误操作，步骤如下。

(1) 依次插入 5 个横排文本框，内容分别是：“中华人民共和国国庆日?”“A. 10 月 1 日”“B. 5 月 1 日”“回答正确”“回答错误”，设置字体、大小，设置文本框的位置。

(2) 单击“开始”选项卡功能区中的“选择”下拉按钮，在下拉列表中选择“选择窗格”命令，在打开的任务窗格中，分别给相应的对象命名为“题目”“选项 A”“选项 B”“正确答案提示”“错误答案提示”。

(3) 选中“回答正确”文本框，“动画窗格”中单击“添加效果”，选择“进入”动画效果的“弹跳”。

(4) 双击该动画效果，打开“弹跳”对话框，在“计时”选项卡功能区中“触发器”→“单击下列对象时触发”选择“选项 A”。

(5) 选中“回答错误”文本框，“动画窗格”中单击“添加效果”，选择“进入”动画效果的“弹跳”。

(6) 双击该动画效果，打开“弹跳”对话框，在“计时”选项卡功能区中“触发器”→“单击下列对象时触发”选择“选项 B”。

这样就实现了如果选择 A，“答案正确”将被触发弹跳，选择 B，“答案错误”将被触发弹跳的动画效果。

5. 倒计时制作

为了增强现场互动，提升观众的注意力，在出现选择题页面之前，可以设计一个倒计时页面。具体操作步骤如下。

(1) 新建一张空白版式的幻灯片。

(2) 插入一个圆形，输入文本内容："5"。"填充色"设置为黑色，"轮廓颜色"设置为黑色，"字体"：加粗，"字号"：60。

(3) 复制5个该图形，依次输入文本内容为"4""3""2""1""GO"。

(4) 选中"5"所在的圆形，设置"动画效果"为进入："渐变式缩放"和"开始"设为"前一动画之后"。

(5) 选中"4"所在的圆形，设置"动画效果"为进入："渐变式缩放"和退出："渐变式缩放"，"开始"设为"前一动画之后"。

(6) 选中"3"所在的圆形，设置"动画效果"为进入："渐变式缩放"和退出："渐变式缩放"，"开始"设为"前一动画之后"。

(7) 选中"2"所在的圆形，设置"动画效果"为进入："渐变式缩放"和退出："渐变式缩放"，"开始"设为"前一动画之后"。

(8) 选中"1"所在的圆形，设置"动画效果"为进入："渐变式缩放"和退出："渐变式缩放"，"开始"设为"前一动画之后"。

(9) 选中"GO"所在的圆形，设置"动画效果"为进入："渐变式缩放"，"开始"设为"前一动画之后"。

(10) 将所有图形重叠在一起。

至此，一个简单的倒计时动画就完成了。

6. 切换设置

对演示文稿进行切换设置，可以让页面与页面之间过渡更加自然，增强演示文稿的整体性。操作步骤如下。

(1) 任意选中一张幻灯片，单击"切换"选项卡中的"插入"，"效果选项"选择"向下"，"换片方式"选择"单击鼠标时换片"。

(2) 单击"应用到全部"，将切换效果应用到所有幻灯片。

11.8.4 技巧与提高

1. 排练计时

演示型演示文稿是为了提升演讲效果设计的，因此制作讲稿，多次进行计时和排练是绝对不能跳过的，非常需要重视的一步。如果对演示文稿的内容不熟练，记不清动画的先后顺序，甚至准备站在台上即兴发挥，演示文稿的存在就毫无意义，因此在演示文稿完成后，演讲者应该在每页演示文稿的备注中写下每一页的详细讲稿，然后多次排练、计时、修改讲稿，直至完全能将演讲内容和演示文稿完美配合为止。排练计时的具体步骤如下。

(1) 单击"放映"选项卡中的"排练计时"下拉按钮，可以选择"排练全部"，或者"排练当前页"。

(2) 在屏幕左上方，将显示预演时间记录窗口，右侧时间记录的是演示文稿放映的总时间,左侧时间记录的是当前页面放映的时间。

(3) 预演结束退出时,系统将提问是否保留新的排练时间,如果选择"是",则将用新的排练时间取代原有的换片时间。

2. 手动放映技巧

手动放映是最为常用的一种放映方式。在放映过程中幻灯片全屏显示,采用人工的方式控制幻灯片。下面是手动放映时经常使用的技巧。

1) 绘图笔的使用

在幻灯片播放过程中,有时需要对幻灯片画线注释,可以利用绘图笔来实现,具体操作如下。

在播放幻灯片时右击,在弹出的"快捷菜单"中选择"墨迹画笔"中的"圆珠笔",就能在幻灯片上画图或写字了。要擦除屏幕上的痕迹,按 E 键即可。

2) 快捷键

(1) 切换到下一张幻灯片可以用:左键单击、→键、↓键、Space 键、Enter 键、N 键。

(2) 切换到上一张幻灯片可以用:←、↑、Backspace、P 键。

(3) 到达第一张/最后一张幻灯片:Home 键/End 键。

(4) 直接跳转到某张幻灯片:输入数字按 Enter 键。

(5) 演示休息时白屏/黑屏:W/B 键。

(6) 使用绘图笔指针:快捷键 Ctrl+P。

(7) 清除屏幕上的图画:E 键。

3) 隐藏幻灯片

如果演示文稿中有某些幻灯片不必放映,但又不想删除它们,以备后用,可以选择隐藏幻灯片,具体操作步骤如下:选中目标幻灯片,单击"放映"选项卡功能区中的"隐藏幻灯片"即可。

幻灯片被隐藏后,在放映幻灯片时就不会被放映了,再次单击"隐藏幻灯片"按钮即可取消隐藏。

习题 11

一、填空题

1. 要使地址为绝对地址,只需要在行号或列号前添加________符号即可。

2. 在 WPS 表格中,默认创建的工作簿中包含________张工作表。

3. 工作表是工作簿的组成单位,它是 WPS 表格的基本工作平台,主要用于________。

4. 在幻灯片中,文字输入的方式有 3 种,分别为在________、利用文本框输入以及________。

5. 要选定相邻的多张工作表,先单击所需要的第一张工作表的标签,并按住________键不放,然后单击要选定的最后一张工作表的标签即可。

6. 在 WPS 文字软件中,不小心删除错了或者复制、粘贴错了,用________命令可以挽回。

7. 在 WPS 文档中，若想删除单个字符，并且光标在该字符后，可使用________方法。

8. WPS Office 包括最主要的三大组件有：________、________和________。

9. WPS 会员当遇到重要文档损坏了，可以使用________来修复文档。

10.WPS 会员拥有________ GB 的云文档存储空间。

二、单选题

1. 下列不是合法的“打印内容”的是(　　)。

A. 幻灯片　　B. 备注页　　C. 讲义　　D. 动画

2. PowerPoint 演示文稿和模板的扩展名是(　　)。

A. doc 和 txt　　B. html 和 ptr　　C. pot 和 ppt　　D. ppt 和 pot

3. 下列不是 PowerPoint 视图的是(　　)。

A. 普通视图　　B. 幻灯片视图　　C. 备注页视图　　D. 大纲视图

4. 工作表是用行和列组成的表格，分别用(　　)区别。

A. 数字和数字　　B. 数字和字母　　C. 字母和字母　　D. 字母和数字

5. 当前文档中有一个表格，选定表格后，按 Delete 键后(　　)。

A. 表格中的内容全部被删除，但表格还存在

B. 表格和内容全部被删除

C. 表格被删除，但表格中的内容未被删除

D. 表格中插入点所在的行被删除

6. 产生图表的数据发生变化后，图表(　　)。

A. 会发生相应的变化　　B. 会发生变化，但与数据无关

C. 不会发生变化　　D. 必须进行编辑后才会发生变化

7. 将某一文本段的格式复制为另一文本段的格式，先选择源文本，单击(　　)按钮后才能进行格式复制。

A. 格式刷　　B. 复制　　C. 重复　　D. 保存

8. 在 WPS 表格中，下面表述正确的是(　　)。

A. 单元格的名称是不能改动的　　B. 单元格的名称可以有条件地改动

C. 单元格的名称是可以改动的　　D. 单元格是没有名称的

9. 对于仅设置了修改权限密码的文档，如果不输入密码，该文档(　　)。

A. 不能打开　　B. 能打开且修改后能保存为其他文档

C. 能打开但不能修改　　D. 能打开且能修改原文档

10. 在 WPS 文档的编辑状态，使用格式工具栏中的字号按钮可以设定文字的大小，下列四个字号中字符最大的是(　　)。

A. 三号　　B. 小三　　C. 四号　　D. 小四

三、实操题

1. WPS 演示文稿处理

要求：新建演示文稿，保存为“自我介绍”。建立若干幻灯片。

第一张。

(1) 插入一些文字。

（2）插入一些图片。

（3）插入艺术字，并调整适当大小；填充效果：渐变双色，颜色自己选。

（4）为以上内容添加自定义动画。

第二张。

（1）版式：标题和两栏文字。

（2）左栏自我介绍：内容为“姓名、年龄、班级、爱好”。

（3）右栏插入一张图片，调整大小。添加自定义动画：动作路径-向右。

（4）为幻灯片添加切换动画：垂直百叶窗。

第三张。

（1）版式：空白版式。

（2）幻灯片背景换成考试文件夹中的“风景”。

（3）插入一些图片或形状。

（4）为幻灯片添加切换效果，添加自定义动画。

2. WPS处理文字文档

新建文字文档，保存为“求职信”。输入求职信内容，调整求职信格式，包括设置字体、段落、文档样式、表格、插入文本框、图片、分栏、分节、设置页眉页脚、修订等内容。

3. WPS处理电子表格

新建表格文档，保存为“我班成绩”，输入各科成绩，参照课程内容，包括数据排序、筛选、计算、函数公式的运用、模拟分析、透视表和透视图的运用、表格创建和修改、分类汇总等内容。

图书资源支持

感谢您一直以来对清华版图书的支持和爱护。为了配合本书的使用，本书提供配套的资源，有需求的读者请扫描下方的“书圈”微信公众号二维码，在图书专区下载，也可以拨打电话或发送电子邮件咨询。

如果您在使用本书的过程中遇到了什么问题，或者有相关图书出版计划，也请您发邮件告诉我们，以便我们更好地为您服务。

我们的联系方式：

清华大学出版社计算机与信息分社网站：https://www.shuimushuhui.com/

地　　址：北京市海淀区双清路学研大厦 A 座 714

邮　　编：100084

电　　话：010-83470236　010-83470237

客服邮箱：2301891038@qq.com

QQ：2301891038（请写明您的单位和姓名）

资源下载：关注公众号“书圈”下载配套资源。

书圈

清华计算机学堂

观看课程直播